湖南省教育厅科学研究项目（23C0567）资助
湖南省衡洲建设有限公司省级博士创新站科研攻关项目（HZJS-20240401-03）资助

埃洛石黏土纳米管吸附功能材料制备及其构效表征研究

李英　刘建连　谢黔江　著

中国矿业大学出版社
·徐州·

内 容 提 要

本书全面探讨了埃洛石黏土纳米管原矿及其活化产物和金属氧化物改性产物在重金属离子吸附领域的应用。全书共分为7章，旨在为读者提供一份关于埃洛石黏土纳米管在重金属废水处理领域应用的全面指南，帮助读者深入了解这一领域的最新进展和未来方向。

图书在版编目(CIP)数据

埃洛石黏土纳米管吸附功能材料制备及其构效表征研究 / 李英，刘建连，谢黔江著. — 徐州 ：中国矿业大学出版社，2025. 5. — ISBN 978-7-5646-6823-5

Ⅰ. TB383

中国国家版本馆 CIP 数据核字第 2025MY4598 号

书　　名 埃洛石黏土纳米管吸附功能材料制备及其构效表征研究

著　　者 李　英　刘建连　谢黔江

责任编辑 何晓明　田午子

出版发行 中国矿业大学出版社有限责任公司

（江苏省徐州市解放南路　邮编 221008）

营销热线 （0516)83885370　83884103

出版服务 （0516)83995789　83884920

网　　址 http://www.cumtp.com　**E-mail**:cumtpvip@cumtp.com

印　　刷 苏州市古得堡数码印刷有限公司

开　　本 787 mm×1092 mm　1/16　**印张** 11.75　**字数** 230 千字

版次印次 2025 年 5 月第 1 版　2025 年 5 月第 1 次印刷

定　　价 52.00 元

前　言

人类活动所排放Cd(Ⅱ)、Zn(Ⅱ)和Pb(Ⅱ)等有毒重金属离子对生态环境和人类健康构成威胁。埃洛石纳米管具有可观的表面活性和良好的支撑功能，在吸附重金属离子和制备纳米杂化吸附剂方面有巨大潜力。将埃洛石纳米管原矿及其活化产物或改性产物用作重金属吸附剂已开展了一些探索，且暴露出一些问题，例如埃洛石原矿、热活化埃洛石的重金属吸附性能尚不明确或尚存争议，无机改性埃洛石纳米管重金属吸附剂的研究尚不深入等。本书针对这些问题开展系列研究，最终明确了埃洛石原矿和活化埃洛石的重金属吸附性能和应用价值，并通过对埃洛石纳米管的单金属氧化物改性和双金属氧化物改性，制备了两种吸附性能好、廉价且具有低毒潜力的重金属吸附剂。

本书主要内容和主要结论如下：

① 为了明确埃洛石纳米管原矿对水体重金属离子的吸附性能，收集了来自美国龙矿、中国云南和中国河南等三个不同产地的埃洛石样品。对其表征分析，并在统一试验条件下测定其对重金属离子的吸附性能。结果发现，三个埃洛石样品在重金属吸附性能上略有差异，对Cd(Ⅱ)、Zn(Ⅱ)和Pb(Ⅱ)的吸附容量分别在7.8～10.2 mg/g、2.7～3.2 mg/g和25.5～30.6 mg/g范围内变动。相较于美国和河南埃洛石，云南埃洛石具有更高的重金属吸附性能，这与其表面更高的Al—OH密度有关。最终认为，埃洛石纳米管原矿具有一定的重金属

吸附性能，可直接作为一种经济廉价且绿色低毒的重金属吸附剂。此外，品相更好的云南埃洛石也被选作本书后续章节的供试材料。

② 为了明确不同方式活化埃洛石纳米管对水体重金属离子的吸附性能，采用热活化、酸活化和热/酸联合活化对埃洛石进行活化处理。对所获活化产物进行表征分析，并在统一试验条件下测定其对重金属离子的吸附性能。结果发现，500～800 ℃热活化处理会降低埃洛石的重金属吸附性能，酸活化处理会略微提升埃洛石的重金属吸附性能。然而，热/酸联合活化则可明显将埃洛石纳米管的Cd(Ⅱ)、Zn(Ⅱ)和Pb(Ⅱ)吸附性能提升约1倍，分别达到20 mg/g、6 mg/g和60 mg/g，这与热/酸联合活化导致埃洛石比表面积大幅抬升(达到370 cm^2/g)并新增Si—OH有关。所以，热/酸联合活化是提升埃洛石纳米管重金属吸附性能的最佳活化方式，由此所制备的活化埃洛石是一种比埃洛石原矿吸附性能更好的廉价、绿色重金属吸附剂。

③ 为了甄选出一种新型的Fe_xO_y改性埃洛石纳米管重金属吸附剂，分别在酸、中和碱性介质中对水铁矿/埃洛石杂化物Fh/HNTs进行老化处理，利用水铁矿的易相变特性获得了铝质赤铁矿改性埃洛石(AlHe@HNTs)、水铁矿改性埃洛石(Fh@HNTs)和硅质水铁矿改性埃洛石(SiFh@HNTs)等三种不同的Fe_xO_y改性埃洛石纳米管。其中，SiFh@HNTs的Cd(Ⅱ)吸附性能明显更优；尤其是黏土含量为40%的SiFh@HNT_{40}，其Cd(Ⅱ)吸附容量高达120.1 mg/g，比埃洛石原矿高出约11倍。SiFh@HNT_{40}的形成机理是，埃洛石碱性脱硅释放SiO_4^{4-}掺杂到水铁矿中，抑制水铁矿相变并形成SiFh纳米颗粒(NPs)；同时，SiFh NPs被锚定在埃洛石纳米管上，增强其分散性和Fe—OH基团暴露密度。SiFh@HNT_{40}吸附Cd(Ⅱ)的主要机理是Cd(Ⅱ)与Fe—OH的内层络合。所以，SiFh@HNT_{40}是一种具有比

活化埃洛石更优异吸附性能的廉价、绿色重金属吸附剂。

④ 为了在研究内容③基础上进一步阐明硅质水铁矿改性埃洛石 SiFh@HNT$_{40}$的应用潜力，研究了各种环境因素对其 Cd(Ⅱ)吸附行为的影响。结果表明，SiFh@HNT$_{40}$是一种吸附速度快、可多次循环使用且对 Cd(Ⅱ)、Zn(Ⅱ)和 Pb(Ⅱ)等多种重金属离子均有良好吸附效果的吸附剂。温度和 pH 值的升高、阴离子 SO_4^{2-} 和 CO_3^{2-} 的存在、四环素有机物的共存，均有利于提升 SiFh@HNT$_{40}$对 Cd(Ⅱ)的吸附性能。然而，离子强度升高、阴离子 Cl^- 和 NO_3^- 存在，则会相反地削弱 SiFh@HNT$_{40}$对 Cd(Ⅱ)的吸附性能。由此认为，SiFh@HNT$_{40}$在治理具有较高浓度 SO_4^{2-} 和 CO_3^{2-} 的含 Cd(Ⅱ)废水(如矿山污水)以及治理抗生素和重金属离子混合污染废水(如集约化畜禽养殖业废水)方面有应用潜力。

⑤ 为了制备一种新型的双金属氧化物改性埃洛石纳米管重金属吸附剂，采用水热共沉淀反应，通过改变反应物混合方式(碱液滴加或金属盐滴加)和埃洛石掺和比例制备了一系列铁锰双金属氧化物改性埃洛石纳米管 $MnFe_2O_4$@HNTs。结果表明，用金属盐滴加法所制备且埃洛石含量为 50%的 $MnFe_2O_4$@HNT$_{50}$具有最佳的吸附性能，其对 Cd(Ⅱ)、Zn(Ⅱ)和 Pb(Ⅱ)的吸附容量比 SiFh@HNT$_{40}$分别高出了约 27%、42%和 5%。$MnFe_2O_4$@HNT$_{50}$的主要吸附机理是重金属离子与 Fe—OH 和 Mn—OH 的内层络合。$MnFe_2O_4$@HNT$_{50}$表面丰富 Fe—OH 和 Mn—OH 的形成，主要归因于埃洛石纳米管的支撑分散作用增强了 $MnFe_2O_4$ NPs 表面活性羟基的暴露密度。所以，$MnFe_2O_4$@HNT$_{50}$是一种比单金属氧化物改性埃洛石纳米管 SiFh@HNT$_{40}$吸附性能更好的廉价、绿色重金属吸附剂。

在本书的撰写过程中，得到了许多人的帮助和支持。首先，要感谢我的导师袁兴中教授，他不仅在学术上给予了我悉心的指导，还在精神上给予了我巨大的鼓励。同时，感谢湖南省教育厅科学研究项目“天然埃洛石纳米管的铁酸锰改性及其重金属吸附性能研究”（项目编号：23C0567）以及湖南省衡洲建设有限公司省级博士创新站科研攻关项目“钢结构防腐涂层损伤主动自修复技术攻关”（项目编号：HZJS-20240401-03）对本书的资助和支持。本书在撰写过程中参考了大量文献和数据，在此向所有作者表示衷心的感谢。

著　者

2024 年 12 月

目　　录

第 1 章　绪论 …… 1
1.1　水体重金属离子污染概述 …… 1
1.2　吸附技术概述 …… 2
1.3　黏土矿物概述 …… 6
1.4　埃洛石纳米管原矿吸附重金属离子研究进展 …… 12
1.5　活化埃洛石纳米管吸附重金属离子研究进展 …… 17
1.6　改性埃洛石纳米管吸附重金属离子研究进展 …… 20
1.7　本书的研究目的和主要内容 …… 25

第 2 章　不同产地埃洛石纳米管原矿的重金属离子吸附性能对比 …… 28
2.1　引言 …… 28
2.2　材料与方法 …… 29
2.3　结果与讨论 …… 33
2.4　本章小结 …… 46

第 3 章　不同方式活化埃洛石纳米管的重金属离子吸附性能和机理 …… 47
3.1　引言 …… 47
3.2　材料与方法 …… 49
3.3　结果与讨论 …… 50
3.4　本章小结 …… 64

第 4 章　老化水铁矿制备多种 Fe_xO_y 改性埃洛石纳米管及其镉吸附性能和机理 …… 65
4.1　引言 …… 65
4.2　材料与方法 …… 67
4.3　结果与讨论 …… 69
4.4　本章小结 …… 91

第 5 章　环境因素对硅质水铁矿改性埃洛石纳米管 $SiFh@HNT_{40}$ 镉吸附行为的影响 …… 93
5.1　引言 …… 93
5.2　材料与方法 …… 94
5.3　结果与讨论 …… 98
5.4　本章小结 …… 115

第 6 章　铁锰双金属氧化物改性埃洛石纳米管 $MnFe_2O_4@HNTs$ 的制备及其重金属离子吸附性能和机理 …… 117
6.1　引言 …… 117
6.2　材料与方法 …… 119
6.3　结果与讨论 …… 122
6.4　本章小结 …… 146

第 7 章　结论、创新点与展望 …… 148
7.1　结论 …… 148
7.2　创新点 …… 150
7.3　展望 …… 151

参考文献 …… 153

第1章 绪　论

1.1　水体重金属离子污染概述

1.1.1　水体重金属离子污染及其危害

水资源对人类生活、工农业生产活动和生物多样性至关重要。随着城市化和工业化的快速发展，各种有害物质进入河流、湖泊以及地下水，对水质构成严重威胁。特别是有毒重金属离子，以其来源广泛性、高毒性、不可降解性和易分散性而成为危害环境生态系统和人类健康的最严峻挑战之一[1]。采矿、冶金、金属加工、电镀、微电子、皮革制革、电池、造纸和农药化肥等众多行业的废水中都含有有毒重金属离子[1]。重金属离子致毒效应的浓度低，高于允许限度时就会对生物和人体产生毒害作用，导致人体出现呕吐、抽搐、瘫痪、共济失调、血红蛋白尿、胃肠疾病、腹泻、口炎、震颤、哮喘和癌症等症状[2-4]。重金属离子很容易在水体中高度分散，在环境中难以被微生物降解，可通过食物链在生物体活体组织中积聚，所以其污染具有稳定性和持久性[4]。

重金属被定义为原子量在 63.5～200.6 g/mol 之间、比重大于 5 g/cm^3 的金属[5-6]。涉及有毒重金属离子污染的主要包括镉、锌、铅、铜、汞、镍、钴、铬和砷等。大部分有毒重金属以阳离子形式存在于水中，如 Cd(Ⅱ)、Zn(Ⅱ)、Pb(Ⅱ)、Cu(Ⅱ)、Hg(Ⅱ)、Ni(Ⅱ)、Co(Ⅱ)等。个别有毒重金属以含氧酸根阴离子形式存在，如 $Cr_2O_7^{2-}$、AsO_4^{3-} 等。然而实际情况更加复杂，阳离子形式类重金属也可以阴离子形式存在于水中，如 Zn 的阴离子形式 $Zn(OH)_3^-$，Pb 的阴离子形式 $Pb(OH)_3^-$。

在所有有毒重金属中，以阳离子形式存在的 Cd(Ⅱ)、Zn(Ⅱ)、Pb(Ⅱ)、Cu(Ⅱ)和 Hg(Ⅱ)等最受关注，因为它们在日常工农业生产活动中的污染排放量大，进入环境后的生物地球化学流动性也相对更强，从而危害性也更显著。例如，长期接触镉会引发骨痛病，血铅超标会导致中枢神经系统损伤，汞作为一种神经毒素曾引发水俣湾汞污染事件[2]。锌和铜虽然是人体所需的微量元素，但是过量摄入也会导致严重影响健康甚至死亡。

1.1.2 水体重金属离子污染治理技术

在过去的几十年时间里，各种传统的和现代的方法，包括化学沉淀法、膜分离法、离子交换法、电化学法、混凝法、絮凝法、离子交换法、生物修复法等已经被采用来从污染水体中分离重金属离子[6]。然而，这些方法大多存在各种缺点。例如，化学沉淀法需要安装成本较高的大型储罐，会产生大量污泥，造成了垃圾填埋问题。膜分离法的膜易损坏，必须经常更换，因此成本效益不高，限制了其大规模应用。采用离子交换法费用高昂，不能大规模使用，因为离子交换树脂的再生需要大量的化学试剂，并且会造成严重的二次污染。电化学技术由于投资大、电耗高，在实际应用中受到了限制。混凝和絮凝更适于处理疏水性污染物和悬浮颗粒，不能单独用于重金属离子的净化，而必须与沉淀或过滤等其他技术相结合。

相比而言，吸附法常常是从废水中去除重金属离子的优先选择技术。这主要归因于吸附法具有操作简便、去除效率高、成本低、处理范围广、有毒副产物少等优点。此外，吸附法也有众多种类的吸附剂可供选择，并且通常可在适当再生后重复使用，这将进一步降低处理成本[7]。

1.2 吸附技术概述

1.2.1 吸附技术的基本原理

吸附是吸附质从液相或气相转移到吸附剂固体表面的一种相转移过程[7]。在这一过程中，涉及吸附质向吸附剂表面的动力学传质，吸附质在吸附剂表面发生物理或化学作用并最终达到动态平衡，具体阐述如下。

吸附首先是一个动力学传质过程[8]。这个过程通常包括三个步骤：吸附质分子在吸附剂周围液膜中的外部扩散、吸附质分子在吸附剂孔隙中的内部扩散、吸附质分子在吸附剂活性位点上的吸附。通常用拟一阶反应动力学模型［式(1-1)］或拟二阶反应动力学模型［式(1-2)］评估吸附速率，用粒内扩散模型［式(1-3)］分析吸附传质机理。

拟一阶反应动力学模型为：

$$\frac{\mathrm{d}q_t}{\mathrm{d}t}=k_1(q_e-q_t) \tag{1-1}$$

拟二阶反应动力学模型为：

$$\frac{dq_t}{dt}=k_2(q_e-q_t)^2 \tag{1-2}$$

粒内扩散模型为：

$$q_t=k_p t^{0.5}+C \tag{1-3}$$

式中　q_t——时间 t 的吸附容量，mg/g；

q_e——平衡吸附容量，mg/g；

k_1(min^{-1})和 k_2[mg/(g · min)]——平衡速率常数；

k_p——颗粒内扩散系数，mg · g · $h^{0.5}$。

吸附其次是一个动态平衡过程。当吸附污染物浓度和在水中的污染物浓度恒定时，就建立了平衡，并达到最大吸附量。常用 Langmuir 吸附等温线模型[式(1-4)]或 Freundlich 吸附等温线模型[式(1-5)]描述吸附质和吸附剂之间相互作用的平衡性能，并计算出平衡状态下的最大吸附量。

Langmuir 等温模型为：

$$q_e=\frac{q_{max}K_L C_e}{1+K_L C_e} \tag{1-4}$$

Freundlich 等温模型为：

$$q_e=K_f C_e^{1/n} \tag{1-5}$$

式中　q_e——在吸附质平衡浓度 C_e 下的吸附量，mg/g；

q_{max}——最大理论吸附容量，mg/g；

K_L——结合亲和力，L/mg；

K_f——吸附容量，mg/(g · $mg^{1/n}$)；

$1/n$——吸附强度的常数。

吸附也是一个化学或物理化学作用参与的过程。物理吸附是被吸附分子与表面之间的氢键、外层表面络合、静电、离子交换、范德瓦耳斯力、扩散、π-π 堆积等弱相互作用，是一种非特异性的、多层分子的、不稳定的、可逆的、放热的吸附(表 1-1)。化学吸附是通过破坏吸附剂和被吸附物表面原子的电子轨道来建立化学键的过程，是一种特异性的、单层分子的、牢固的、不可逆的、吸热的吸附。

表 1-1　物理吸附和化学吸附的比较

参数	物理吸附	化学吸附
吸附类型	静电、离子交换、外层表面络合、范德瓦耳斯力、氢键、扩散、π-π 堆积	共价键、离子键、内层表面络合、质子置换、氧化还原
特异性	非特异性	特异性

表 1-1(续)

参数	物理吸附	化学吸附
吸附层厚度	多层	单层
稳定性	不稳定、可离子交换	牢固、不易被离子交换
可逆性	可逆	不可逆
温度条件	室温，放热反应	高温，吸热反应
吸附焓	小(<20 kJ/mol)	大(>80 kJ/mol)

通常用 FTIR、拉曼光谱和 XPS 等分析技术观察吸附剂电子态的变化，来确定是否为化学吸附。也可通过吸附热力学来估计吸附机理(物理吸附或化学吸附)[9]，这主要包括吉布斯自由能[式(1-6)和式(1-7)]或等量吸附热[式(1-8)][9-10]的计算。

$$\Delta G^\circ = \Delta H^\circ - T\Delta S^\circ \tag{1-6}$$

$$\Delta G^\circ = -RT\ln K_c \tag{1-7}$$

式中 ΔG°——吉布斯自由能；

ΔH°——溶液的总焓；

ΔS°——溶液中反应的熵；

R——通用气体常数，取 8.314 J/(mol・K)；

K_c——吸附质在溶液中移动程度的平衡常数；

T——绝对温度，K。

一般来说，当 ΔH° 和 ΔG° 值为负值，ΔS° 值为正时，吸附反应是放热的、自发的。

$$(\Delta H_{ads})_q = \frac{R\ln\dfrac{C_{e1}}{C_{e2}}}{\dfrac{1}{T_1}-\dfrac{1}{T_2}} \tag{1-8}$$

式中 C_{e1} 和 C_{e2}——在温度 T_1 和 T_2 下指定吸附容量 q_e 所对应的吸附质浓度，mg/L；

T——温度，K；

R——理想气体常数，取 8.314 J/(mol・K)；

$(\Delta H_{ads})_q$——指定吸附容量 q_e 所对应的等量吸附热，J/mol。

一般来说，当$(\Delta H_{ads})_q$ 高于化学反应的最小活化能(40 kJ/mol)时，表明反应是典型的吸热反应和化学吸附；否则，属于典型的放热反应和物理吸附。

1.2.2　影响吸附效率的因素

在吸附剂和吸附质确定的前提下，吸附效率主要受温度和 pH 值，以及共存阳离子、阴离子和有机物等方面因素的影响。温度的微小变化会显著影响吸附过程。升温不利于物理吸附，因为温度升高会降低吸附分子的有序性，从而增加被吸附分子的解吸和脱附。升温有利于化学吸附，因为会增加化学反应活化能和化学吸附的吸附率。溶液 pH 值可以通过改变吸附剂表面电位和改变重金属离子的羟基络合物来对其吸附形成影响。例如，镉在 pH 值大于 8 的条件下水解产物 $CdOH^+$ 对活性羟基官能团有更大的亲和力，优先于高价游离金属离子 Cd^{2+} 被吸附，并且可以形成比金属离子更高的键稳定性[11]。若 pH 值继续升高，$CdOH^+$ 可进一步形成羟基沉淀物 $Cd(OH)_2$，这更有利于重金属离子的去除。

阳离子竞争对离子交换性吸附有重要影响。金属阳离子对离子交换吸附点位的竞争能力通常遵循欧文-威廉姆斯原则，即：电负性越高、水解常数越低、水合半径越小的金属阳离子，其竞争能力越强。由此得出理论上的竞争能力顺序为：$Al^{3+} > Hg^{2+} > Pb^{2+} > Cu^{2+} > Ca^{2+} > Cd^{2+} > Zn^{2+} > Mg^{2+} > K^+ > Na^+ > Li^+$[12]。重金属离子可与无机和有机阴离子配体发生络合，所生成的金属-配体络合物可削弱或增强重金属离子的吸附亲和力[13-14]。例如，不同电荷的镉-氯离子对（$CdCl^+$、$CdCl_2^0$、$CdCl_3^-$、$CdCl_4^{2-}$）具有比 Cd^{2+} 更低的价态，大大降低了镉的吸附亲和力。可增强重金属离子的吸附亲和力的例子是 SO_4^{2-} 配体常常会增加镉的吸附亲和力[15]；而 S^{2-}、CO_3^{2-}、PO_4^{3-} 等阴离子配体更是容易与重金属离子形成沉淀，如 CdS、$CdCO_3$、$Cd_3(PO_4)_2$。

共存有机物对吸附效率的影响是复杂的。一方面，有机物可能会直接与重金属离子竞争吸附位点，削弱吸附剂对重金属离子的吸附性能。另一方面，有机物可能首先与重金属离子形成有机物-重金属络合物[16]，然后再被吸附剂所吸附。当所生成有机物-重金属络合物为不溶于水的极性配合物时，可促进重金属离子从水体中去除。当所生成有机物-重金属络合物与吸附剂亲和力差时，可削弱重金属离子从水体中的去除效率。所以，在考察吸附剂的吸附性能时，要考虑到温度、pH 值、背景离子强度、共存阴离子、共存有机物等各方面因素。

1.2.3　吸附剂的开发方向

吸附剂是吸附技术研究的关键。长期实践经验表明，有价值的吸附剂应兼具吸附性能强、成本效益优和生态兼容性好的优点。

纳米吸附剂因其高吸附性能而成为近年来吸附剂发展的主要方向之一。相较于传统的活性炭、生物炭、沸石等大颗粒块体吸附剂，纳米材料在吸附速率和吸附性能方面都具有明显的优势，归因于其具备的小尺寸纳米效应。一方面，小尺寸带来极高比表面积，有利于提供更大的反应界面，增加与吸附质分子的接触机会。另一方面，小尺寸可携带或产生更多的活性中心（如官能团、晶体缺陷），增强与吸附质分子的反应活性。目前，已开发出的纳米吸附剂主要有非金属氧化物（SiO_2）、金属氧化物（Al_2O_3、SnO_2）、过渡金属氧化物（Fe_3O_4、γ-Fe_2O_3、FeOOH、TiO_2、CuO、ZnO、ZrO_2、NiO）、稀土元素氧化物（CeO_2）、合金（$MgAl_2O_4$、$CoFe_2O_4$）、金属硫化物（ZnS、CdS）、金属单质（Au）以及金属有机框架（MOFs）、碳纳米管等[7]。

然而，现有纳米吸附剂通常需要通过水热法、溶剂热法、软/硬模板法、化学气相沉积法和电化学法等各种方法人工合成，存在成本高、耗能大、具有潜在毒性方面的弊端，这大大限制了它们的应用。从兼具吸附性能强、成本效益优和生态兼容性好三方面来考虑，常被称为"纳米黏土"的天然黏土矿物逐渐成为纳米吸附剂开发对象之一。近年来，使用纳米黏土或改性纳米黏土吸附去除重金属离子污染，已经成为环境修复领域的研究热点之一[17-22]。

1.3 黏土矿物概述

1.3.1 黏土矿物晶体的基本构造

黏土矿物是属于硅酸盐大类的天然矿物[23-24]。更进一步细分，黏土矿物是指以黏土粒级（<2 μm）产出的层状硅酸盐亚类和链状硅酸盐亚类矿物（图 1-1）。

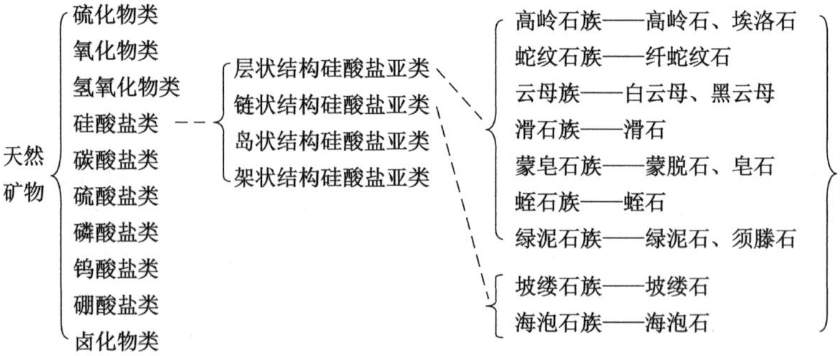

图 1-1 黏土矿物在天然矿物中的分类位置

黏土矿物晶体的构筑块从小到大可分为：基本构造单元、基本结构层、结构单元层[17,25-27][图 1-2(a)]。基本构造单元包括[SiO_4]四面体和[AlO_6]八面体，它们分别通过共用氧在二维空间连接并延展，形成黏土矿物的基本结构层[SiO_4]四面体片(T)和[AlO_6]八面体片(O)。1 个 T 片和 O 片相结合，构成黏土矿物的 1∶1 型结构单元层；2 个 T 片和 1 个 O 片相结合，构成黏土矿物的 2∶1型结构单元层。基本上，所有黏土矿物晶体都是由 1∶1 型或 2∶1 型结构单元层在垂直网片方向周期性重复叠置而成的；结构单元层之间的层间域，可为空，也可存在阳离子、阳离子-水合物等[图 1-2(b)]。

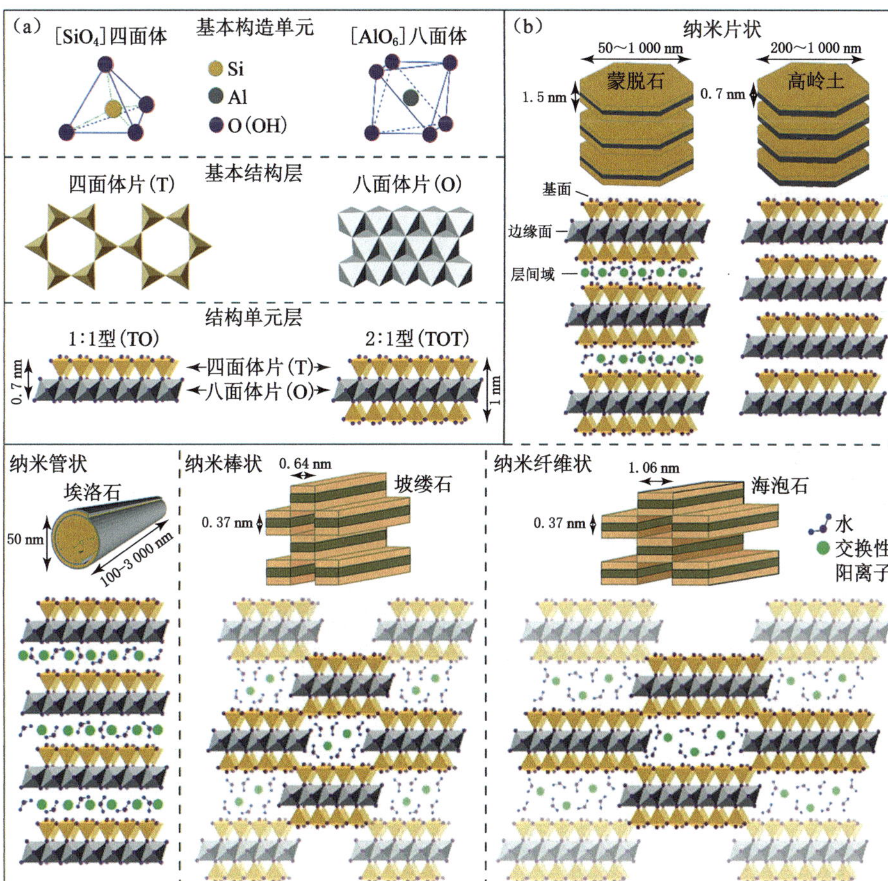

图 1-2　黏土矿物基本构造单元、基本结构层和结构单元层及其常见的晶体形貌类型

1.3.2 黏土矿物晶体的纳米级形态

黏土矿物又常被称为纳米黏土，归因于其晶体尺寸至少在一个维度上处于纳米级(0.1～100 nm)[17,28]。具有纳米片状晶体形貌的高岭石、蒙脱石、蛇纹石、云母、滑石、蛭石、绿泥石等，仅在一个维度上处于纳米级，常被称为一维(1D)纳米黏土；具有纳米棒、纳米纤维或纳米管状晶体形貌的坡缕石、海泡石和埃洛石，在两个维度上处于纳米级，属于二维(2D)纳米黏土[图 1-2(b)]。

片状 1D 纳米黏土的代表是蒙脱石。蒙脱石晶体以硅氧四面体和铝氧八面体的 2∶1 组合(TOT)作为结构单元层，在垂直于网片方向上周期性地重复叠置而成。蒙脱石相邻两晶层基面间距一般为 1.2～1.8 nm，可容纳阳离子和水分子，理论分子式为$(Na,Ca)_{0.33}(Al,Mg)_2[Si_4O](OH)_2 \cdot nH_2O$。棒状 2D 纳米黏土的代表是坡缕石。它以硅氧四面体和镁氧八面体的 2∶1 组合(TOT)作为结构单元层，其中的镁氧八面体片(O)不连续，而硅氧四面体片(T)则通过周期性反转以 Si—O—Si 键保持连续，并围成尺寸为 0.52 nm×0.64 nm 的隧道结构。坡缕石隧道结构内有阳离子和水分子，理论分子式为 $Mg_8Si_8O_{20}(OH)_2(H_2O)_4 \cdot 4H_2O$。海泡石作为纤维状 2D 纳米黏土的代表，具有与坡缕石相似的晶体结构。所不同的是，海泡石晶胞由 5 个$[SiO_4]$四面体单元组成(坡缕石只有 4 个$[SiO_4]$四面体单元)，导致其隧道尺寸(0.37 nm × 1.06 nm)比坡缕石的(0.37 nm × 0.64 nm)更大，并形成长度可达数微米的纤维晶体形态。

管状 2D 纳米黏土的代表是埃洛石，常被称为埃洛石纳米管。埃洛石晶体以硅氧四面体和铝氧八面体的 1∶1 组合(TO)作为结构单元层，并由此卷曲成中空多壁圆柱管。埃洛石相邻两晶层基面间距约 10 Å，可容纳一层吸附水，理论分子式为 $Al_2Si_2O_5(OH)_4 \cdot 2H_2O$。直观来看，埃洛石纳米管可想象为由片状高岭石逐层剥落卷曲而成的。有研究认为，埃洛石管状形貌的形成与其层间吸附水有密切关系[29]。对此解释是，TO 结构单元层天然具有轻微弯曲的趋势。当 TO 结构单元层重复叠置形成高岭石时，相邻两晶层以范德瓦耳斯力及氢键紧密地结合起来，可以有效克服其弯曲趋势。然而，层间吸附水的进入极大削弱了相邻两晶层之间的作用力，无法克服 TO 结构单元层的弯曲趋势，最终卷曲成埃洛石纳米管。此外，也有少数研究认为，四面体片中 Si^{4+} 被 Al^{3+} 所取代，是片状高岭石向管状埃洛石转变的驱动力之一[30]。

1.3.3 黏土矿物的表面电荷及电荷补偿

天然黏土矿物表面普遍携带有表面电荷。根据形成机理的不同，黏土矿物表面电荷可分为两类：① 由晶格类质同象取代所产生的永久电荷；② 由表面末端羟基电离所产生的可变电荷[11,31-33][图 1-3(a)]。

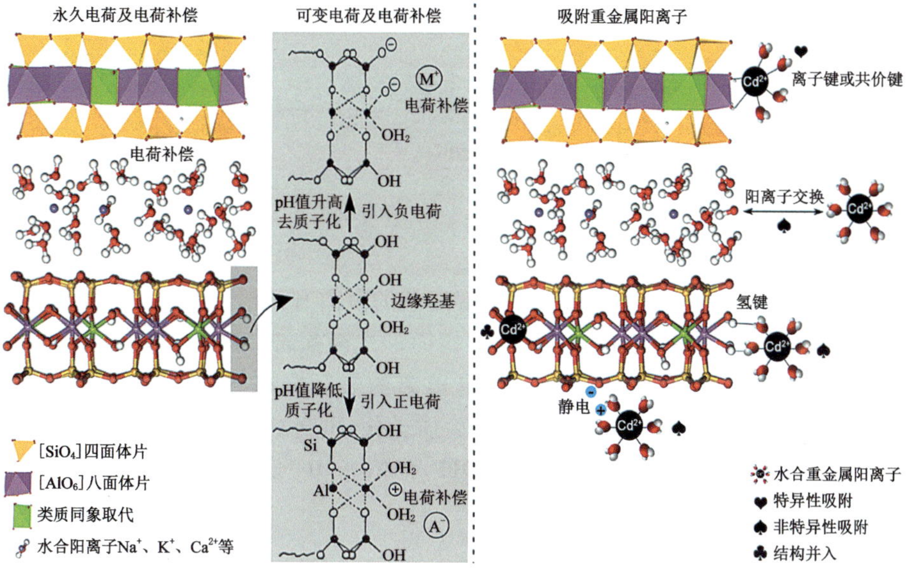

(a) 黏土矿物的表面电荷类型　　(b) 对重金属离子的吸附机理

图 1-3　黏土矿物的表面电荷类型及其对重金属离子的吸附机理

永久电荷形成与类质同象取代现象有关[32-33]。在长期地质作用下，天然黏土矿物的四面体或八面体常常会发生类质同象取代，也即四面体晶格阳离子 Si^{4+} 被性质相近的 Fe^{3+} 或 Al^{3+} 所取代，或八面体晶格阳离子 Al^{3+} 被性质相近的 Mg^{2+}、Fe^{2+}、Li^{2+} 和 Ti^{2+} 等所取代。这种取代现象不会改变黏土矿物的晶体结构形式和化学键类型，但是会导致基底氧原子呈现负电荷过剩，所引入负电荷的符号和密度取决于取代离子的价态和取代程度。研究表明，不同种类黏土矿物在类质同象取代和永久电荷现象上存在一定差异(表 1-2)。高岭石晶体中几乎很少发生同晶置换，从而基本上不存在永久电荷；然而，同族的埃洛石则常被观察到有不同程度的类质同象取代现象，存在永久电荷现象[29-30,34-35]。此外，常见的蒙脱石、坡缕石和海泡石都普遍存在广泛的类质同象取代和永久电荷现象。

表 1-2 常见黏土矿物的表面性质

黏土矿物	构型	表面性质				参考文献
		永久电荷	层间物	CEC/(cmol/kg)	SSA_{BET}/(m^2/g)	
埃洛石	1∶1	有	H_2O	20～60	22～88	[29]
高岭石	1∶1	有	无	3～15	10～23	[30]
蒙脱石	2∶1	有	阳离子,H_2O	70～120	70～624	[36]
坡缕石	2∶1	有	阳离子,H_2O	20～30	60～297	[27]
海泡石	2∶1	有	阳离子,H_2O	20～30	75～399	[37]

可变电荷形成与黏土矿物表面末端羟基的电离有关。在黏土矿物颗粒边缘晶体断口处,八面体和四面体因结构破损而形成断裂键。断裂键处配位不饱和O原子暴露在水中,会形成具有极性易电离的表面羟基Si—OH和Al—OH。在酸性环境中,Si—OH和Al—OH发生质子化,可为黏土矿物表面引入正电荷[式(1-9)];相反,在碱性环境中,Si—OH和Al—OH发生去质子化,可为黏土矿物表面引入负电荷[式(1-10)]。

$$\equiv SOH + H^+ \xrightarrow{\text{质子化}} \equiv SOH_2^+ \tag{1-9}$$

$$\equiv SOH + OH^- \xrightarrow{\text{去质子化}} \equiv SO^- + H_2O \tag{1-10}$$

式中,≡SOH代表吸附剂表面的金属(Si、Al、Fe、Mn等)羟基。

永久电荷和可变电荷的存在,导致黏土矿物表面电位处于不平衡状态,需进行电荷补偿。在自然环境下,碱金属和碱土金属阳离子(Na^+、K^+、Mg^{2+}和Ca^{2+}等)通常会通过静电作用非特异性地吸附到黏土矿物层间或直接吸附在片层表面或边缘上,以平衡黏土矿物所携负电荷,并用阳离子交换容量(cation exchange capacity,CEC)进行定量。很显然,可变电荷与永久电荷相叠加构成了黏土矿物的整体表面电荷,永久电荷有关的CEC和可变电荷有关的CEC构成了黏土矿物的整体CEC。据报道,高岭石的CEC值低至3～15 cmol/kg。然而,与高岭土同族的埃洛石纳米管,其CEC值上升至20～60 cmol/kg。此值虽然低于蒙脱石的70～120 cmol/kg,但是也略高于坡缕石和海泡石的20～30 cmol/kg(表1-2)。这种现象可能与这些黏土矿物在永久电荷特性上的差异关系。

1.3.4 黏土矿物的重金属离子吸附机理

黏土矿物的小粒径(<2 μm)、大比表面和表面电荷特性,赋予了它们对重金属离子的吸附能力[38-40]。因受制于黏土矿物类型、重金属离子种类和浓度、

温度、pH 值、共存阳离子和阴离子等多种因素，黏土矿物吸附重金属离子是一个复杂和难以准确预测的过程。所以，仅就黏土矿物对重金属离子的吸附机制而言，普遍认为分为三类：① 与离子键、共价键形成有关的特异性吸附；② 与静电、氢键、离子交换有关的非特性吸附；③ 与类质同象取代有关的结构并入[20-21,41][图 1-3(b)]。

特异性吸附的机理是，黏土矿物末端活性羟基 Si—OH 和 Al—OH 脱质子生成 $Si—O^-$ 和 $Al—O^-$，然后与重金属阳离子以短程离子键合或共价键（单齿、双齿或三齿）直接键合[式(1-11)]和[式(1-12)][31,38]，从而将重金属阳离子吸附到黏土矿物表面。此时的重金属阳离子水合状态属于内层络合（重金属阳离子被水分子部分包围）。

$$\equiv SOH \xrightarrow{\text{去质子化}} \equiv SO^- \xrightarrow{\text{单齿络合}} \equiv SOCd^+ \tag{1-11}$$

$$2\equiv SOH \xrightarrow{\text{去质子化}} 2\equiv SO^- \xrightarrow{\text{双齿络合}} (\equiv SO)_2Cd \tag{1-12}$$

式中，≡SOH 代表吸附剂表面的金属（Si、Al、Fe、Mn 等）羟基；Cd 为被单齿或双齿络合的重金属镉。

非特异性吸附的特征是，水合重金属离子以外层络合（重金属离子被水分子完全包围）的形式被吸附到黏土矿物表面。这种类型吸附的内在机制，可能是水合重金属离子表面正电荷与黏土表面负电荷之间的静电相互作用，也可能是水合重金属离子外围水分子与黏土表面羟基之间的氢键相互作用。此外，还可能涉及离子交换作用，也即水合重金属离子与黏土矿物表面预吸附的电荷补偿性水合阳离子（Na^+、K^+、Mg^{2+} 和 Ca^{2+} 等）之间的离子交换作用。研究表明，黏土矿物表面预吸附的电荷补偿性水合阳离子很容易与 Pb^{2+}、Cu^{2+}、Zn^{2+}、Cd^{2+} 等重金属离子发生离子交换性取代，除非它们被封闭在黏土矿物的坍塌层间域内[42]。

结构并入性吸附主要发生在黏土矿物颗粒边缘处。该位置因晶体断口、破坏及残缺而形成结构缺陷，导致中心金属阳离子（如 Si、Al 等）因外露原子而不稳定。在长期吸附过程中，最初被吸附的重金属阳离子可通过晶格扩散或孔隙扩散，与黏土矿物边缘缺陷处的不稳定中心金属阳离子（如 Si、Al 等）发生类质同象取代，从而在黏土矿物晶体中发生“结构并入”[20-21,41]。

从与黏土矿物表面电荷的关系来看，特异性吸附与可变电荷关系密切，高 pH 值有利于黏土矿物末端羟基 Si—OH 和 Al—OH 脱质子生成 $Si—O^-$ 和 $Al—O^-$，进而有利于重金属羟基络合物的生成和特异性吸附的发生。相比较而言，非特异性吸附则可能主要以永久电荷起主导作用。有观点认为，低背景离子强度和低 pH 值更有利于这种吸附，因为过高的离子强度会竞争吸附位点，不利于其通过静电、氢键或离子交换作用吸附重金属离子[43]。

就吸附稳定性而言，结构并入性吸附涉及晶格取代，从而最为牢固稳定。特异性吸附涉及化学键的键合，从而也很稳定。非特异性吸附并非直接接触到黏土矿物表面，仅是通过静电、氢键或离子交换作用来吸附重金属离子，因而最不稳定。

1.4 埃洛石纳米管原矿吸附重金属离子研究进展

1.4.1 埃洛石纳米管研究的复兴

埃洛石黏土矿物最先由比利时地质学家 Halloy（德哈洛伊）发现，并由法国地质学家和采矿工程师 Berthier（贝蒂埃）于 1826 年命名为“halloysite”。19—20 世纪属于埃洛石研究的缓慢发展期。该时期主要是利用 X 射线衍射、高分辨率透射电子显微镜等表征手段开展埃洛石晶体结构和性质方面的研究，发现埃洛石在自然界主要以管状形貌产出，偶尔也可观察到片状、盘状、菌褶状、网箱状或球状形貌[29]。广泛的矿藏调查表明，埃洛石分布广泛，在法国、美国、乌克兰、巴西、墨西哥、意大利、土耳其、比利时、新西兰和中国等地都有丰富的储藏[29,44]。自 2010 年开始，埃洛石研究重新引发关注，相关科研论文数量保持逐年攀升[图 1-4(a)]。直至 2022 年，埃洛石相关论文的年发表数量，已超过坡缕石和海泡石，但仍低于众所周知的蒙脱石和高岭石。

近十多年来埃洛石研究的复兴，主要与碳纳米管新型功能材料的蓬勃发展以及人们对廉价绿色纳米材料需求的增加有关。碳纳米管存在制备工艺复杂、反应条件苛刻、生产成本高和有毒等缺点，激发了对其替代品的寻求。作为天然铝硅酸盐矿物，埃洛石具有低密度（2.14～2.59 g/cm^3）、高机械强度（杨氏模量为 230～300 GPa）[45]、耐高温（1 100 ℃仍能保持管状形态）[46]的特性，其稳定性几乎可与碳纳米管相媲美，其尺寸也与碳纳米管较为接近[图 1-4(b)]。此外，埃洛石纳米管售价（约 4 美元/kg）大幅度低于碳纳米管（约 500 美元/kg）。体内/体外毒性试验表明，埃洛石纳米管具有高生物相容性和低细胞毒性，在低或中剂量下一般对人体（如乳腺细胞和上皮腺癌细胞）和模式生物（如秀丽隐杆线虫、斑马鱼和小鼠等）没有明显的不良影响，只有高浓度和高剂量才会造成健康风险[47-51]。所以，埃洛石纳米管作为碳纳米管的替代品，吸引了越来越多研究人员的兴趣[52-53]，开发了其众多的功能用途。例如，作为纳米支撑，可在其管壁上锚定金属纳米粒子、纳米点、酶、有机大分子来制备高级杂化材料[54-66]。作为纳米容器，可在其内腔中装载药物、农药、酶、缓蚀剂、阻燃剂、除草剂、杀菌剂抗、

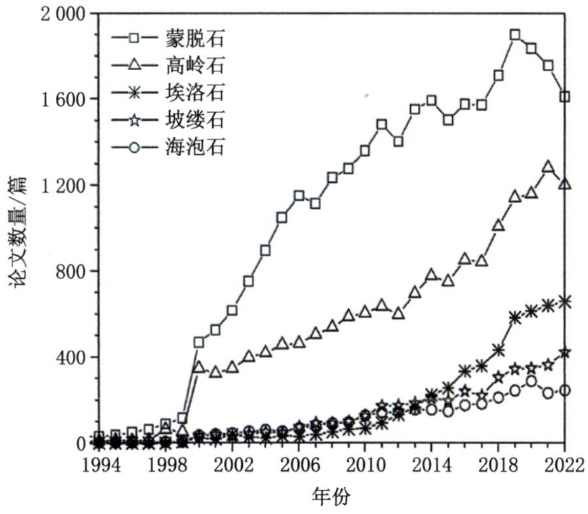

（a）常见黏土矿物在Scopus数据库中历年发表论文数量

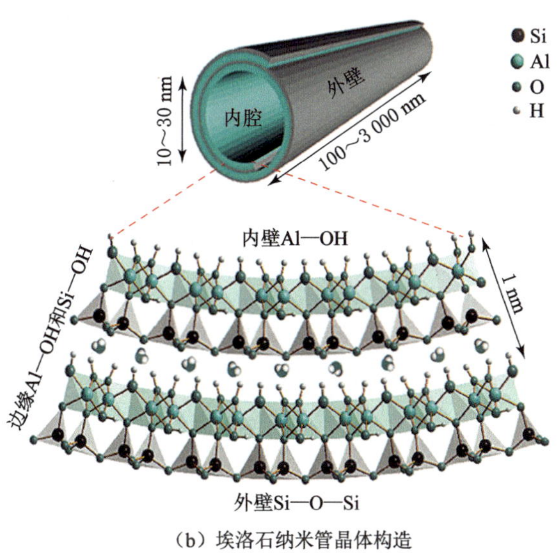

（b）埃洛石纳米管晶体构造

图 1-4　常见黏土矿物在 Scopus 数据库中历年发表论文数量以及埃洛石纳米管晶体构造

溢油分散剂、氧化剂等功能性化学物质，并起到缓释功效[67]。作为纳米填料，可用于制备优质陶瓷、新型橡胶和聚合物纳米复合材料[68]。作为纳米通道，可用于制备复合滤膜以提升滤膜的透水性、耐污性和分离性能[52]。基于以上功能和用途，埃洛石纳米管已经在材料、环境、化工、检测、能源、医学、冶金、建材、电子、农林、食品等众多领域得到了越来越多的应用。

近年来，我国埃洛石研究也得到了蓬勃发展。我国已探明埃洛石产地 300 多处，主要分布在四川、云南、河南、山西、江西、湖北、湖南、福建、贵州、江苏、广东等地[44]。高品位埃洛石矿床主要出现在南方湿润多雨地区，如云南、贵州、四川和湖南等地[69-70]。

自 2007 年至今，我国共设立过 34 个与埃洛石有关的国家自然科学基金项目，分别由郑州大学(10 项)、中国科学院广州地化所(5 项)、中南大学(4 项)、中国地质大学(3 项)、暨南大学(1 项)和华南理工大学(1 项)等 16 个高等院校和国家级科研院承担。这些国家自然科学基金项目从地质、催化、吸附、控释、材料等领域开展了埃洛石研究(表 1-3)。在地矿方面，主要研究埃洛石的微结构和发育演化等。在催化方面，主要研究埃洛石负载金属粒子或酶制备高级催化剂。在吸附方面，主要研究功能化埃洛石用于吸附二氧化碳、稀土元素和肿瘤细胞等。此外，还研究了埃洛石在制备先进电磁材料、相变材料、橡胶材料、超滤膜材料等领域的应用。经过十多年的研究累积，国内埃洛石研究方面的学术会议和书籍也于近些年开始出现。例如，暨南大学化工与材料学院于 2019 年举办了国内首次以埃洛石为专题的学术会议，科学出版社于 2019 年出版了我国第一部关于埃洛石的专业书籍《埃洛石纳米管及其复合材料》。

表 1-3 关于埃洛石纳米管的国家自然科学基金项目

承担单位	项目数量	年度	研究方向
郑州大学	10	2009—2019	催化、储热、滤膜
中国科学院广州地化所	5	2011—2020	吸附、地矿
中南大学	4	2014—2018	电磁、医学复合材料
中国地质大学	3	2009—2014	吸附、催化、地质演变
北京林业大学	1	2022	复合材料
温州医科大学	1	2021	复合材料
长安大学	1	2018	吸附
北京化工大学	1	2017	复合材料

表 1-3(续)

承担单位	项目数量	年度	研究方向
浙江工业大学	1	2017	催化
暨南大学	1	2016	医学复合材料
中国科学院化学所	1	2016	缓释
内蒙古大学	1	2016	复合材料
河南工程学院	1	2015	复合材料
南开大学	1	2014	催化
中国科学兰州化物所	1	2011	缓释
华南理工大学	1	2007	复合材料

1.4.2　埃洛石纳米管原矿吸附重金属离子

与高活性蒙脱石和低活性高岭石相比，埃洛石纳米管属于中等活性的黏土矿物。多项研究表明，埃洛石纳米管的比表面 SSA_{BET} 值普遍在 22～88 m^2/g之间，曾观察到的最大值为新西兰埃洛石的 156 m^2/g[29,35,71]。这个值虽然低于蒙脱石(70～624 m^2/g)[72-73]、坡缕石(60～297 m^2/g)和海泡石(75～399 m^2/g)[25,27,37]，但是明显高于高岭石(10～23 m^2/g)[74-76]。此外，从表 1-2 中也可以看出，埃洛石纳米管具有永久电荷，因而其阳离子交换能力 CEC 值(20～60 cmol/kg)明显高于高岭石(3～15 cmol/kg)，但仍低于高活性的蒙脱石(70～120 cmol/kg)。较大比表面积、具有永久电荷、较高的阳离子交换能力等特性，使得埃洛石纳米管具有可观的表面活性，尤其是相对于高岭石。

埃洛石纳米管的可观表面活性，驱动了将其用作吸附剂的研究探索。目前，已开展了埃洛石纳米管对 Cd(Ⅱ)、Zn(Ⅱ)、Pb(Ⅱ)、Cu(Ⅱ)、Hg(Ⅱ)、Ag(I)和 Co(Ⅱ)等多种重金属离子的吸附性能研究，相关报道汇总于表 1-4。

从表 1-4 中可以看出，埃洛石纳米管的重金属离子吸附性能 q_{max} 值在不同研究之间常常相差悬殊。例如，曾被报道的 Pb(Ⅱ)吸附性能 q_{max} 值在 4.5～84.0 mg/g 范围内大幅变化，最高值和最低值相差了近 20 倍。又例如，曾被报道的 Cd(Ⅱ)吸附性能 q_{max} 值在 0.5～2.1 mg/g 范围内大幅变化，最高值和最低值相差了约 4 倍；Zn(Ⅱ)吸附性能 q_{max} 值在 0.1～9.9 mg/g 范围内大幅变化，最高值和最低值相差了近 100 倍；Cu(Ⅱ)吸附性能 q_{max} 值在 1.1～23.9 mg/g 范围内大幅变化，最高值和最低值相差了约 20 倍。

表 1-4　埃洛石纳米管原矿对重金属离子吸附容量(q_{max})的文献汇总

重金属离子	埃洛石产地	吸附条件		重金属离子最大吸附容量 q_{max} /(mg/g)	参考文献
		温度/℃	pH 值		
Cd(Ⅱ)	波兰 Dunino 矿	22	5	0.5	[77]
	波兰 Legnica 市	22	5	2.1	[78]
	波兰 Silesia 市	22	5	1.2	[79]
Zn(Ⅱ)	波兰 Dunino 矿	22	5	0.1	[77]
	波兰 Legnica 市	22	5	1.8	[78]
	中国广州	20	6	9.9	[80]
Pb(Ⅱ)	美国龙矿	25	5	4.5	[81]
	波兰 Dunino 矿	22	5	8.1	[77]
	波兰 Legnica 市	22	5	8.1	[78]
	波兰 Silesia 市	22	5	7.5	[79]
	新西兰	25	5	84.0	[82]
	阿尔及利亚 Guelma 市	25	6	27.4	[83]
	中国河北	25	6	11.2	[84]
Cu(Ⅱ)	波兰 Dunino 矿	22	5	1.1	[77]
	阿尔及利亚 Guelma 市	25	6	23.9	[85-86]
Ag(I)	新西兰	20	6	109.8	[87]
	美国龙矿	25	—	40.9	[88]
Hg(Ⅱ)	美国龙矿	25	5	4.2	[89]
Co(Ⅱ)	中国广州	20	7	4.4	[90]

导致埃洛石纳米管重金属离子吸附性能 q_{max} 值大幅变化的原因，可能与以下两方面因素有关：一方面，不同研究者在吸附试验条件设置上的差异。虽然试验温度和 pH 值做到了基本一致(表 1-4)，但是背景离子种类、背景离子强度、吸附质初始浓度、吸附剂用量等其他试验条件却很少能做到统一，这就使得不同研究结果间的对比缺乏可比性和可信性。另一方面，不同产地埃洛石在吸附性能上存在差异。可以看出，相关报道中的埃洛石分别来自美国、波兰、新西兰、阿尔及利亚、中国等地，它们在形貌(管长、管径、壁厚)、伴生杂质(如石英、长石、伊利石、金红石、含铁矿物等)和表面性质(如比表面积、表面电荷等)上的差异，可能会导致其对重金属离子的吸附性能参差不齐。

1.4.3　存在问题

综上可以看出，再次迎来研究复兴的埃洛石纳米管属于中等活性黏土矿物，携有永久电荷，具有比高岭石更大的比表面积和更高的阳离子交换能力，显示出用作天然纳米吸附剂的潜力。

将埃洛石纳米管用作重金属离子吸附剂，已开展了一些相关研究。所暴露出的问题是，其重金属离子吸附性能在不同研究之间常常相差悬殊。这可能与不同研究者在吸附试验条件设置上的差异有关，也可能归因于不同产地埃洛石在吸附性能上存在差异。所以，亟须开展研究工作来明确判断埃洛石纳米管原矿的重金属离子吸附性能。

1.5　活化埃洛石纳米管吸附重金属离子研究进展

1.5.1　埃洛石纳米管的活化

为解决黏土矿物的天然局限性，常采用活化处理来对其晶体结构和表面性质进行调整[91-92]。热活化和酸活化是最常使用的活化方式；也可将二者组成热/酸联合活化，也即先用煅烧进行热活化，然后用无机酸溶液（通常是 HCl 或 H_2SO_4）对热活化产物进行酸活化。活化处理不涉及特殊化学品，也不需要烦琐的操作过程，具有成本低、环境友好、应用便捷的优势。

埃洛石纳米管的热活化已经被多个研究报道[93-98]。研究表明，热活化处理对埃洛石纳米管孔容、孔体积和比表面积的影响甚微，但会对其晶体结构和表面化学基团产生重要影响。随着煅烧温度在 100～1 400 ℃范围内不断升高，首先在 100～400 ℃范围内去除吸附水，而后在 500～900 ℃范围内，纳米管的管状形貌依然保持，但是其[SiO_4]四面体和[AlO_6]八面体已经因相分离而转变为无定形 SiO_2 和 Al_2O_3，此时的产物可被称为变埃洛石。在此煅烧温度范围内，也伴随着脱羟基现象的发生，脱羟基进一步导致八面体铝的配位性降低和不饱和 Al^{3+} 的形成[图 1-5(a)]。进一步当煅烧温度大于 900 ℃时，埃洛石纳米管的晶体结构开始发生不可逆的坍塌破坏，并在 1 200～1 400 ℃范围内形成莫来石相和方石英相。

埃洛石纳米管的酸活化也已经被多个研究报道[99-102]。在硫酸或盐酸溶液（≥1 mol/L）中，因为[SiO_4]四面体比[AlO_6]八面体在酸性条件下更具惰性，所以酸根会优先攻击埃洛石纳米管内腔[AlO_6]八面体并浸出 Al^{3+}。随着酸处理时长的增加，Al^{3+} 不断从管腔中浸出，埃洛石纳米管晶体结构会发生一系列变

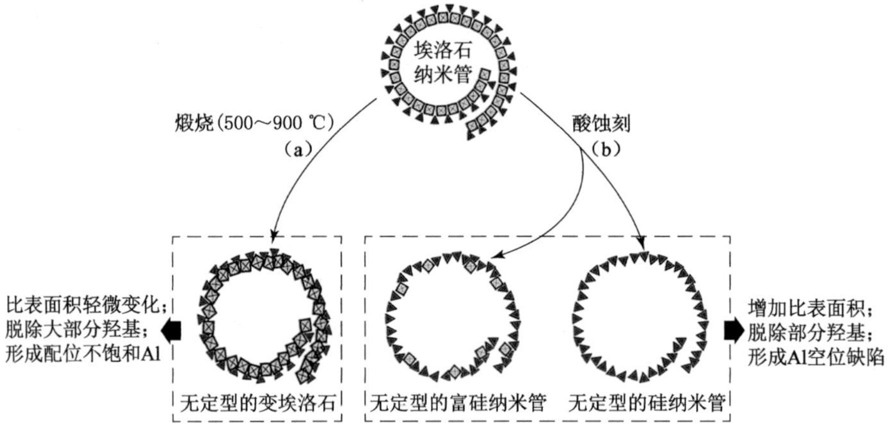

图 1-5　活化处理对埃洛石纳米管晶体结构和表面性质的调整

化:首先转变为管径放大的富硅纳米管,当 Al^{3+} 完全去除时则可转变为无定形硅纳米管,甚至因硅壁的彻底破裂坍塌而最终转化为多孔无定形硅纳米棒[95,103][图 1-5(b)]。研究表明,酸活化处理会大大提高黏土纳米管的比表面积,从原来的 24～79 m^2/g 增加到最终的 102～267 m^2/g[101]。其内在机理可能与两方面因素有关:① 酸提取 Al^{3+} 后,在纳米管内壁上形成了大量蠕虫状微孔[93,104];② 酸溶解[AlO_6]八面体导致邻近[SiO_4]四面体脱落,进而生成大量无定形的 SiO_2 纳米颗粒,SiO_2 纳米颗粒堆积构筑微孔[96]。也有研究认为,伴随着酸提取 Al^{3+} 的发生,会导致 Al—OH 的脱羟基,以及 Al 空位表面缺陷的形成[104-108]。

将热和酸相结合来对埃洛石进行活化处理,这方面的研究也有报道[94,96]。相关研究表明,450～900 ℃预煅烧处理可使埃洛石纳米管的酸活化更加高效,归因于[SiO_4]四面体和[AlO_6]八面体相分离使得 Al_2O_3 更容易被酸溶解。由此所获得活化产物的比表面积会从原来的 24～79 m^2/g 增加到最终的 414～503 m^2/g[96]。

1.5.2　活化埃洛石纳米管吸附重金属离子

对于活化埃洛石用作吸附剂,已经开展了其对 Cd(Ⅱ)、Zn(Ⅱ)和 Pb(Ⅱ)等重金属离子吸附性能的少量研究,相关报道汇总于表 1-5。

可以看出,热活化是否能改善埃洛石的重金属离子吸附性能,目前尚存争议。以 Cd(Ⅱ)为例,在一项研究[78]中,热活化处理可将埃洛石的 Cd(Ⅱ)吸附性能从原矿的 2.1 mg/g 提升到 15.2 mg/g;然而,另一项研究[79]则恰好相反,热活化处理将埃洛石的Cd(Ⅱ)吸附性能从原矿的1.2 mg/g降低到0.8 mg/g。同样现象在Pb(Ⅱ)上也有所体现。有两项研究[78-79]发现,热活化可提升埃洛石的Pb(Ⅱ)吸附性能,并且作者推测热活化在埃洛石纳米管上所产生的缺陷位点是Pb(Ⅱ)吸附性能增强的内在机理。然而另外一项研究[83]结果却表明,热活化处理会降低埃洛石的Pb(Ⅱ)吸附性能,并且热活化所导致的脱羟基现象被认为是Pb(Ⅱ)吸附性能下降的原因。

表1-5 活化埃洛石纳米管对重金属离子吸附容量(q_{max})的文献汇总

活化方式	重金属离子	活化产物	吸附条件		重金属离子最大吸附容量 q_{max}/(mg/g)		参考文献
			温度/℃	pH值	活化前	活化后	
热活化	Cd(Ⅱ)	$HNT_{650\ ℃}$	22	5	2.1	15.2	[78]
		$HNT_{400\ ℃}$	22	5	1.2	0.8	[79]
	Zn(Ⅱ)	$HNT_{650\ ℃}$	22	5	1.8	25.2	[78]
	Pb(Ⅱ)	$HNT_{650\ ℃}$	22	5	8.1	44.0	[78]
		$HNT_{400\ ℃}$	22	5	7.5	13.8	[79]
		$HNT_{400\ ℃}$	25	6	27.4	23.5	[83]
		$HNT_{600\ ℃}$	25	6	27.4	16.6	[83]
		$HNT_{800\ ℃}$	25	6	27.4	22.1	[83]
		$HNT_{1\ 000\ ℃}$	25	6	27.4	14.2	[83]
酸活化	Pb(Ⅱ)	$HNT_{H_2SO_4}$	22	5	8.1	28.0	[78]

酸活化埃洛石用作重金属离子吸附剂,仅收集到1个相关报道(表1-5)。该研究发现埃洛石纳米管经过用硫酸溶液在100 ℃下活化处理3 h后,其Pb(Ⅱ)吸附性能从活化前的8.1 mg/g提升到活化后的28.0 mg/g,提升了约2倍。究其原因,可能与酸蚀刻所引起的比表面积增加和铝空位缺陷形成有关[78]。

1.5.3 存在问题

综上可以看出,经过简单的热活化处理可引起埃洛石纳米管的晶体无定形化、脱羟基和不饱和Al^{3+}形成。经过简单的酸活化处理可增大埃洛石纳米管的比表面积并形成Al空位缺陷。这显示出简单活化处理具有有效改善埃洛石纳米管重金属离子吸附性能的潜力。

将活化埃洛石纳米管用作重金属离子吸附剂,已开展了少量相关研究。明显暴露出的问题是:首先,热活化是否能改善埃洛石的重金属离子吸附性能,目前尚存争议；其次，埃洛石纳米管酸活化产物或热/酸联合活化产物的重金属离子吸附性能如何，目前尚缺乏足够研究甚至处于空白。所以，亟须开展研究工作来明确判断不同方式活化埃洛石纳米管的重金属离子吸附性能。

1.6 改性埃洛石纳米管吸附重金属离子研究进展

1.6.1 埃洛石纳米管的易分散性

纳米材料很容易集聚成大尺寸颗粒，归因于其高表面活性。与此类似，有“纳米黏土”之称的黏土矿物通常也很少以单晶形式存在，通常由其晶体粒子以一定模式和规模聚集在一起，形成尺寸较大、外形不规则的颗粒。研究表明，黏土矿物的晶体形貌，如纳米片、纳米棒、纳米纤维和纳米管等，对其集聚特性有重要影响。

具有纳米片晶体形貌的黏土矿物，常由单元片层层叠加形成较大矿物颗粒。例如，高岭石通常由10～200个TO型晶体单元片借助于静电力、氢键力和范德瓦耳斯力而层层堆叠成粒径一般为0.1～2 μm的颗粒[28,32]；又如，伊利石由5～20个TOT型晶体单元片层层堆叠而成[32,109]。为获得纳米级分散的单晶纳米片，可采用球磨、挤压、超声和高速剪切等物理方法，通过挤压力、剪切力和揉捏力，将层层堆叠的黏土纳米片逐层剥离[28]。也可用化学法在纳米片层之间插入联氨、二甲基亚砜、醋酸钾、尿素、壳聚糖、阳离子表面活性剂、带正电荷的羟基铝、阳离子聚丙烯酰胺等有机分子，以削弱纳米片彼此间的结合力，从而实现对黏土纳米片集聚体的纳米级分散[109-112]。

具有纳米棒/纤维晶体形貌的黏土矿物，常以束状团聚体存在。例如，坡缕石的棒状最小晶体单位，常定向组合成大块的束状团聚体[25,27]。又例如，海泡石的纤维状单晶通常形成高度聚集的晶体束。可采用球磨、挤压、超声等物理方法来获得高度分散的坡缕石纳米棒或海泡石纳米纤维。此外，也有研究探索了通过酸处理和盐处理法改变坡缕石单晶棒的表面电荷，削弱彼此间的相互作用，从而实现对其晶体束团聚体的纳米级分散[113-115]。

相较而言，具有纳米管晶体形貌的埃洛石却极易分散。仅需要烘干除水并轻轻研磨，即可将天然埃洛石矿石粉末化至单管水平的高度分散，这已经被很多研究所证实[116-118]。埃洛石纳米管的这种易分散现象，可能与其管状结构、外壁低羟基密度、表面高电荷密度等多方面天然特性有关[119]。

1.6.2 埃洛石纳米管的良好支撑功能及其改性

纳米支撑体是制备先进纳米复合材料的重要砌块。将易团聚的金属纳米颗粒、酶、有机大分子活性材料附着到特定的纳米支撑体(如二氧化硅、氧化铝、沸石、碳纳米管、树枝状聚合物、富勒烯等)上,可增强这些活性材料的分散性和表面可及性,进而获得高更的反应活性[120-121]。近些年,埃洛石纳米管被发现具有良好的支撑功能,这首先归因于其易分散性便于其与被支撑物的充分接触。其次,作为天然铝硅酸盐矿物,埃洛石纳米管具有低密度(2.14～2.59 g/cm^3)、高机械强度(杨氏模量为 230～300 GPa)、耐高温(1 100 ℃仍能保持管状形态)的特性,其稳定性几乎可与碳纳米管相媲美[45-46]。另外,作为 1D 纳米材料,埃洛石纳米管内径一般为 10～30 nm,外径一般为 50～200 nm,长一般为 100～3 000 nm,显示出极高的纵横比(约 20∶1)和比 2D 纳米片更大的表面积[21],这有利于其呈现出更大的支撑容量。

埃洛石纳米管的易分散性和良好支撑功能,有利于其与修饰物的充分接触,从而为在其表面开展各种形式的修饰改性提供了极大便利。从现有研究来看,埃洛石纳米管的无机改性,通常是在其表面锚定小尺寸金属和金属氧化物纳米颗粒[如 Cu、Cu-Co、MnO_2、Fe_3O_4、$La_2O_2CO_3$、α-$Ni(OH)_2$ 等],以制备成性能优异的金属-黏土纳米杂化材料[54-55,58,62,122][图 1-6(a)]。埃洛石纳米管的有机改性,通常可分为共价有机改性和非共价有机改性两种类型[图 1-6(b)]。共价有机改性主要是通过羟基缩合作用,将有机硅烷、离子液体、多巴胺、芳基硼酸、十八烷基膦酸等含活性羟基的有机分子共价接枝到埃洛石表面活性羟基 Al—OH 和 Si—OH 上[123-134]。非共价有机改性主要通过范德瓦耳斯力、氢键力和静电力等物理吸附作用,将阳离子表面活性剂、阳离子聚合物等有机分子固定到带负电的埃洛石纳米管外壁,或将 NaL、NaDS、NaPF、PSS、果胶和海藻酸盐等阴离子有机分子固定到带正电的埃洛石纳米管内壁[135-143]。与共价有机改性相比,非共价有机改性产物的热稳定性和耐溶剂洗涤性较低,但其制备流程更为简便。

1.6.3 无机改性埃洛石纳米管吸附重金属离子

对于无机改性埃洛石纳米管用作吸附剂,已经开展对 Cd(Ⅱ)、Pb(Ⅱ)和 Ag(Ⅰ)等重金属离子的吸附性能研究,相关报道汇总于表 1-6。从中可以看出,此类研究的相关成果并不多,仅限于将 Fe^0、Fe_3O_4 或 MnO_2 锚定到埃洛石纳米管上,制备成金属-黏土纳米杂化材料用作重金属离子吸附剂。从吸附效果来看,此类无机改性均明显提升了埃洛石的重金属离子吸附性能。以 Cd(Ⅱ)为例,无机杂化物 Fe^0@HNTs 的 Cd(Ⅱ)吸附性能(83.6 mg/g)比埃洛石原矿(3.7 mg/g)提升了约 22 倍[79,144-146]。再以 Pb(Ⅱ)为例,杂化物Fe^0@HNTs的 Pb(Ⅱ)吸附性能(218.9 mg/g)比原矿(9.9 mg/g)提升了约 22 倍[144],杂化物 Fe_3O_4@HNTs 的 Pb(Ⅱ)吸附性能(23.2 mg/g)比原矿(7.5 mg/g)提升了约 2 倍[79]。

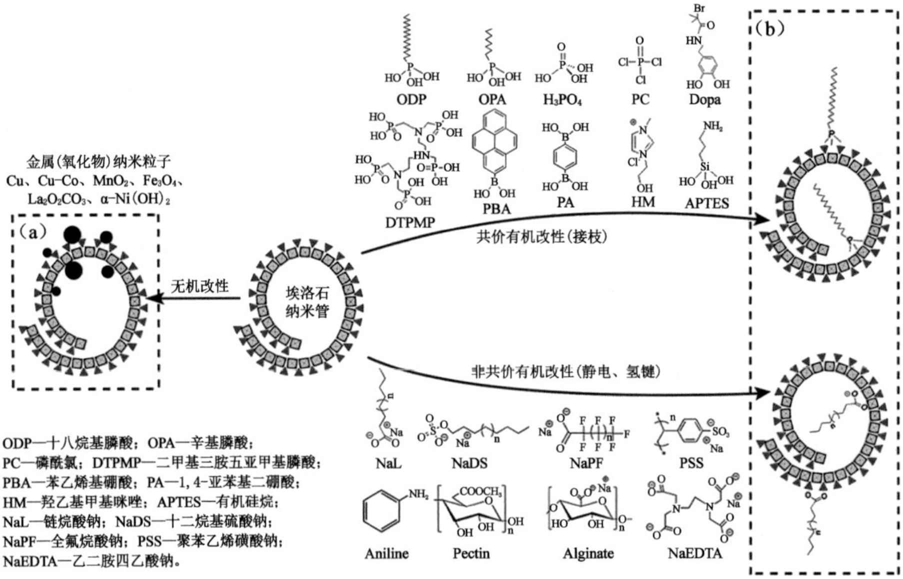

图 1-6 埃洛石纳米管无机改性和有机改性的常见途径[52]

表 1-6 无机改性埃洛石纳米管对重金属离子吸附容量(q_{max})的文献汇总

重金属离子	无机改性产物	吸附条件		重金属离子最大吸附容量 q_{max} /(mg/g)		参考文献
		温度/℃	pH 值	改性前	改性后	
Cd(Ⅱ)	Fe^0@HNTs	25	5	3.7	83.6	[144]
	Fe_3O_4@HNTs	25	5	1.2	3.7	[79]
	Fe_3O_4@HNTs	30	6	—	11.4	[145]
	Fe_3O_4@HNTs	25	6	—	264.5	[146]
Pb(Ⅱ)	Fe_3O_4@HNTs	25	5	7.5	23.2	[79]
	MnO_2@HNTs	25	6	—	59.9	[147]
	Fe^0@HNTs	25	5	9.9	218.9	[144]
Ag(I)	Fe_3O_4@HNTs	—	—	40.9	67.9	[88]

金属氧化物改性埃洛石纳米管所涉及的吸附机理，被认为主要归因于两方

面:① 通过埃洛石纳米管支撑作用所引入的金属或金属氧化物纳米颗粒，具有良好的分散性且富含金属羟基，这些羟基可通过质子-脱质子反应与重金属离子直接键合；② 随着时长增加，最初被吸附的金属可以通过晶格扩散或孔隙扩散纳入金属氧化物的结构中，发生“结构并入”性吸附[144]。

1.6.4 有机改性埃洛石纳米管吸附重金属离子

对于有机改性埃洛石纳米管用作吸附剂，已经开展对 Cd(Ⅱ)、Zn(Ⅱ)、Pb(Ⅱ)、Hg(Ⅱ)和 Cu(Ⅱ)等多种重金属离子的吸附性能研究，相关报道汇总于表 1-7。此类研究主要是通过共价或非共价方式，将吡啶基琥珀酸、硅烷偶联剂、树状大分子、石墨烯量子点、香豆素、水热碳、乙酸钠、氨基醇等有机分子负载到埃洛石纳米管表面，或将海藻酸、生物炭等有机物与埃洛石纳米管进行直接复合。由此，为埃洛石纳米管表面引入胺基、巯基和羧基等官能团，进而通过与重金属离子发生配位络合反应和离子交换反应来大幅提升埃洛石纳米管的重金属离子吸附性能。

表 1-7　有机改性埃洛石纳米管对重金属离子吸附容量(q_{max})的文献汇总

重金属离子	有机改性产物	吸附条件		重金属离子最大吸附容量 q_{max}/(mg/g)		参考文献
		温度/℃	pH 值	改性前	改性后	
Cd(Ⅱ)	Amino alcohols / HNTs	25	5	0.5	4.7	[77]
Zn(Ⅱ)	Coumarin / HNTs	25	—	—	16.0	[148]
	Amino alcohols / HNTs	25	5	0.1	3.5	[77]
Pb(Ⅱ)	PSA / HNTs	25	5	—	23.6	[149]
	APTMS / HNTs	25	5	4.5	37.0	[81]
	PAMAM / HNTs	25	6	—	194.4	[150]
	GQDs / HNTs	25	6	—	42.0	[151]
	hydrothermal carbon / HNTs	25	6	11.2	184.9	[84]
	Alginate / HNTs	25	5	84.0	325.0	[82]
	coconut biochar / HNTs	25	5	—	833.3	[152]
Hg(Ⅱ)	MPTMS / HNTs	25	5	4.2	26.0	[89]
	MPTMS / HNTs	25	—	—	64.2	[153]
	APTES / HNTs	22	6	—	71.4	[154]

表 1-7(续)

重金属离子	有机改性产物	吸附条件		重金属离子最大吸附容量 q_{max}/(mg/g)		参考文献
		温度/℃	pH 值	改性前	改性后	
Cu(Ⅱ)	Amino alcohols / HNTs	25	5	1.1	4.8	[77]
	$NaCH_3COO$ / HNTs	22	6	23.9	52.3	[85,86]
	Alginate / HNTs	25	—	—	74.1	[155]

注:PSA—吡啶基琥珀酸;MPTMS 和 APTMS—硅烷偶联剂;PAMAM—树状大分子;GQDs—石墨烯量子点。

从吸附效果来看,此类有机改性均可不同程度地提升埃洛石对 Pb(Ⅱ)、Cd(Ⅱ)、Zn(Ⅱ)、Cu(Ⅱ)、Hg(Ⅱ)等重金属离子的吸附性能。例如,将水热碳负载到埃洛石纳米管上,所制备有机杂化物的 Pb(Ⅱ)吸附容量可达 184.9 mg/g,比原矿的 11.2 mg/g 提升了约 16 倍[84]。需要注意的是,有机改性涉及环境不友好有机化学品的使用,导致有机改性埃洛石的生态兼容性差,存在二次污染的风险[17]。

1.6.5 存在问题

综上可以看出,埃洛石纳米管具有易分散性且具有良好支撑功能,这非常有利于对其进行各种形式的改性,进而制备出结构优异的纳米杂化吸附剂。

已有相关研究表明,无机改性可为纳米管壁引入与重金属离子亲和力强的金属羟基,有机改性可为纳米管壁引入与重金属离子亲和力强的胺基、巯基和羧基等官能团,从而明显提升改性埃洛石纳米管对各种重金属离子的吸附性能。然而明显暴露出的问题是:有机改性埃洛石纳米管生态兼容性差,将其用作重金属离子吸附剂存在二次污染的风险。无机改性虽然生态兼容性好,但是相关研究并不深入,仅限于将 Fe^0、Fe_3O_4、MnO_2 锚定到埃洛石纳米管上来用作重金属离子吸附剂。尤其是考虑到可用作无机改性基材的金属氧化物种类繁多,既有单金属氧化物又有双金属氧化物。其中,仅铁氧化物就有 α-Fe_2O_3、γ-Fe_2O_3、Fe_3O_4、α-FeOOH、β-FeOOH、γ-FeOOH 和 δ-FeOOH 等十余种之多。这些金属氧化物在晶体结构和表面羟基等方面均存在不同程度的差异,会对由其所制备无机改性埃洛石纳米管的重金属离子吸附性能产生影响。所以,有必要专门针对生态兼容性好的无机改性埃洛石纳米管开展更深入的研究工作,为水体重金属离子污染治理提供若干种兼具吸附性能强、成本效益优和生态兼容性好的吸附剂候选者。

1.7　本书的研究目的和主要内容

1.7.1　研究目的与意义

综上所述，人类活动所排放的Cd(Ⅱ)、Zn(Ⅱ)、Pb(Ⅱ)、Cu(Ⅱ)和Hg(Ⅱ)等有毒重金属离子对生态环境系统和人类健康构成严重威胁。用吸附法去除水体重金属离子污染物具有众多优势。从兼具吸附性能强、成本效益优和生态兼容性好来考虑，将天然或改性纳米黏土用作重金属吸附剂长期以来备受关注。埃洛石黏土纳米管的比表面积大、类质同象取代现象显著、机械强度高、耐高温、易分散，具有可观的表面活性和良好的支撑功能，在吸附重金属离子和制备纳米杂化吸附剂方面显示出巨大潜力。将埃洛石纳米管原矿、活化产物或改性产物用作重金属离子吸附剂已开展一些有益探索，同时也暴露出一些亟待解决的问题。例如，埃洛石纳米管原矿的重金属吸附性能尚不明确，热活化埃洛石纳米管的重金属离子吸附性能尚存争议，热/酸联合活化埃洛石纳米管的重金属离子吸附性能尚不清楚，无机改性埃洛石纳米管吸附剂研究尚不深入，有机改性埃洛石纳米管吸附剂存在二次污染风险等。针对这些问题，本书开展了一系列相关研究，以期能明确埃洛石纳米管原矿及其不同方式活化产物的重金属离子吸附性能，并制备出若干种重金属吸附性能优异且绿色低毒的新型无机改性埃洛石纳米管。相关研究成果可为判断埃洛石纳米管原矿及其活化产物作为重金属吸附剂的应用价值提供数据支撑，可为埃洛石纳米管的活化方式提供选择依据，可为去除水体重金属离子提供若干种兼具吸附性能强、成本效益优和生态兼容性好的新型无机纳米杂化吸附剂。

1.7.2　研究内容

本研究围绕埃洛石纳米管的原矿、活化产物和无机改性产物，从材料的制备、表征及重金属离子吸附性能和机理方面开展研究工作，主要内容如下：

① 为了明确埃洛石纳米管原矿对水体重金属离子的吸附性能，收集了来自美国龙矿、中国云南和中国河南等三个不同产地的埃洛石样品，并用蒙脱石和高岭石作为参照物。用XRF、XRD、FTIR、TEM、SEM和BET等表征手段对三个埃洛石样品在物相组成、形貌结构、表面官能团和表面性质等异同进行分析。然后，在统一吸附试验条件($pH=5.5$，$T=25$ ℃，初始重金属浓度50 mg/L，离子强度0.001 mol/L，吸附剂用量0.25 g/L)下，测定了三个埃洛石样品对Cd(Ⅱ)、Zn(Ⅱ)和Pb(Ⅱ)等重金属离子的吸附容量。结合表征结果，讨论了不同埃洛石

样品在重金属吸附性能方面差异形成的原因，对埃洛石纳米管原矿用作重金属离子吸附剂的潜力和价值做出了评价。此外，也筛选出品相最佳的埃洛石作为后续章节的供试材料。

② 为了明确不同方式活化埃洛石纳米管对水体重金属离子的吸附性能，采用500～800 ℃热活化、硫酸溶液酸活化、食人鱼溶液酸活化和热/酸联合活化对埃洛石纳米管原矿进行活化处理，获得多种活化埃洛石纳米管。用TGA、XRD、FTIR、TEM、SEM和BET等表征手段对不同方式活化埃洛石的物相组成、形貌结构、表面官能团和表面性质等进行分析。然后，在统一吸附试验条件($pH=5.5$，$T=25$ ℃，初始重金属浓度50 mg/L，离子强度0.001 mol/L，吸附剂用量0.25 g/L)下，测定了不同方式活化埃洛石对Cd(Ⅱ)、Zn(Ⅱ)和Pb(Ⅱ)等重金属离子的吸附容量。结合表征结果，讨论了不同方式活化埃洛石在重金属吸附性能方面差异形成的原因，提出了活化埃洛石纳米管用作重金属吸附剂的最佳活化方式，对活化埃洛石纳米管用作重金属离子吸附剂的潜力和价值做出了评价。

③ 为了筛选出一种吸附性能优异的新型Fe_xO_y改性埃洛石纳米管重金属吸附剂，利用埃洛石纳米管表面负电荷对Fe^{3+}的静电吸附作用，通过$Fe(NO_3)_3$在NaOH溶液中的强制水解，制备了水铁矿/埃洛石杂化材料Fh/HNTs。而后，将Fh/HNTs分别在酸性($pH=4$)、中性($pH=7$)和碱性($pH=12$)条件下进行老化稳定处理，借助于水铁矿的易相变特性来获得三种不同的Fe_xO_y改性埃洛石纳米管。用XRD、TEM、FTIR、XPS、TEM和BET等表征手段对三种Fe_xO_y改性埃洛石纳米管的相变和元素掺杂现象进行剖析定性，并对其表面性质进行分析。对三种Fe_xO_y改性埃洛石纳米管开展Cd(Ⅱ)吸附试验，通过对比筛选出重金属吸附性能最优者。结合表征结果，讨论了所制备吸附剂的形成机理和镉吸附机理。

④ 为了进一步阐明在③中所制备新型Fe_xO_y改性埃洛石纳米管的应用潜力，研究了各种环境因素对该新材料Cd(Ⅱ)吸附行为的影响。从吸附时长、吸附质初始浓度和温度等环境因素入手，开展Cd(Ⅱ)吸附动力学、平衡学和热力学研究。而后，依次研究背景pH值、背景Na^+离子强度、共存Zn(Ⅱ)/Pb(Ⅱ)重金属阳离子、共存有机物四环素、共存无机阴离子CO_3^{2-}、SO_4^{2-}、NO_3^-和Cl^-等环境因素对该新材料的Cd(Ⅱ)吸附行为的影响。进一步，为更接近实际应用，选用自来水、桃子湖湖水和湘江水等不同水体，了解其对该新材料吸附Cd(Ⅱ)的影响。此外，还开展了该材料吸附Cd(Ⅱ)的循环利用试验。最后，对该新材料用作重金属离子吸附剂的潜力和价值做出了综合性评价。

⑤ 为了制备一种新型的双金属氧化物改性埃洛石纳米管重金属吸附剂，利

用埃洛石纳米管表面负电荷对 Fe^{3+} 和 Mn^{2+} 的静电吸附作用以及 Fe^{3+}、Mn^{2+} 和 OH^- 的共沉淀反应，在碱性水热条件(95 ℃，pH＝12 和老化 2 h)下，通过改变反应物混合方式(金属盐溶液滴加到碱液中，或碱液滴加到金属盐溶液中)来制备不同的铁锰双金属氧化物改性埃洛石纳米管 $MnFe_2O_4$@HNTs。用 XRD、TEM、FTIR、XPS、TEM 和 BET 等表征手段对所制备 $MnFe_2O_4$@HNTs 的物相组成、形貌结构、表面官能团和表面性质等进行分析。然后，研究了所制备 $MnFe_2O_4$@HNTs 对 Cd(Ⅱ)、Zn(Ⅱ)和 Pb(Ⅱ)等重金属离子的吸附性能，提出了制备 $MnFe_2O_4$@HNTs 的最佳合成途径。结合表征结果，讨论了所制备吸附剂 $MnFe_2O_4$@HNTs 的形成机理和重金属吸附机理。对 $MnFe_2O_4$@HNTs 用作重金属离子吸附剂的潜力和价值做出了评价。

1.7.3　技术路线

基于以上研究内容，本书的技术实施路线如图 1-7 所示。

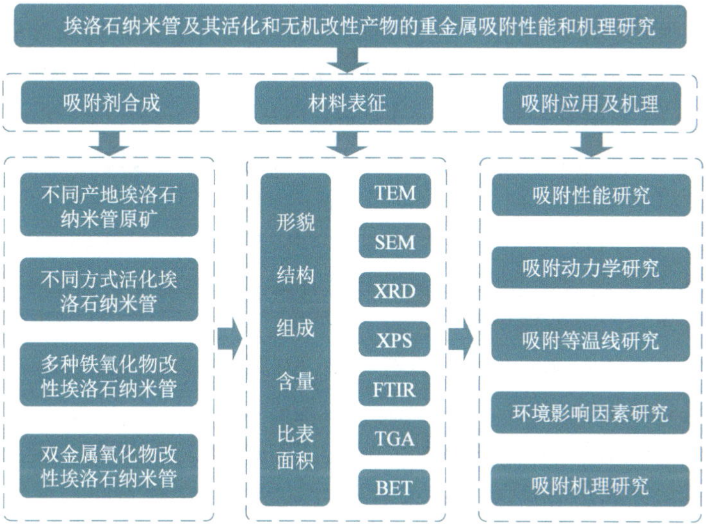

图 1-7　本研究技术路线图

第2章　不同产地埃洛石纳米管原矿的重金属离子吸附性能对比

2.1　引言

埃洛石纳米管是一种与高岭石同族的黏土矿物。直观来看，埃洛石纳米管可想象为是由片状高岭石逐层剥落卷曲而成的。这种卷曲结构的形成可能与其层间吸附水有密切关系[29]，也可能与四面体片中 Si^{4+} 被 Al^{3+} 所取代有关[30]。埃洛石纳米管的常见管长一般为 0.2～1.5 μm，内径一般为 10～30 nm，外径一般为 50～100 nm。埃洛石矿藏广泛分布于世界各地，在法国、美国、乌克兰、巴西、墨西哥、意大利、土耳其、新西兰和中国等地都有丰富储藏[29,44]，在我国已探明分布于四川、云南、河南、山西、江西、湖北、湖南、福建、贵州、江苏、广东等地[44]。体内/体外毒性试验表明，埃洛石纳米管具有高生物相容性和低细胞毒性，被认为是一种生物安全的纳米材料[47-51]。

与高活性蒙脱石和低活性高岭石相比，埃洛石纳米管属于中等活性的黏土矿物。埃洛石纳米管的比表面 SSA_{BET} 值普遍在 22～88 m^2/g 之间[29,35,71]，介于蒙脱石（70～624 m^2/g）[72-73]和高岭石（10～23 m^2/g）[74-76]之间。埃洛石纳米管的[SiO_4]四面体和[AlO_6]八面体构造单元中普遍存在有不同程度的类质同象取代现象[29-30,33-35]，这可为纳米管表面引入永久电荷。埃洛石纳米管内壁富含 Al—OH，管口边缘和管壁缺陷处的断裂键可生成 Si—OH 和 Al—OH。这些表面末端羟基电离可产生的可变电荷。与永久电荷和可变电荷现象相呼应的是，埃洛石纳米管的阳离子交换能力 CEC 值可达 20～60 cmol/kg，这明显高于高岭石（CEC＝3～15 cmol/kg），但低于高活性的蒙脱石（CEC＝70～120 cmol/kg）。较大比表面积、显著的永久电荷和较高的阳离子交换能力等，使得埃洛石纳米管具有可观的表面活性，显示出用作天然纳米吸附剂的潜力。

关于用埃洛石纳米管作为吸附剂来去除水体重金属离子已经开展了一些研

究。结果表明，埃洛石纳米管对 Pb(Ⅱ)的吸附性能 q_{max} 值在不同研究之间相差悬殊，在 4.5～84.0 mg/g 范围内大幅变化。类似现象也存在于埃洛石纳米管对 Cd(Ⅱ)、Zn(Ⅱ)和 Cu(Ⅱ)的吸附性能 q_{max} 值上，其值分别在 0.5～2.1 mg/g、0.1～9.9 mg/g 和 1.1～23.9 mg/g 范围内大幅变化。这种情况的出现可能与以下两方面因素有关：① 不同研究者在吸附试验条件设置上存在差异。虽然温度和 pH 值在不同研究之间常会做到基本一致，但是背景离子种类、背景离子强度、吸附质初始浓度、吸附剂用量等其他试验条件却很少能做到统一。② 不同研究所使用埃洛石纳米管的产地不同。不同产地埃洛石纳米管在形貌、伴生杂质和表面性质上的细微差异，可能会导致其对重金属离子的吸附性能参差不齐。为了明确埃洛石纳米管原矿的重金属离子吸附性能，有必要在同一试验体系下开展不同产地埃洛石的重金属吸附性能对比研究，借此来排除试验条件差异的影响，以实现对埃洛石纳米管重金属离子吸附性能的合理评估。

本章研究收集了来自美国龙矿、中国云南和中国河南等三个不同产地的埃洛石样品，并用蒙脱石和高岭石作为参照物。用 XRF、XRD、FTIR、TEM、SEM 和 BET 等表征手段对三个埃洛石样品在物相组成、形貌结构、表面官能团和表面性质等异同进行分析。然后，在统一吸附试验条件（pH＝5.5，T＝25 ℃，初始重金属浓度 50 mg/L，离子强度 0.001 mol/L，吸附剂用量 0.25 g/L）下，测定了三个埃洛石样品对 Cd(Ⅱ)、Zn(Ⅱ)和 Pb(Ⅱ)等重金属离子的吸附容量。结合表征结果，讨论了不同埃洛石样品在重金属吸附性能方面差异形成的原因，对埃洛石纳米管原矿用作重金属离子吸附剂的潜力和价值做出了评价。此外，也筛选出品相最佳的埃洛石作为后续章节的供试材料。

2.2　材料与方法

2.2.1　试验材料和仪器

收集了来自美国、中国云南和中国河南等三个不同产地的埃洛石样品，分别标记为：美国埃洛石、云南埃洛石和河南埃洛石。美国埃洛石购于美国 Sigma-Aldrich 公司，出产于美国犹他州龙矿，该矿的埃洛石矿藏由早期古生代白云岩与裂隙带热液流体接触而不规则置换形成[153-155]。云南埃洛石购于广州润沃纳米科技公司，出产于云南大理，矿藏位置分布有大量的风化淋积亚型高岭土和埃洛石矿床[156]。河南埃洛石与河南安强非金属矿产品公司合作采集于河南济源，所属矿藏位于在太行山脉孔山一带，属于露天鸡窝型矿藏，可以明采[图 2-1(a)]，附近伴生有低品位的铝矾土和石灰石。

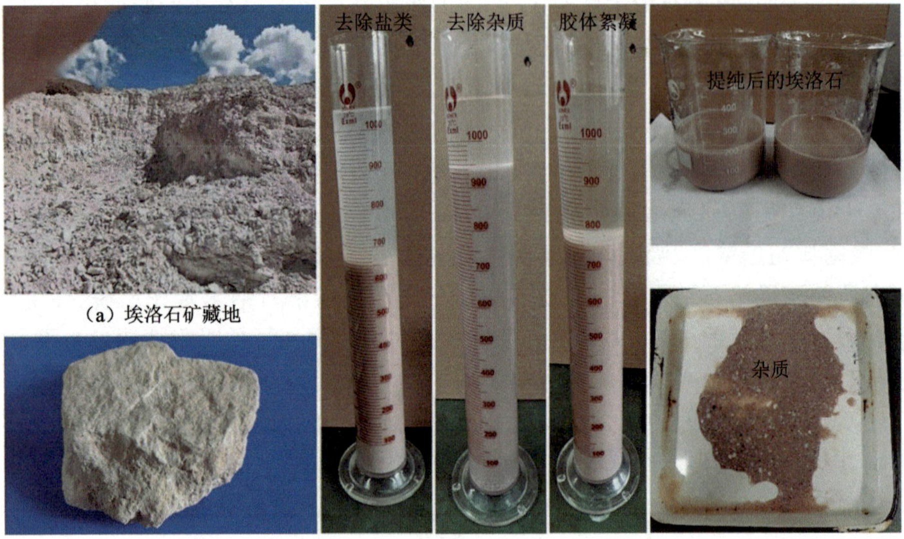

（a）埃洛石矿藏地

（b）原矿　　（c）室内提纯流程

图 2-1　河南埃洛石矿藏地、原矿及其室内提纯流程照片

试验还用到其他两种黏土矿物：高岭土（$H_2Al_2O_8Si_2 \cdot H_2O$，CP）购于国药集团化学试剂有限公司，蒙脱石[$Al_4Si_8O_{20}(OH)_4 \cdot nH_2O$，BR]购于九鼎化学（上海）科技有限公司。硝酸（$HNO_3$，98%）和氢氧化钠（NaOH，≥99.0%）均购于上海阿拉丁生化科技股份有限公司。硝酸钠（$NaNO_3$，≥99.0%）、硝酸镉[$Cd(NO_3)_2 \cdot 4H_2O$，≥99.0%]、硝酸锌[$Zn(NO_3)_2$，≥99.0%]、硝酸铅[$Pb(NO_3)_2$，≥99.0%]均购于国药集团化学试剂有限公司。这项工作中使用的化学药品是分析级的，没有经过任何纯化。所有试剂均用超纯水制备。试验所使用的玻璃容器均在 10% HNO_3 中浸泡 24 h，并在使用前用超纯水洗涤 3 次。本试验所用仪器设备见表 2-1。

表 2-1　本书所使用的主要仪器

仪器名称	型号	生产商
热重分析仪	Discovery TGA 5500	美国 TA 公司
X 射线荧光光谱仪	Axios mAX	荷兰 Malvern 公司
X 射线衍射仪	SmartLab SE	日本理学公司
X 射线光电子能谱仪	K-Alpha 1063	美国 Thermo 公司
傅里叶变换红外光谱仪	Nicolet iS20	美国 Thermo 公司

表 2-1(续)

仪器名称	型号	生产商
比表面分析仪	Micromeritics ASAP 2460	美国 Micromeritics 公司
场发射扫描电镜	JSM-6700F	日本电子株式会社
场发射扫描电镜	JSM-7001F	日本电子株式会社
透射电子显微镜	JEM-2100plus	日本电子株式会社
电感耦合等离子体发射光仪	ICP-OES TCP5100VDV	美国 Agilent 公司
电感耦合等离子体发射光仪	ICP-OES AViO500	美国 PerkinElmer 公司
离子色谱仪	TIC-600	江苏天瑞仪器股份有限公司
总有机碳分析仪	TOC-5500	上海元析仪器有限公司
纳米颗粒粒度电位仪	Zetasizer Nano	荷兰 Malvern 公司
冷冻干燥器	FD-1A-80^{+}	北京博医康实验仪器有限公司
紫外-可见分光光度计	Shimadzu 2550	日本 Shimadzu 公司
pH 计	FE28	瑞士梅特勒-托利多国际有限公司
分析天平	ME204E	瑞士梅特勒-托利多国际有限公司
温控磁力搅拌器	ZNCL-S-10D	河南爱博特科技发展有限公司
水浴恒温振荡器	SYWF-60	天津市莱玻特瑞仪器设备有限公司
多管漩涡振荡器	VORTEX-1K	山东欧莱博仪器有限公司
电热鼓风干燥箱	DHG-9070	上海一恒科学仪器有限公司
马弗炉	KSL-1200X	合肥科晶材料技术有限公司
高速离心机	TG16-WS	湖南湘仪实验室仪器开发有限公司
旋片式真空泵	SV901	常州纳西姆真空设备有限公司
数控超声波清洗器	KQ5200B	昆山市超声仪器有限公司
超纯水机	UPT-Ⅱ-20T	四川优普超纯科技有限公司

2.2.2　样品制备

本试验所用的美国埃洛石、云南埃洛石、高岭石和蒙脱石等四种黏土矿物样品都属于商业品，在出售前都已经过提纯工艺处理。使用前，在 80 ℃下干燥过夜，并储存在干燥器中备用。本试验所用河南埃洛石样品属于野外采集品，在使用前需要进行提纯以降低杂质含量。参考以前报道的黏土矿物提纯方法[71,157]，对河南埃洛石原矿进行提纯。

具体提纯步骤如图 2-1(c)所示。首先，将采集的块状埃洛石原矿放入 70 ℃烘箱中过夜，让水分蒸发。将干燥后的埃洛石块体放入研钵中，轻轻研磨成细粉。将 150 g 埃洛石粉末加入装有 800 mL 去离子水的 1 L 量筒中，搅拌混匀，静置 1 h 后倒出上清液，重复 3 次以洗除原矿中的可溶解性盐类。将除盐后浓缩的埃洛石浆液重新分散到装有 800 mL 稀 NaOH 溶液（pH=11）的 1 L 量筒中，通过在碱性条件下的去质子化作用来提升埃洛石纳米管的表面电荷（ζ 电位达到 −45 mV 左右）和纳米管彼此之间的静电斥力，让纳米管在水中形成稳定的胶体[158]。静置 10 min，量筒内埃洛石胶体溶液中的粗颗粒杂质（如石英砂、云母、长石、伊利石、金红石和含铁矿物等）在短时间内发生斯托克斯重力沉降，虹吸抽取量筒中上层的埃洛石胶体溶液，抛弃下层沉积物，从而达到去除杂质的目的。将除杂后的埃洛石胶体溶液置于 1 L 量筒中，用酸调节溶液 pH 值至 3 左右，以降低埃洛石纳米管的表面电荷（ζ 电位达到 0 mV 附近）、纳米管彼此间的静电斥力和纳米管的胶体稳定性，利于埃洛石纳米管胶粒碰撞黏结而沉降[158]。虹吸去除上层清液，将下层浆液转入坩埚，并在 70 ℃烘箱内干燥过夜。最后，将干燥块体在研钵中轻轻研磨，依次过筛 100 目（150 μm）和 200 目（74 μm），将过筛粉末存在干燥器中备用。

2.2.3 样品表征

用 X 射线荧光光谱仪（XRF；Axios mAX，荷兰）测定黏土矿物样品的化学组成，将硼酸锂助熔剂和黏土矿物混合物在 Pt/Au 坩埚中加热至 1 050 ℃熔解，熔体冷却后上机测定。使用 X 射线衍射仪（XRD；SmartLab SE，日本）鉴别样品的物相结构和晶体组成，使用 Cu-Kα 为靶源，广角扫描范围为 5°～90°，扫描速度 2°/min。使用傅里叶变换红外光谱（FTIR；Nicolet iS20，美国）检查样品的表面官能团，通过将 0.9 mg 样品粉末与 80 mg KBr 混合压制成颗粒来制备用于 FTIR 测量的样品，以 4 cm^{-1} 分辨率在 4 000～400 cm^{-1} 范围内记录红外光谱。使用场发射扫描电子显微镜（SEM；JSM-6700F，日本）表征样品形貌，采用导电胶将样品黏附在铝基样品台上，并在溅射镀膜机中喷溅靶金 120 s。使用透射电子显微镜（TEM；JEM-2100plus，日本）研究材料的晶相组成和形态结构，将样品在纯水中超声分散 5 min，滴加到 400 目铜网上晾干后检测。用比表面分析仪（BET；Micromeritics ASAP 2460，美国）测定样品的 N_2 吸附-脱附等温线，测量之前将样品在 150 ℃下脱气 12 h，测量之后用 Brunauer-Emmett-Teller（BET）公式计算平均孔径、孔容和比表面积数据。使用电感耦合等离子体发射光谱法（ICP-OES；Agilent TCP5100VDV，美国）测量水溶液中的金属离子浓度，样品在测量之前用 2%HNO_3 酸化稳定。

2.2.4 吸附试验

pH 值条件会改变 Cd（Ⅱ）、Zn（Ⅱ）和 Pb（Ⅱ）等重金属离子在溶液中的化学赋存形态，碱性条件下常会出现沉淀现象。这种重金属离子沉淀现象会对吸附剂吸附容量 q_e 值的测定形成严重干扰。因此，在吸附试验开展之前，有必要通过空白试验来考察 Cd(Ⅱ)、Zn(Ⅱ)和 Pb(Ⅱ)等重金属离子在吸附试验背景条件下发生沉淀的 pH 值界限。为此，先用 pH＝3.0 和离子强度为 0.001 mol/L $NaNO_3$ 的溶液溶解一定质量的 $Cd(NO_3)_2$、$Zn(NO_3)_2$ 和 $Pb(NO_3)_2$，分别制备 50 mg/L 的 Cd(Ⅱ)、Zn(Ⅱ)和 Pb(Ⅱ)重金属离子工作液。然后，在室温和持续搅拌下，逐渐提高重金属离子工作液的 pH 值，分别在 pH＝3、4、5、6、7、8、9、10 时移取5 mL溶液，用注射过滤器(0.22 μm)过滤，测量滤液中重金属离子的浓度。据此绘制出 Cd(Ⅱ)、Zn(Ⅱ)和 Pb(Ⅱ)去除率随 pH 值的变化曲线。此外，在相同背景条件(T＝25 ℃，初始重金属离子浓度 50 mg/L，离子强度 0.001 mol/L $NaNO_3$)下，用 Visual MINTEQ 软件[159-160] 计算 Cd(Ⅱ)、Zn(Ⅱ)和 Pb(Ⅱ)沿 pH 值梯度的化学赋存形态变化。

在与如上空白试验相同的背景条件(T＝25 ℃，初始重金属离子浓度 50 mg/L，离子强度 0.001 mol/L $NaNO_3$)下，开展 Cd(Ⅱ)、Zn(Ⅱ)和 Pb(Ⅱ)吸附试验。在 50 mL Nalgene 螺旋盖玻璃瓶中开展吸附试验，吸附质用量为 20 mL，吸附剂用量为 5 mg，pH＝5.5(根据空白试验结果确定)。将吸附剂在 25 ℃和 150 r/min 的往复式振动筛中平衡 24 h。试验结束后，用注射过滤器(0.22 μm)过滤悬浮液，测量滤液中重金属离子的浓度。吸附试验重复 3 次。吸附试验过程中，每隔一段时间测量 pH 值至少 3 次，并滴加 NaOH 或 HNO_3 溶液(0.1 mol/L)以保持 pH＝5.5 恒定。因为 pH 值调节液滴加体积非常小，对溶液初始体积的影响忽略不计。在吸附过程中，注意到溶液 pH 值的显著变化。所以，溶液 pH 值必须保持恒定，因为溶液 pH 值对吸附平衡具有决定性影响。

2.3 结果与讨论

2.3.1 材料成分分析

对所研究黏土矿物样品进行 XRF 分析，其主要氧化物化学组成见表 2-2。从中可以看出，在产于美国、云南和河南的三个埃洛石样品中，均以 SiO_2 和 Al_2O_3 占主导地位，对氧化物组分的贡献分别达到 43.99%～45.19%和 35.4%～38.9%。高岭石样品中 SiO_2 和 Al_2O_3 占比与埃洛石样品的非常接近，归因于它们都属于 1∶1 型高岭族矿物。蒙脱石样品 XRF 分析结果表明，其 SiO_2 组分占比明显高于 Al_2O_3，归因于其属于 2∶1 型黏土矿物。

表 2-2　埃洛石纳米管样品的主要化学组成　　单位：%

黏土矿物	SiO_2	Al_2O_3	Fe_2O_3	CaO	MgO	K_2O	Na_2O	TiO_2	I.OI
美国埃洛石	45.19	38.88	0.33	0.26	0.12	0.07	0.07	0.02	15.70
云南埃洛石	43.99	35.43	0.62	0.28	0.19	0.18	0.09	0.15	17.53
河南埃洛石	44.55	37.97	1.20	1.50	1.09	0.16	0.38	0.03	16.02
高岭石	45.66	38.90	0.29	0.01	0.09	0.17	0.03	0.37	13.60
蒙脱石	59.21	17.76	0.75	2.99	4.99	0.26	0.22	0.32	13.36

注：I.OI 指烧减。

除了 SiO_2 和 Al_2O_3 以外，在三个埃洛石样品中均可检出 Fe_2O_3、CaO、MgO、K_2O、Na_2O、TiO_2 等其他氧化物成分。这是可以理解的，天然黏土矿物中通常都含有部分难以去除的杂质成分，可能是在地质作用过程中以同晶置换的形式固化到黏土晶格中（如 Fe^{3+}、Ti^{4+} 取代 Al^{3+}、Si^{4+}）[29]，也可能是结晶性差的可溶性盐（如 Mg、Na、K 盐），也不排除是铝硅酸盐矿物原位风化过程产生的伴生矿物相（如水铝英石、云母、石英、长石、伊利石、金红石和含铁矿物等）。

Fe_2O_3 含量与埃洛石样品的色泽有明显相关性（图 2-2）。美国埃洛石样品接近于纯白色，相应 Fe_2O_3 含量最低（0.3%）；河南埃洛石样品颜色最深，相应 Fe_2O_3 含量最高（1.2%）；云南埃洛石样品略微呈淡红色，相应 Fe_2O_3 含量居中（0.6%）。K_2O 含量在云南和河南埃洛石样品中相对较高，分别达到 0.18% 和 0.16%，表明其可能伴生有明矾石[$KAl_3(SO_4)_2(OH)_2$]。河南埃洛石样品有相对更高的 CaO 和 MgO 含量，这与该矿附近伴生有铝矾土和石灰石有关。

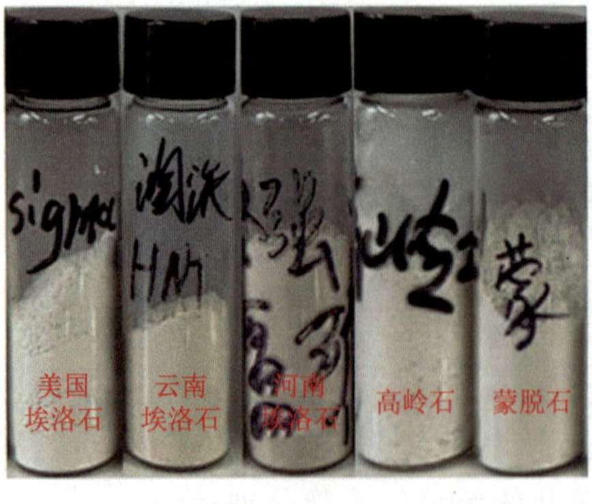

(a) 埃洛石、高岭石和蒙脱石样品

图 2-2　本研究中埃洛石、高岭石和蒙脱石样品以埃洛石样品特写照片

(b) 埃洛石样品特写照片

图 2-2 (续)

总之，SiO_2 和 Al_2O_3 是黏土矿物的主要化学成分，而且相较于 2∶1 型蒙脱石，1∶1 型的埃洛石和高岭石有更高的 Al_2O_3 含量。分别产于美国、云南和河南的三个埃洛石样品，在主成分（SiO_2 和 Al_2O_3）占比上基本一致，而在杂质成分（如 Fe_2O_3、K_2O 等）占比上存在一定差异。Fe_2O_3 含量由大到小依次为：河南埃洛石＞云南埃洛石＞美国埃洛石。

2.3.2　材料物相分析

(1) XRD 物相分析

所研究黏土矿物样品的 XRD 结果如图 2-3(a)所示。从中可以看出，分别产于美国、云南和河南的三个埃洛石样品，均在 $2\theta=12°$ 处形成 XRD 衍射峰[图 2-3(a)]，对应于具有 0.754 nm 基底间距的(001)晶面[161-162]。这说明三种埃洛石样品都属于含少量层间水的 7 Å 型埃洛石，应该与加热预处理所导致的失水有关。除 $2\theta=12°$ 之外，埃洛石标准卡片(JCPDS No.29-1487)上的其余特征衍射峰，在三个埃洛石样品的 XRD 图谱中也均体现为：$2\theta=20°$、24.5°、35°、38°、55°和 62.5°处的衍射峰分别对应于埃洛石的(100)、(002)、(110)、(003)、(210)和(300)晶面。

XRD 图谱也表明三个不同产地埃洛石样品均含有杂质，但所含杂质种类有所不同。三个埃洛石样品中均可检出石英，$2\theta=28°$、51°、60.5°、68°、75°和 78°处的衍射峰分别对应于石英的(012)、(400)、(332)、(511)、(440)和(530)晶面(JCPDS No.85-0621)。这种现象是合理的，在自然环境中，石英通常与黏土矿物伴生，是天然黏土矿物中常见的杂质。云南和河南埃洛石除含石英杂质以外，

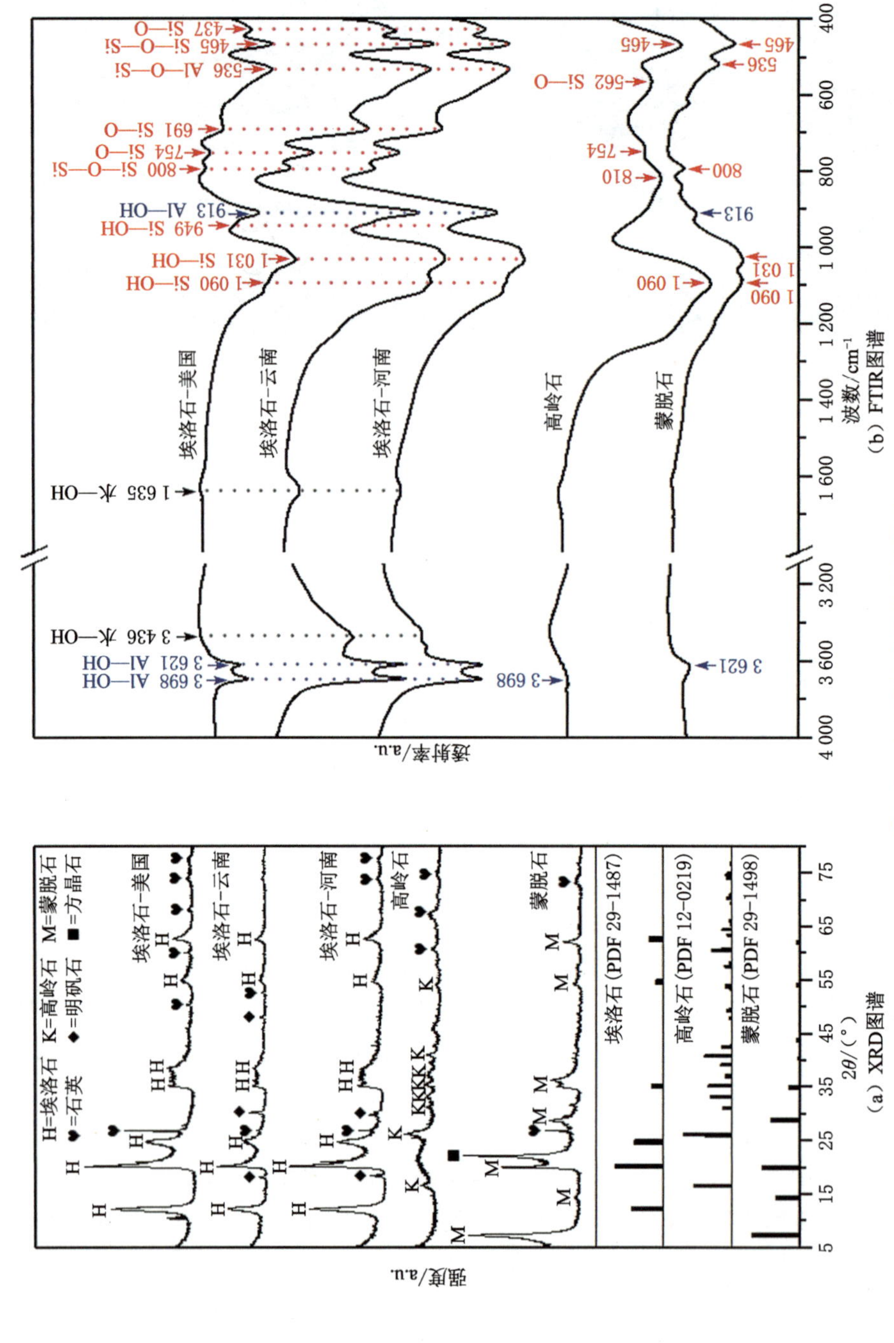

图2-3 埃洛石纳米管样品的图谱

还含有明矾石杂质；2θ＝18°、30°和 48°处的衍射峰分别对应于明矾石的(012)、(021)和(033)晶面(JCPDS No.70-3158)。从衍射峰强度来判断，美国埃洛石中石英杂质的含量较多，云南和河南埃洛石中明矾石和石英含量较少，这与前面 XRF 化学成分检测结果相一致。

埃洛石样品的 XRD 图谱与高岭石和蒙脱石都有显著差别[图 2-3(a)]。高岭石的特征衍射峰位于 2θ＝16.4°、26°、31°、33°、35°、41°和 53.8°处，分别对应于高岭石的(110)、(120)、(001)、(220)、(111)、(121)和(420)晶面(JCPDS No.12-0219)。蒙脱石的特征衍射峰位于 2θ＝7°、14.2°、20°、28.7°、34.8°、54°和 62°处，分别对应于蒙脱石的(001)、(002)、(100)、(004)、(110)、(210)和(300)晶面(JCPDS No.29-1498)。

(2) FTIR 表面官能团分析

所研究黏土矿物样品的 FTIR 结果如图 2-3(b)所示。就分别产于美国、云南和河南三个埃洛石样品而言，其 FTIR 曲线的振动位置完全一致，每种振动的位置和分配列于表 2-3，参考自埃洛石、Al_2O_3 和 SiO_2 的相关文献[94,163-165]。具体而言，存在三个以 3 698 cm^{-1}、3 621 cm^{-1}和 913 cm^{-1}为中心的谱带(蓝色点线)。其中，前两个谱带分别归属于埃洛石纳米管内表面 Al—OH 和内部包埋 Al—OH 的拉伸，后一个谱带归属于内部包埋 Al—OH 的弯曲。此外，还出现了以 3 436 cm^{-1}和1 635 cm^{-1}为中心的两个弱带(黑色点线)，分别归属于物理吸附 H_2O 的—OH 拉伸和弯曲。剩余九个谱带均与含 Si 基团有关(红色点线)，包括 1 090 cm^{-1}、1 031 cm^{-1}、754 cm^{-1}、691 cm^{-1}和 437 cm^{-1}谱带分别归属于 Si—O 在平面和纵向上的拉伸和弯曲，949 cm^{-1}谱带归属于 Si—OH 弯曲，800 cm^{-1}和 465 cm^{-1}谱带归属于 Si—O—Si 弯曲，536 cm^{-1}谱带归属于 Al—O—Si 的弯曲。

表 2-3　埃洛石纳米管、Al_2O_3 和 SiO_2 的 FTIR 振动带位置及其分配

位置/cm^{-1}	分配	位置/cm^{-1}	分配
3 698	内表面 Al—OH 拉伸	800	Si—O—Si 弯曲
3 621	内部 Al—OH 拉伸	754	纵向 Si—O 拉伸
3 436	吸附水—OH 拉伸	691	纵向 Si—O 拉伸
1 635	吸附水—OH 弯曲	562	Si—O 拉伸
1 090/1 031	平面内 Si—O 拉伸	536	Al—O—Si 弯曲
949	Si—OH 弯曲	465	Si—O—Si 弯曲
913	内部 Al—OH 弯曲	437	Si—O 弯曲

进一步对比三个埃洛石样品 FTIR 特征谱带的振动强度，可见振动强度由大到小排列规律为：云南埃洛石＞河南埃洛石＞美国埃洛石。以最显著的 Al—OH 为例，云南埃洛石在该位置的振动强度分别比美国埃洛石高出约 2 倍和 3 倍。另外值得注意的是，三个埃洛石样品在 949 cm^{-1} 谱带的振动都非常微弱，表明 Si—OH 极其稀少。这符合埃洛石纳米管的晶体化学特性，也即纳米管外壁主要由 Si—O—Si 基团构成，而内表面主要分布有 Al—OH。

此外，埃洛石样品的 FTIR 图谱明显不同于高岭石和蒙脱石[图 2-3(b)]。相较于埃洛石，高岭石和蒙脱石的 FTIR 振动带构成相对简单。就高岭石的 FTIR 曲线而言，其振动位置主要包括 3 698 cm^{-1}、1 090 cm^{-1}、810 cm^{-1}、562 cm^{-1}、465 cm^{-1}，分别对应于 Al—OH 拉伸、Si—O 拉伸、Si—O—Si 弯曲[75,166-169]。就蒙脱石的 FTIR 曲线而言，其振动位置包括 3 621 cm^{-1}、1 090 cm^{-1}、1 031 cm^{-1}、913 cm^{-1}、800 cm^{-1}、536 cm^{-1} 和 465 cm^{-1}，分别对应于 Al—OH 拉伸、Si—O 拉伸、Al—OH 弯曲、Si—O—Si 弯曲和 Al—O—Si 弯曲[72,170-171]。

总之，分别产于美国、云南和河南的三个埃洛石样品，在 XRD 特征衍射峰上并无明显差别，只是在杂质衍射峰上存在一定差异：美国埃洛石仅有石英衍射峰，而云南和河南埃洛石除石英衍射峰外还含有明矾石衍射峰。三个埃洛石样品在 FTIR 特征谱带位置上完全一致，但是在特征谱振动强度上有显著差异；尤其以 Al—OH 振动强度的差异最为显著，云南埃洛石在该位置的振动强度分别比河南和美国埃洛石高出约 2 倍和 3 倍。

2.3.3 材料形貌分析

分别产于美国、云南和河南三个埃洛石样品的 TEM 图片如图 2-4(a)～(c)所示。从中可以看出，三个样品均呈圆柱形管状结构，中心透明区域表明纳米管具有一个空心、开放的管腔，这与埃洛石纳米管的典型形貌完全符合。美国和河南埃洛石样品的纳米管内腔光洁干净，而云南埃洛石纳米管内腔存在少量异物。结合前人观点，这可能与可溶性盐(如 K 盐)的存在有关[161]。不同黏土矿物的 SEM 照片[图 2-4(d)～(f)]进一步展示了埃洛石的独特管状形貌。与埃洛石良好分散的管状形貌不同，高岭石显示为层层堆叠的假六边形板状形貌，宽度范围为 0.2～3 μm，而蒙脱石则由不同尺寸的薄片组成层片状形貌。

进一步在每张 TEM 图片随机选择 20 个纳米管进行尺寸进行测量，结果列于表 2-4。从中可以看出，三个埃洛石样品在纳米管尺寸上存在一定差异：云南埃洛石纳米管更为粗壮，管长相对均匀，且以长管为主，平均内径、外径、管长分别约为 16.7 nm、51.3 nm 和 590.4 nm；美国埃洛石纳米管更为纤细，管长悬殊，

(a) TEM-美国埃洛石　　(b) TEM-云南埃洛石

(c) TEM-河南埃洛石　　(d) SEM-埃洛石

(c) SEM-高岭石　　(d) SEM-蒙脱石

图 2-4　美国埃洛石、云南埃洛石和河南埃洛石样品的 TEM 图以及云南埃洛石、高岭石和蒙脱石样品的 SEM 图

且以短管为主，平均内径、外径、管长分别约为 14.5 nm、42.4 nm 和 181.6 nm；河南埃洛石纳米管较粗，管长悬殊，且以短管为主，平均内径、外径、管长分别约为 15.2 nm、43.6 nm 和 223.5 nm。就纳米管的平均纵横比而言，从大到小排序依次为：云南埃洛石(11.6)>河南埃洛石(5.1)>美国埃洛石(4.3)。

总之，TEM 和 SEM 照片表明，埃洛石的分散性良好，而高岭石和蒙脱石则呈现出层层堆叠的形貌。分别产于美国、云南和河南的三个埃洛石样品均呈圆柱形空心管状结构。与美国埃洛石和河南埃洛石相比，云南埃洛石管的管长更为均匀，且具有更高的纵横比。

表 2-4 埃洛石纳米管样品的形貌和尺寸

产地	主要形状	纳米管的几何尺寸/nm				平均纵横比
		内径	外径	壁厚	长度	
美国	纤细,管长悬殊,短管为主	10～28	13～70	10～30	100～1 000	4.3
云南	粗壮,管长较均匀,长管为主	10～35	30～91	20～50	100～3 000	11.6
河南	较粗,管长悬殊,短管为主	15～32	15～80	5～30	50～2 500	5.1

2.3.4 材料表面特性分析

(1) N_2 吸附-脱附等温线和孔径分布曲线

所研究黏土矿物样品的 N_2 吸附-脱附等温线如图 2-5(a)所示,相对应的代表性孔径分布曲线如图 2-5(b)所示。根据 IUPAC 分类[172-174],三个埃洛石样品的等温线均属于具有 H3 介孔滞回线的Ⅳ型等温线类型,相应的介孔孔径在 10～25 nm 范围内,对应于埃洛石纳米管的介孔管腔。低压($p/p_0<0.1$)区 N_2 吸附量增幅极其微弱,说明埃洛石原矿几乎不存在微孔,孔径分布曲线也证明了这一点。在高压($p/p_0\approx1$)附近,N_2 吸附量的急剧增加与大孔吸附相对应,孔径分布曲线也证明了这一点,可能归因于埃洛石颗粒聚集体的堆积。虽然高岭石和蒙脱石与埃洛石类似地具有携带 H3 介孔滞回线的Ⅳ型 N_2 吸附-脱附等温线,但是二者在孔隙结构上与埃洛石样品有显著差异。与埃洛石孔隙结构相比,高岭石内介孔和大孔的占比增高,蒙脱石内微孔和介孔的占比增高,这种现象前人也曾经观察到[175]。高岭石和埃洛石样品中未能检出微孔,归因于其致密的晶体基面间距(约 0.7 nm);蒙脱石样品中检出以 1.5 nm 为中心的微孔,对应于其宽阔的晶层基面间距(一般为 1.2～1.8 nm)[17,28]。

(2) 平均孔径、孔容和比表面积

用 BET 公式对 N_2 吸附-脱附曲线进行计算处理,得出的平均孔径、孔容和比表面积数据汇总于表 2-5。平均孔径参数由大到小排序为:高岭石(28.1 nm)>云南埃洛石(12.1 nm)>河南埃洛石(11.6 nm)>美国埃洛石(10.9 nm)>蒙脱石(6.8 nm)。孔容和比表面积参数的排序完全一致,且与平均孔径的排序规律刚好相反。其中,比表面积由大到小排序为:蒙脱石>美国埃洛石>河南埃洛石>云南埃洛石>高岭石。从中可以看出,本研究三个埃洛石样品的比表面积值(42.9～48.2 m^2/g)比较接近,且处于前人所报道的 22～88 m^2/g 范围内[29,35,71]。蒙脱石样品的比表面积值(70.2 m^2/g)处于前人报道的 70～624 m^2/g范围内[72-73],高岭石样品的比表面积值(17.6 m^2/g)也与前人报道的 10～23 m^2/g 非常一致[74-76]。

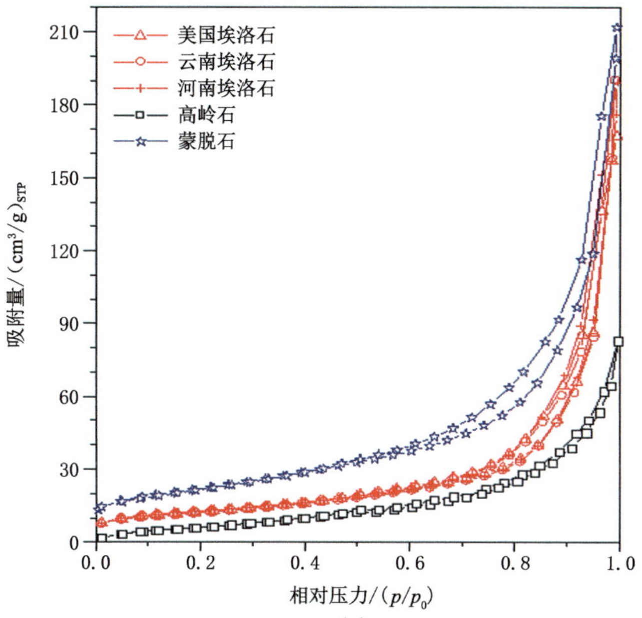

(a)

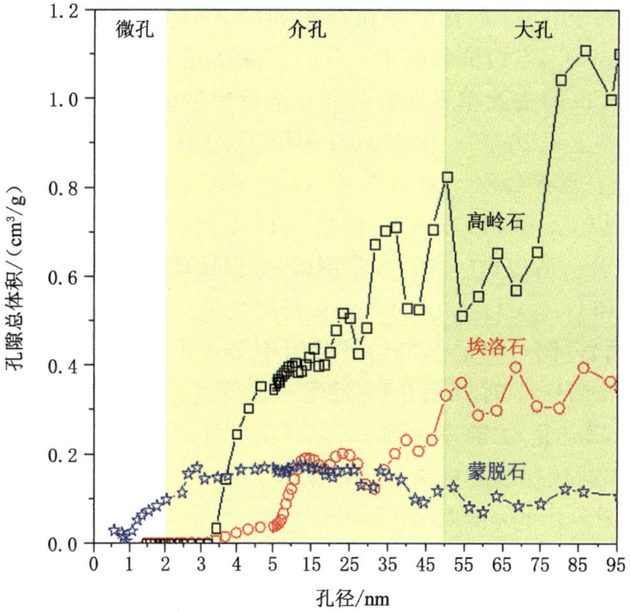

(b)

图 2-5　埃洛石纳米管样品的 N_2 吸附-脱附等温线和孔径分布曲线

表 2-5　埃洛石纳米管样品的孔径、孔容和比表面积

黏土矿物	平均孔径/nm	孔隙总体积/(cm^3/g)	BET 表面积/(m^2/g)
美国埃洛石	10.9	0.133	48.2
云南埃洛石	12.1	0.129	42.9
河南埃洛石	11.6	0.131	44.6
高岭石	28.1	0.051	17.6
蒙脱石	6.8	0.118	70.2

总之，从本研究来看，埃洛石纳米管的比表面积比蒙脱石低约 35%，但比高岭石高约 1.5 倍。三个不同产地埃洛石纳米管在比表面积上相差不大，在 42.9 m^2/g（云南埃洛石）至 48.2 m^2/g（美国埃洛石）范围内变动。

2.3.5　材料吸附性能分析

(1) Cd(Ⅱ)、Zn(Ⅱ)和 Pb(Ⅱ)溶液发生沉淀的 pH 值边界

在空白试验（不添加吸附剂）中，Cd(Ⅱ)、Zn(Ⅱ)和 Pb(Ⅱ)去除率随溶液 pH 值的变化曲线如图 2-6（黑色实线）所示；用 Visual MINTEQ 软件计算的 Cd(Ⅱ)、Zn(Ⅱ)和 Pb(Ⅱ)水化学平衡结果如图 2-6（彩色实线）所示。首先就 Cd(Ⅱ)而言[图 2-6(a)]，空白试验组中 Cd(Ⅱ)去除率在 pH＝3～8 范围内几乎为零，当 pH＞8 时，Cd(Ⅱ)去除率迅速升高并在溶液中生成白色沉淀；直至 pH＝10 时，Cd(Ⅱ)去除率达到 100%。由 Visual MINTEQ 软件计算得知 Cd 在试验体系中的赋存形态主要有 Cd^{2+}、$CdNO_3^+$、$CdOH^+$ 和 $Cd(OH)_2$(aq)；在 pH＝3～8 范围内几乎完全以 Cd(Ⅱ)形态出现；而当 pH＞8 时，$CdOH^+$ 和 $Cd(OH)_2$(aq)形态占比迅速上升。所以，在 pH＞8 范围内，空白试验组内 Cd(Ⅱ)去除率迅速升高与 $CdOH^+$ 和 $Cd(OH)_2$(aq)的形成有密切关系。

就 Zn(Ⅱ)而言[图 2-6(b)]，空白试验组中 Zn(Ⅱ)去除率在 pH＝3～7 范围内几乎为零；当 pH＞7 时，Zn(Ⅱ)去除率迅速升高并在溶液中生成白色沉淀；直至 pH＝10 时，Zn(Ⅱ)去除率达到 100%。由 Visual MINTEQ 软件计算得知 Zn 在试验体系中的赋存形态主要有 Zn^{2+}、$Zn(OH)_3^-$、$ZnOH^+$ 和 $Zn(OH)_2$(aq)；在 pH＝3～7 范围内几乎完全以 Zn(Ⅱ)形态出现；而当 pH＞7 时，$Zn(OH)_2$(aq)形态占比迅速上升。所以，在 pH＞7 范围内，空白试验组内 Zn(Ⅱ)去除率迅速升高与 $Zn(OH)_2$(aq)的形成有密切关系。

就 Pb(Ⅱ)而言[图 2-6(c)]，空白试验组中 Pb(Ⅱ)去除率在 pH＝3～7 范围内几乎为零；当 pH＞7 时，Pb(Ⅱ)去除率迅速升高并在溶液中生成白色沉淀，直至 pH＝10 时，Pb(Ⅱ)去除率达到 100%。由 Visual MINTEQ 软件计算得知

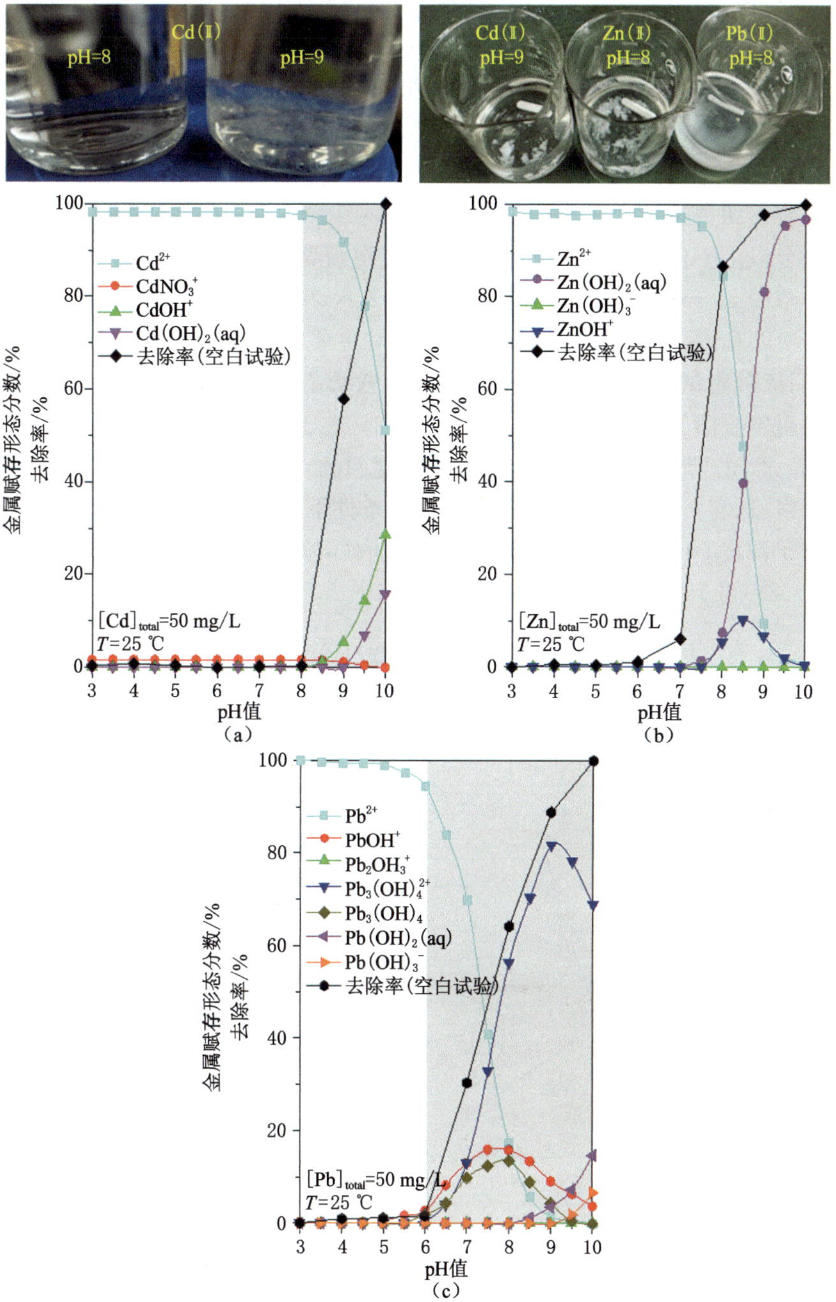

图 2-6　Cd(Ⅱ)、Zn(Ⅱ)和 Pb(Ⅱ)在溶液中的化学赋存形态及去除率随 pH 值的变化
(T=25 ℃,初始重金属浓度 50 mg/L,离子强度 0.001 mol/L)

Pb 在试验体系中的赋存形态主要有 Pb^{2+}、$PbOH^{+}$、$Pb_2OH_3^{+}$、$Pb_3(OH)_4^{2+}$、$Pb_4(OH)_4^{4+}$、$Pb(OH)_3^{-}$ 和 $Pb(OH)_2$(aq)；在 pH＝3～6 范围内几乎完全以 Pb(Ⅱ)形态出现；而当 pH＞6 时，$PbOH^{+}$、$Pb_3(OH)_4^{2+}$、$Pb_4(OH)_4^{4+}$ 和 $Pb(OH)_2$(aq)形态占比迅速上升。所以，在 pH＞6 范围内，空白试验组内 Pb(Ⅱ)去除率迅速升高与 $PbOH^{+}$、$Pb_3(OH)_4^{2+}$、$Pb_4(OH)_4^{4+}$ 和 $Pb(OH)_2$(aq)的形成有密切关系。

综合以上空白试验结果可知，在本研究溶液背景条件(T＝25 ℃，初始重金属离子浓度 50 mg/L，离子强度 0.001 mol/L $NaNO_3$)下，Cd、Zn 和 Pb 在 pH＜6 范围内均以 Cd(Ⅱ)、Zn(Ⅱ)和 Pb(Ⅱ)为绝对主要的赋存形态，不发生沉淀。所以，在后续吸附试验中，可选定 pH＝5.5 为背景条件，以排除重金属离子沉淀现象对吸附剂吸附容量 q_e 值测定的干扰。

(2) 不同产地埃洛石的重金属吸附容量对比

埃洛石、高岭石和蒙脱石，在统一试验条件下(pH＝5.5，T＝25 ℃，初始重金属离子浓度 50 mg/L，离子强度 0.001 mol/L，吸附剂用量 0.25 g/L)对重金属 Cd(Ⅱ)、Zn(Ⅱ)和 Pb(Ⅱ)的吸附容量 q_e 如图 2-7 所示。

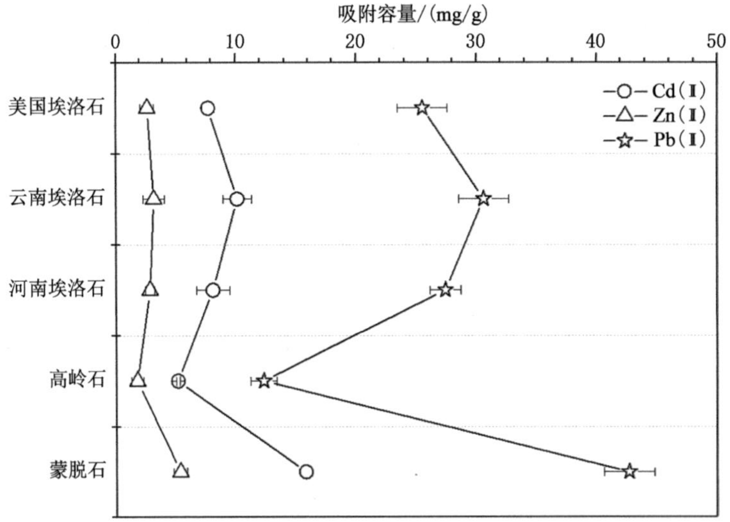

图 2-7 埃洛石纳米管对 Cd(Ⅱ)、Zn(Ⅱ)和 Pb(Ⅱ)的吸附容量

(pH＝5.5，T＝25 ℃，初始重金属浓度 50 mg/L，离子强度 0.001 mol/L，吸附剂用量 0.25 g/L)

从中可以看出，所研究 5 个黏土矿物样品对不同重金属离子的吸附容量均遵循类似的排序：Pb(Ⅱ)＞Cd(Ⅱ)＞Zn(Ⅱ)。这应该与不同重金属离子在离子

性质上的差别有关(表 2-6)[12,176-177]。相比较而言,Pb(Ⅱ)具有相对更大的原子量、电负性和离子半径,导致其在黏土矿物上的吸附容量也相对更高;Zn(Ⅱ)具有相对更小的原子量、电负性和离子半径,所以其在黏土矿物上的吸附容量也相对更低;Cd(Ⅱ)在主要离子性质上介于 Pb(Ⅱ)和 Zn(Ⅱ)之间,从而 5 个黏土矿物样品对其吸附容量也介于 Pb(Ⅱ)和 Zn(Ⅱ)之间。

表 2-6　Cd(Ⅱ)、Zn(Ⅱ)和 Pb(Ⅱ)的离子特性

金属离子	原子量 /(g/mol)	元素分区	电负性	离子半径 /(Å)	极化率 /(10^{-24} cm^3)	参考文献
Pb^{2+}	207.2	ⅣA	2.33	1.33	6.8	[12]
Cd^{2+}	105	ⅡB	1.69	0.97	7.2	[12]
Zn^{2+}	65.6	ⅡB	1.65	0.74	7.1	[12]

从图 2-7 中还可以看出,蒙脱石具有相对更高的重金属离子吸附性能,对 Cd(Ⅱ)、Zn(Ⅱ)和 Pb(Ⅱ)的吸附容量 q_e 分别为 15.8 mg/g、5.4 mg/g 和 42.7 mg/g。高岭石具有相对更低的重金属离子吸附性能,对 Cd(Ⅱ)、Zn(Ⅱ)和 Pb(Ⅱ)的吸附容量 q_e 分别仅为 5.2 mg/g、1.8 mg/g 和 12.3 mg/g。埃洛石的重金属离子吸附性能介于蒙脱石和高岭石之间,对 Cd(Ⅱ)、Zn(Ⅱ)和 Pb(Ⅱ)的吸附容量 q_e 分别为 7.8～10.2 mg/g、2.7～3.2 mg/g 和 25.5～30.6 mg/g。考虑到埃洛石、高岭石和蒙脱石三类黏土矿物均以[SiO_4]四面体和[AlO_6]八面体为构造单元,在与 Si—OH 和 Al—OH 相关的可变电荷上并无显著差别,所以,永久电荷和比表面积可能是导致这三类黏土矿物在重金属吸附性能上存在差异的主要原因。相较于高岭石,蒙脱石和埃洛石具有永久电荷现象[32-33],有利于后者通过离子交换吸附重金属离子。蒙脱石比表面积为 70.2 m^2/g,高于埃洛石(42.9～48.2 m^2/g)和高岭石(17.6 m^2/g)。比表面积越大,其所提供的吸附反应界面也更大。

根据图 2-7 对三个不同产地埃洛石样品的重金属吸附性能进行对比,可以看出,云南埃洛石具有相对更高的重金属离子吸附性能,对 Cd(Ⅱ)、Zn(Ⅱ)和 Pb(Ⅱ)的吸附容量 q_e 分别为 10.1 mg/g、3.2 mg/g 和 30.6 mg/g。美国埃洛石具有相对更低的重金属离子吸附性能,对 Cd(Ⅱ)、Zn(Ⅱ)和 Pb(Ⅱ)的吸附容量 q_e 分别为 7.8 mg/g、2.7 mg/g 和 25.5 mg/g。河南埃洛石的重金属离子吸附性能则介于二者之间,对 Cd(Ⅱ)、Zn(Ⅱ)和 Pb(Ⅱ)的吸附容量 q_e 分别为 8.2 mg/g、2.9 mg/g 和 27.4 mg/g。考虑到三个不同产地埃洛石样品在比表面积上并无明显差别,而在表面 Al—OH 密度上存在显著差异,所以在此认为,云南埃洛石样品具有相对更高的Al—OH密度，导致其表现出比其他两个埃洛石样品更高的重金属离子吸附性能。这样考虑是合理的，因为表面羟基为黏土矿物引入可变电荷，有利于对重金属离子产生特异性吸附和非特性吸附。

总之，埃洛石的重金属吸附性能介于蒙脱石和高岭石之间。与美国埃洛石和河南埃洛石相比，云南埃洛石具有相对更高的重金属离子吸附性能，对Cd(Ⅱ)、Zn(Ⅱ)和Pb(Ⅱ)的吸附容量 q_e 分别为10.1 mg/g、3.2 mg/g和30.6 mg/g。云南埃洛石样品具有相对更高的Al—OH密度，导致其表现出比其他两个埃洛石样品更高的重金属离子吸附性能。

2.4 本章小结

埃洛石纳米管原矿的重金属吸附性能，在已报道的不同研究之间存在巨大差异。为明确埃洛石纳米管原矿对水中重金属离子的吸附性能，本章收集了来自美国龙矿、中国云南和中国河南等三个不同产地的埃洛石样品。表征结果表明，三个埃洛石样品均具有纳米管状形貌，也具有比较接近的比表面积(42.9～48.2 m^2/g)。然而美国埃洛石含有微量石英杂质，云南和河南埃洛石则含有微量石英和明矾石杂质。相较于美国和河南埃洛石，云南埃洛石具有更均匀的管长、更大的纵横比和更高的Al—OH密度。在统一条件(pH＝5.5，T＝25 ℃，初始重金属浓度50 mg/L，离子强度0.001 mol/L，吸附剂用量0.25 g/L)下所开展吸附试验的结果表明，三个不同产地埃洛石样品在重金属吸附性能上略有差异，对Cd(Ⅱ)、Zn(Ⅱ)和Pb(Ⅱ)的吸附容量分别在7.8～10.2 mg/g、2.7～3.2 mg/g和25.5～30.6 mg/g范围内变动。相较于美国和河南埃洛石，云南埃洛石具有更高的重金属吸附性能，对Cd(Ⅱ)、Zn(Ⅱ)和Pb(Ⅱ)的吸附容量 q_e 分别为10.1 mg/g、3.2 mg/g和30.6 mg/g，这可能与其表面更高的Al—OH密度有关。经过以上对三个不同产地埃洛石样品的研究，本书认为埃洛石纳米管原矿具有一定的重金属吸附性能，可直接作为一种经济廉价且绿色低毒吸附剂来吸附去除水体重金属离子污染物。此外，本书也筛选出品相相对更好的云南埃洛石(管长均匀、高纵横比、表面羟基密度高)，后续章节将均采用云南埃洛石作为供试材料。

第 3 章　不同方式活化埃洛石纳米管的重金属离子吸附性能和机理

3.1　引言

对黏土矿物原矿进行活化处理，可以调整其晶体结构和表面性质，克服其天然局限性[91-92]。常见的活化方式有用煅烧进行的热活化，用无机酸溶液(通常是 HCl 或 H_2SO_4)进行的酸活化，以及热/酸联合活化。活化处理不涉及特殊化学品，也不需要烦琐的操作过程，具有成本低、环境友好、应用便捷的优势。

已有研究表明，活化处理可不同程度地调整埃洛石纳米管的晶体结构和表面性质，具体与煅烧温度和酸处理时长等活化条件有密切关系[178]。通常而言，随煅烧温度的升高，埃洛石纳米管首先在 100～400 ℃范围内去除吸附水，而后一般在 500～900 ℃范围内发生[SiO_4]四面体和[AlO_6]八面体相分离并伴随脱羟基现象，一般在 900～1 400 ℃范围内管状结构开始坍塌破坏并形成莫来石相和方石英相[46,93-98]。酸处理会形成对埃洛石纳米管[AlO_6]八面体的蚀刻溶解效应，因为 SiO_2 比其 Al_2O_3 在酸性条件下更具惰性。随着酸(通常浓度≥ 1 mol/L)处理时长增加和[AlO_6]八面体中 Al^{3+} 的不断流失，埃洛石纳米管可依次转变为富硅纳米管、无定形硅纳米管、多孔无定形硅纳米棒[92-93,95,99,102-103]。适当酸活化处理可提高埃洛石纳米管的比表面积，从原来的 24～79 m^2/g 增加到最终的 102～267 m^2/g[101]。热/酸联合活化可使埃洛石纳米管的酸活化更加高效[94,96]，并最终形成更高的比表面积 414～503 m^2/g[96]。这显示出活化处理具有改善埃洛石纳米管重金属离子吸附性能的潜力。

关于活化埃洛石纳米管用作重金属吸附剂，目前仅有少量相关研究报道。例如，酸活化埃洛石的重金属离子吸附性能，至今仅检索到 1 篇相关文献。该研究表明，酸活化处理可将埃洛石纳米管的 Pb(Ⅱ)吸附性能提升约 3 倍[78]。虽然热活化埃洛石吸附重金属离子的报道相对较多，但这些研究彼此间仍存在明显的观点争议。例如，在一项研究[78]中，热活化处理可将埃洛石的 Cd(Ⅱ)吸附性能从原矿的 2.1 mg/g 提升到 15.2 mg/g；然而，另一项研究[79]则恰好相反，热活化处理将埃洛石的 Cd(Ⅱ)吸附性能从原矿的 1.2 mg/g 降低到 0.8 mg/g。类似情况也出现在热活化埃洛石的 Pb(Ⅱ)吸附方面[78-79]。此外，热/酸联合活化埃洛石的重金属离子吸附性能，至今还尚未见相关报道。从而整体来看，关于将活化埃洛石纳米管用作重金属离子吸附剂，相关研究数量仍显不足，甚至存在个别观点争议，有必要开展进一步的深入研究。

为了明确不同方式活化埃洛石纳米管对水体重金属离子的吸附性能，本章制备了多种活化埃洛石纳米管(图 3-1)。

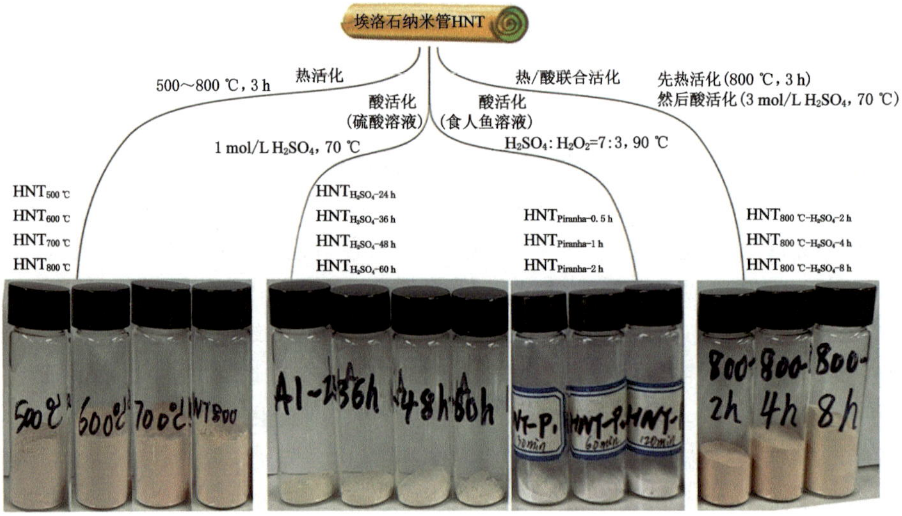

图 3-1 本研究所采用的埃洛石纳米管活化方式及活化产物

热活化方式为 500～800 ℃煅烧，相关研究表明此范围不会破坏埃洛石的纳米管形貌，但是可显著调整其晶体结构和表面羟基[46,93-98]。酸活化方式包括两种：一种是用常规的硫酸溶液活化；另一种是用近年来引发关注的食人鱼溶液活化。食人鱼溶液中的 H_2SO_4 组分起到酸活化作用，而其 H_2O_2 组分还可起到去除有机杂质和增加表面亲水性的作用[165,179]。热/酸联合活化方式为用硫酸溶液处理埃洛石纳米管的 800 ℃煅烧产物[94,96]。用 TGA、XRD、FTIR、TEM、SEM 和 BET 等表征手段对不同方式活化埃洛石的物相组成、形貌结构、表面官能团和表面性质等进行分析。然后，在统一吸附试验条件(pH=5.5，T=25 ℃，初始重金属浓度 50 mg/L，离子强度 0.001 mol/L，吸附剂用量 0.25 g/L)下，测定了不同方式活化埃洛石对 Cd(Ⅱ)、Zn(Ⅱ)和 Pb(Ⅱ)等重金属离子的吸附容量。结合表征结果,讨论了不同方式活化埃洛石在重金属吸附性能方面形成差异的原因,提出了活化埃洛石纳米管用作重金属吸附剂的最佳活化方式,对活化埃洛石纳米管用作重金属离子吸附剂的潜力和价值做出了评价。

3.2 材料与方法

3.2.1 试验材料和仪器

本研究中使用的埃洛石黏土纳米管[$Al_2Si_2O_5(OH)_4 \cdot 2H_2O$]购自广州润沃纳米科技公司,在 80 ℃下干燥过夜,并在干燥器中储存后使用。硫酸(H_2SO_4,98%)、硝酸(HNO_3,98%)、氢氧化钠(NaOH,≥99.0%)和过氧化氢(H_2O_2,30%)均购于上海阿拉丁生化科技股份有限公司。硝酸钠($NaNO_3$,≥99.0%)、硝酸镉[$Cd(NO_3)_2 \cdot 4H_2O$,≥99.0%]、硝酸锌[$Zn(NO_3)_2$,≥99.0%]、硝酸铅[$Pb(NO_3)_2$,≥99.0%]均购于国药集团化学试剂有限公司。这项工作中使用的化学品是分析级的,没有经过任何纯化。所有试剂均用超纯水制备。试验所使用的玻璃容器均在 10% HNO_3 中浸泡24 h,并在使用前用超纯水洗涤 3 次。本试验所用仪器设备见表 2-1。

3.2.2 样品制备

为制备热活化埃洛石,将 20 g 埃洛石粉末置于马弗炉中,分别在 500 ℃、600 ℃、700 ℃和 800 ℃温度下煅烧 3 h,升温速度为 10 ℃/min。所得产物标记为 $HNT_{500\ ℃}$、$HNT_{600\ ℃}$、$HNT_{700\ ℃}$和 $HNT_{800\ ℃}$,储存在干燥器中。

为制备 H_2SO_4溶液活化埃洛石,在通风橱中,将 10 g 干燥的埃洛石粉末投加到 100 mL 的 1 mol/L H_2SO_4 中,在 70 ℃水浴中持续搅拌,并分别在 24 h、36 h、48 h 和 60 h 用移液枪移取 25 mL 悬浮液。将悬浮液离心和超纯水洗涤反复多次,直至上清液为中性时,将所得浓缩浆液在 80 ℃下烘干 12 h。所得产物标记为 $HNT_{H_2SO_4\text{-}24\ h}$、$HNT_{H_2SO_4\text{-}36\ h}$、$HNT_{H_2SO_4\text{-}48\ h}$和 $HNT_{H_2SO_4\text{-}60\ h}$,储存在干燥器中。

为制备食人鱼溶液活化埃洛石,在通风橱中,磁力搅拌 350 mL H_2SO_4(98%),缓慢加入 150 mL H_2O_2(30%),配制成 500 mL 的食人鱼溶液(H_2SO_4 : H_2O_2=7 : 3),冷却至室温。将 50 g 干燥的埃洛石粉末投加到 500 mL 食人鱼溶液中,在 90 ℃水浴中持续搅拌,分别在 0.5 h、1 h 和 2 h 移取 150 mL 悬浮液。将悬浮液离心和超纯水洗涤反复多次,直至上清液为中性时,将所得浓缩浆液在 60 ℃下烘干 12 h。所得产物标记为 $HNT_{Piranha\text{-}0.5\ h}$、$HNT_{Piranha\text{-}1\ h}$和 $HNT_{Piranha\text{-}2\ h}$,

储存在干燥器中。

为制备热/酸联合活化埃洛石，将 10 g 热活化产物 $HNT_{800\ ℃}$ 投加到 500 mL 的 3 mol/L H_2SO_4 中，在 70 ℃水浴中持续搅拌，并分别在 2 h、4 h 和 8 h 移取 150 mL 悬浮液。将悬浮液离心和超纯水洗涤反复多次，直至上清液为中性时，将所得浓缩浆液在 80 ℃下烘干 12 h。所得产物标记为 $HNT_{800\ ℃\text{-}H_2SO_4\text{-}2\ h}$、$HNT_{800\ ℃\text{-}H_2SO_4\text{-}4\ h}$ 和 $HNT_{800\ ℃\text{-}H_2SO_4\text{-}8\ h}$，储存在干燥器中。

3.2.3 样品表征

用热重分析仪（TGA；Discovery TA 5500，美国）进行热重分析，在高纯 N_2 气氛下，在铂坩埚中以 10 ℃/min 的速率将 10 mg 样品从 30 ℃加热至 1 000 ℃。使用 X 射线衍射仪（XRD；SmartLab SE，日本）和透射电子显微镜（TEM；JEM-2100plus，日本）研究材料的晶相组成和形态结构。使用傅里叶变换红外光谱（FTIR；Nicolet iS20，美国）检查样品的表面官能团。用全自动物理吸附-脱附仪（BET；Micromeritics ASAP 2460，美国）测定样品的 N_2 吸附-脱附等温线，测量之前将样品在 150 ℃下脱气 12 h，测量之后用 Brunauer-Emmett-Teller（BET）公式计算平均孔径、孔容和比表面积数据。使用电感耦合等离子体发射光谱法（ICP-OES；Agilent TCP5100VDV，美国）测量水溶液中的重金属离子浓度，样品在测量之前用 2% HNO_3 酸化稳定。

3.2.4 吸附试验

为测定吸附剂的 Cd(Ⅱ)、Zn(Ⅱ)和 Pb(Ⅱ)吸附容量，通过用 pH=5.5 和背景离子强度为 0.001 mol/L $NaNO_3$ 的溶液分别溶解一定质量的 $Cd(NO_3)_2$、$Zn(NO_3)_2$ 和 $Pb(NO_3)_2$，制备了初始浓度为 50 mg/L 的 Cd(Ⅱ)、Zn(Ⅱ)和 Pb(Ⅱ)工作溶液。然后，将 20 mL 50 mg/L 重金属离子工作溶液加入 50 mL Nalgene 螺旋盖玻璃瓶中，该玻璃瓶含有 5 mg 吸附剂，使得吸附剂用量为 0.25 g/L。将吸附剂在 25 ℃和 150 r/min 的往复式振动筛中平衡 24 h；在此期间，分别于 6 h、12 h 和 24 h 测量吸附体系的 pH 值，并通过滴加 NaOH 或 HNO_3 溶液（0.1 mol/L）保持 pH=5.5 恒定。试验结束之后，用注射过滤器（0.22 μm）过滤悬浮液，测量滤液 Cd(Ⅱ)的终止浓度。上述试验重复 3 次。

3.3 结果与讨论

3.3.1 材料物相分析

（1）TGA 热重分析

图 3-2 展示了埃洛石原矿的热重分析重量变化曲线(TG)和重量变化的一阶导数曲线(DTG)。

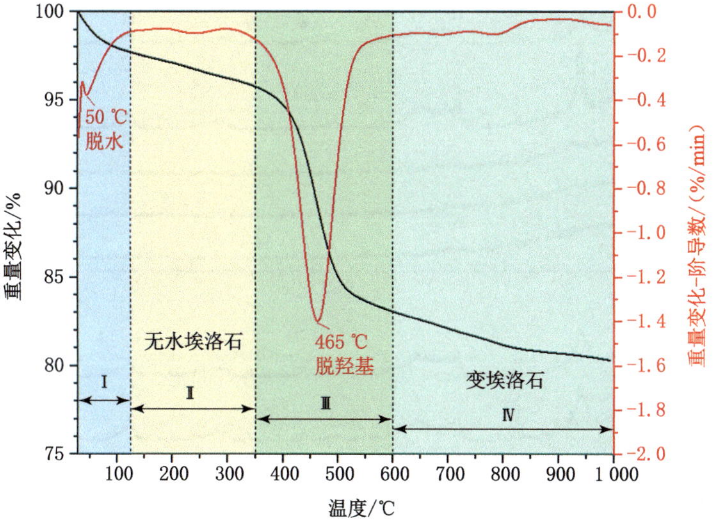

图 3-2　热重分析法测定温度对埃洛石纳米管重量变化的影响

从中可以看出,在 30～1 000 ℃的测试范围内有 19.7%的重量损失,据此可将热处理过程分为Ⅰ、Ⅱ、Ⅲ和Ⅳ等四个不同阶段。第Ⅰ阶段温度范围为 25～125 ℃,约有 2.3%的重量损失,吸热峰值位于 50 ℃,可归因于埃洛石吸附水或层间水的去除[46,97,180]。第Ⅱ阶段温度范围为 125～350 ℃,没有观察到重量的显著变化,这意味着维持了无层间水的埃洛石相。第Ⅲ阶段温度范围为 350～600 ℃,是主要的重量损失区域,损失率为 10.2%;对应的吸热峰值位于 465 ℃,归因于埃洛石 Al—OH 的脱羟基,这与前人观察到的脱羟基吸热峰值大致发生在 450～550 ℃基本一致[46,180-182]。第Ⅳ阶段温度范围为 600～1 000 ℃,没有观察到重量的显著变化,可以认为埃洛石已经转变为无定形变埃洛石相[83,91,183]。

(2) XRD 物相分析

埃洛石原矿及其热活化产物的 XRD 结果如图 3-3(a)所示。就埃洛石原矿的 XRD 图谱而言,$2\theta=12°$、20°、24.5°、35°、38°、55°和 62.5°处的衍射峰分别对应于埃洛石的(001)、(100)、(002)、(110)、(003)、(210)和(300)晶面(JCPDS No.29-1487)[162],$2\theta=18°$、30°和 48°杂峰属于明矾石的特征峰,$2\theta=$26.5°和 52.5°杂峰属于石英的特征峰。

经 500 ℃($HNT_{500\,℃}$)煅烧处理后,埃洛石的各个特征衍射峰仍然保留,同

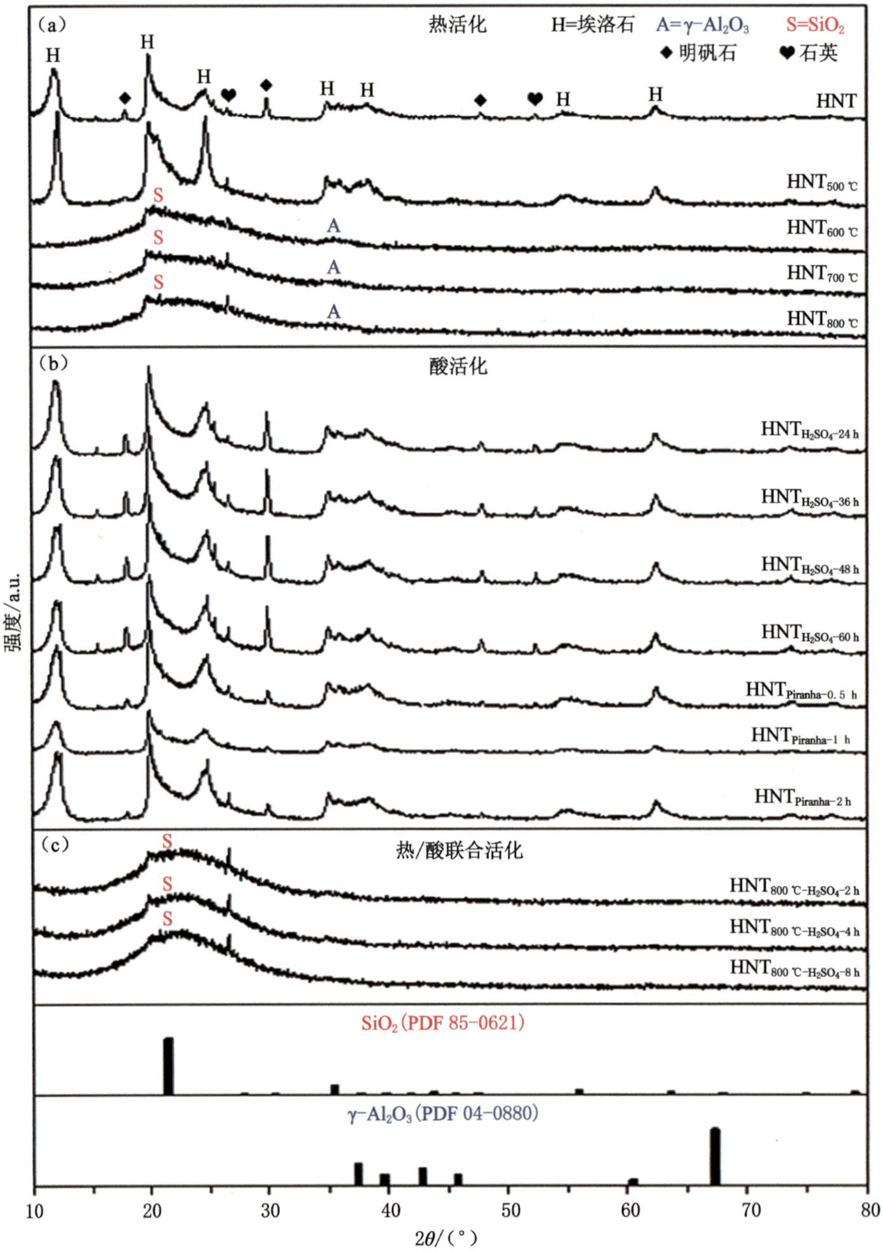

图 3-3 热活化、酸活化和热/酸联合活化埃洛石的 XRD 图谱

时在 $2\theta=20^\circ\sim30^\circ$ 之间出现宽峰，该宽峰因叠加于埃洛石特征衍射峰 $2\theta=20^\circ$ 和 24.5° 上而难以辨识[图 3-3(a)]。结合热重分析可知，此模糊宽峰的出现归因于 500 ℃条件下正在发生的脱羟基作用。更高温 600～800 ℃（$HNT_{600\ ℃}$、$HNT_{700\ ℃}$ 和 $HNT_{800\ ℃}$）煅烧处理后，埃洛石的所有特征衍射峰都消失不见，在 $2\theta=20^\circ\sim30^\circ$ 之间的 $2\theta=21.6^\circ$ 附近形成清晰的衍射峰，这对应于无定形 SiO_2 的(111)面(JCPDS No.85-0621)。同时，在 $2\theta=37.6^\circ$ 也出现一个弱衍射峰，这对应于 γ-Al_2O_3 的(311)面(JCPDS No.04-0880)。这表明埃洛石晶体结构在 600～800 ℃煅烧条件下彻底完成了脱羟基，并因[SiO_4]四面体层和[AlO_6]八面体层相分离而生成了 γ-Al_2O_3 和 SiO_2，此阶段产物也被前人称为变埃洛石相[83,97]。最后，也可以看出，归属于明矾石的杂质衍射峰在 500 ℃煅烧条件下就已完全消失，而归属于石英的杂质衍射峰甚至在 800 ℃煅烧条件下依然保留，反映了其耐高温特性。

埃洛石酸活化产物的 XRD 结果如图 3-3(b)所示。从中可以看出，所有酸活化产物（$HNT_{H_2SO_4\text{-}24\ h}$、$HNT_{H_2SO_4\text{-}36\ h}$、$HNT_{H_2SO_4\text{-}48\ h}$ 和 $HNT_{H_2SO_4\text{-}60\ h}$、$HNT_{Piranha\text{-}0.5\ h}$、$HNT_{Piranha\text{-}1\ h}$ 和 $HNT_{Piranha\text{-}2\ h}$）都显示出与埃洛石原矿相似的 XRD 图谱，这表明酸处理并没有显著破坏黏土纳米管的晶体结构，这与前人研究相一致[101]。此外，在 $2\theta=20^\circ\sim30^\circ$ 之间出现宽峰，该宽峰因叠加于埃洛石特征衍射峰 $2\theta=20^\circ$ 和 24.5° 上而难以辨识，且其强度随酸处理持续时间的增加而增加。考虑到 $2\theta=20^\circ\sim30^\circ$ 处于 SiO_2 形成衍射峰的位置，所以该位置出现宽峰可归因于酸蚀所产生的无定形 SiO_2。

埃洛石热/酸联合活化产物（$HNT_{800\ ℃\text{-}H_2SO_4\text{-}2\ h}$、$HNT_{800\ ℃\text{-}H_2SO_4\text{-}4\ h}$ 和 $HNT_{800\ ℃\text{-}H_2SO_4\text{-}8\ h}$）的 XRD 图谱，如图 3-3(c)所示。与 800 ℃热活化产物（$HNT_{800\ ℃}$）相比，指示 SiO_2(111)面的宽衍射峰（$2\theta=21.6^\circ$）更为显著，而指示 γ-Al_2O_3(311)面的衍射峰（$2\theta=37.6^\circ$）随着酸处理时间的延长而趋于消失。这种现象可归因于酸蚀刻效应，也即随着酸处理时间延长，更多的 Al_2O_3 被蚀刻溶解，而 SiO_2 的相对含量则相反地增加。

(3) FTIR 表面官能团分析

埃洛石原矿及其热活化产物的 FTIR 结果如图 3-4(a)所示，FTIR 图谱内每种振动的位置和分配参见表 2-3。在埃洛石原矿的曲线中，存在三个以 3 698 cm^{-1}、3 621 cm^{-1} 和 913 cm^{-1} 为中心的谱带（蓝色点线），分别归属于内表面 Al—OH 拉伸及内部 Al—OH 的拉伸和弯曲。此外，还出现了以 3 436 cm^{-1} 和 1 635 cm^{-1} 为中心的两个弱带（黑色点线），分别归属于物理吸附 H_2O 的—OH 的拉伸和弯曲。剩余 10 个谱带均与含 Si 基团有关（红色点线），包括 1 090 cm^{-1}、1 031 cm^{-1}、754 cm^{-1}、691 cm^{-1}、562 cm^{-1} 和 437 cm^{-1} 谱带，分别归属于 Si—O 在平面和纵向上的拉伸和弯曲；949 cm^{-1} 谱带归属于 Si—OH 的

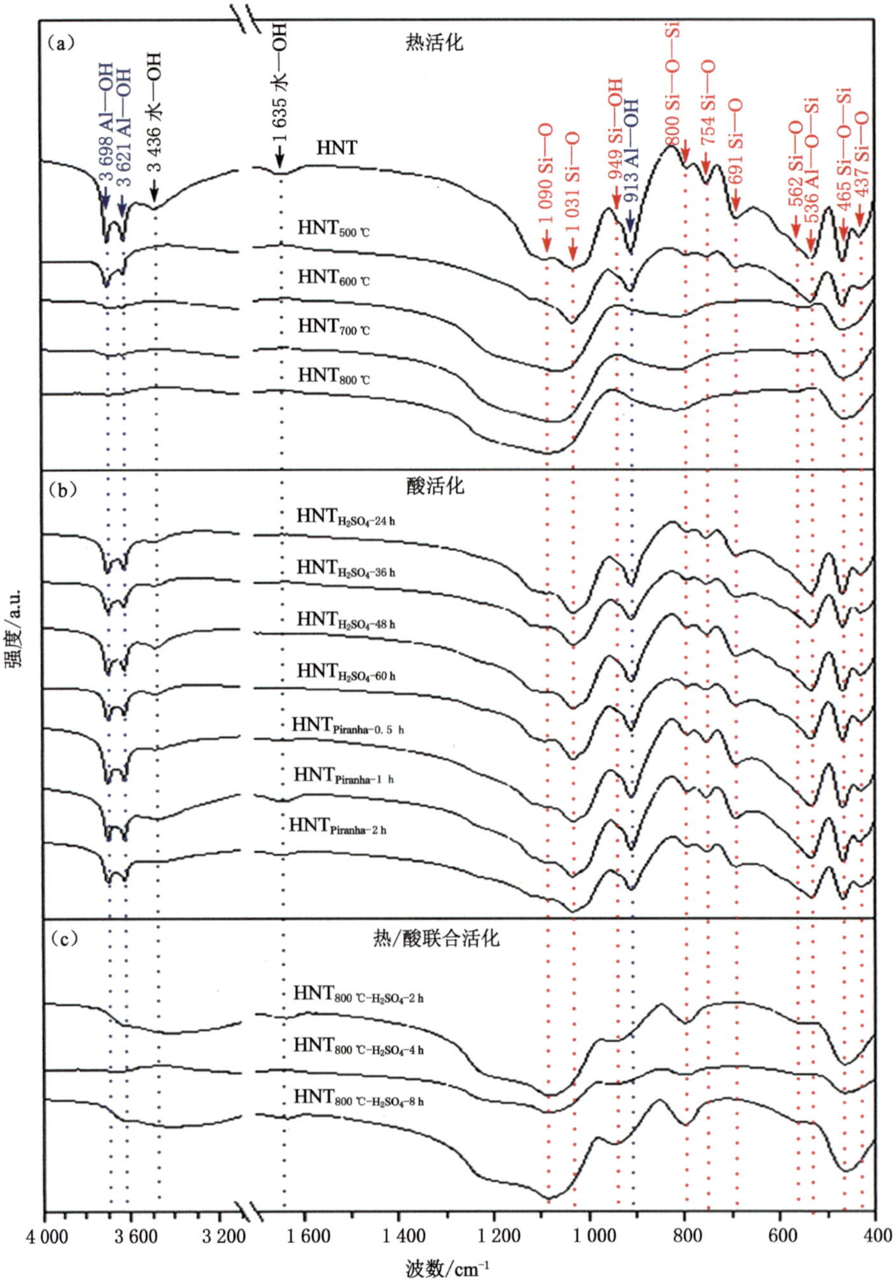

图 3-4　热活化、酸活化和热/酸联合活化埃洛石的 FTIR 图谱

弯曲；800 cm^{-1}和 465 cm^{-1}谱带归属于 Si—O—Si 的弯曲；536 cm^{-1}谱带归属于 Al—O—Si 的弯曲。

经热活化处理后，Al—OH 基团相关三个谱带（蓝色点线）的强度被严重削弱，直至在 600 ℃以上的热活化产物（$HNT_{600\ ℃}$、$HNT_{700\ ℃}$和 $HNT_{800\ ℃}$）中完全消失，这与埃洛石在热重分析第Ⅲ阶段（350～600 ℃）内完成脱羟基相吻合。物理吸附水—OH 基团相关两个谱带（黑色点线）也在煅烧处理后完全消失，这显然归因于脱水作用。含 Si 基团有关的 10 个谱带（红色点线）在煅烧处理后变化不一。其中，峰强度明显增强的谱带有：与平面内 Si—O 拉伸有关的 1 090 cm^{-1}、1 031 cm^{-1}和 562 cm^{-1}，以及与 Si—O—Si 弯曲有关的 800 cm^{-1}和 465 cm^{-1}，这应该与煅烧生成 SiO_2 有关。另外，峰趋于消失的谱带有：与纵向 Si—O 拉伸有关的 754 cm^{-1}和 691 cm^{-1}，与 Si—O 弯曲有关的 437 cm^{-1}，与 Si—OH 弯曲有关的949 cm^{-1}，与 Al—O—Si 弯曲有关的 536 cm^{-1}；这些谱带消失现象，与煅烧期间所发生的脱羟基现象以及[SiO_4]四面体层和[AlO_6]八面体层相分离现象相吻合。这些结果与先前关于埃洛石在煅烧过程中结构变化的研究结果一致[183-185]。

在埃洛石酸活化产物的 FTIR 图谱[图 3-4(b)]中，Al—OH 基团相关三个谱带（蓝色点线）依然存在，且峰强度有所减弱，这与[AlO_6]八面体层的溶解有关。就物理吸附水—OH 基团相关两个谱带（黑色点线）而言，其峰强度变化不明显，说明没有发生脱水作用。就含 Si 基团有关的 10 个谱带（红色点线）而言，与平面内 Si—O 拉伸有关的 1 090 cm^{-1}和 1 031 cm^{-1}谱带强度明显增强，剩余其他谱带强度变化不明显。这应该与酸脱 Al 作用有关，因为 Al 减少可增强埃洛石晶体中 Si 的相对含量，如生成无定形 SiO_2。

埃洛石热/酸联合活化产物（$HNT_{800\ ℃\text{-}H_2SO_4\text{-}2\ h}$、$HNT_{800\ ℃\text{-}H_2SO_4\text{-}4\ h}$ 和 $HNT_{800\ ℃\text{-}H_2SO_4\text{-}8\ h}$）的 FTIR 图谱如图 3-4(c)所示。与 800 ℃热活化产物（$HNT_{800\ ℃}$）相比，物理吸附水—OH 基团相关两个谱带（黑色点线）也出现弱峰，表明虽然煅烧处理发生脱水，但随后酸处理却又增加了吸附水—OH，这应该与重新水化有关。Al—OH 基团相关三个谱带（蓝色点线）出现弱峰，表明虽然煅烧脱除了 Al—OH，但随后酸处理对残留 Al 进行质子化产生了少量 Al—OH。此外，在 Si—OH 弯曲有关的 949 cm^{-1}谱带出现显著峰，表明虽然煅烧脱除了 Si—OH，但随后酸处理却又增加了少量 Si—OH，这也应该与质子化作用有关。另外，与 Si—O 拉伸有关的 1 090 cm^{-1}和 1 031 cm^{-1}谱带以及与 Si—O—Si 弯曲有关的 800 cm^{-1}谱带形成极强的峰，表明经热/酸联合活化处理，无定形 SiO_2 产量大幅增加。

综合以上 TGA、XRD 和 FTIR 表征分析和相互印证，可知 600～800 ℃热活化处理可将埃洛石的[SiO_4]四面体层和[AlO_6]八面体层相分离并彻底脱羟基，酸活化会通过溶解[AlO_6]八面体层来降低表面羟基密度并产生无定形SiO_2，热/酸联合活化处理会增加无定形 SiO_2 产量并因质子化作用而产生少量Si—OH 和 Al—OH。

3.3.2 材料形貌分析

埃洛石原矿的 TEM 显微照片[图 3-5(a)]显示其典型的中空管状结构，外径为 35～45 nm，内径为 15～20 nm。热活化处理($HNT_{800\ ℃}$)并不会破坏埃洛石纳米管的中空管状结构，但是在管壁表面形成了大量斑点[图 3-5(b)]。考虑到热活化埃洛石会发生[SiO_4]四面体层和[AlO_6]八面体层相分离，可认为热活化埃洛石产物上的斑点，可能是 [SiO_4]四面体层和[AlO_6]八面体层相分离所引起的狭缝状孔隙[94]。

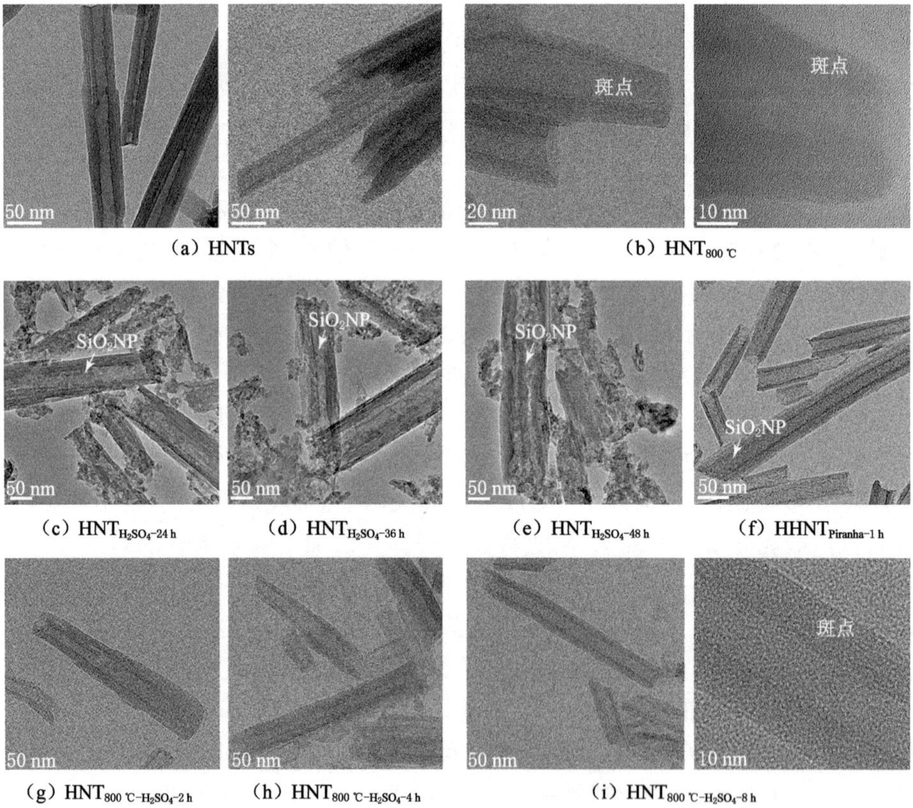

图 3-5 埃洛石纳米管原矿及其热活化产物、酸活化产物、热/酸联合活化产物的 TEM 图像

用 H_2SO_4 酸活化处理（$HNT_{H_2SO_4\text{-}24\ h}$、$HNT_{H_2SO_4\text{-}36\ h}$ 和 $HNT_{H_2SO_4\text{-}48\ h}$）后，埃洛石的中空管状结构保持不变，但管腔内径略有扩大，且在管腔内生成许多细小的纳米颗粒[图 3-5(c)～(e)]，并在纳米管周边散布有不规则杂质颗粒。这些纳米颗粒应该是无定形 SiO_2 NPs。以前相关研究也表明，SiO_2 比 Al_2O_3 在酸性条件下更具惰性，所以，酸优先攻击埃洛石纳米管内腔壁[AlO_6]八面体层并浸出 Al^{3+}，同时诱导相邻[SiO_4]四面体层崩解，最终导致管腔内径扩大，并在管腔内形成无定形 SiO_2 NPs[52,92,99]。至于 H_2SO_4 酸活化处理后，散布在纳米管周边的不规则颗粒，可能是酸溶解不彻底的[AlO_6]八面体片，也可能是被剥落的大块[SiO_4]四面体片。与 H_2SO_4 酸活化处理相似，食人鱼溶液酸活化处理（$HNT_{Piranha\text{-}1\ h}$）也不会破坏埃洛石的中空管状结构，同时在管腔内也生成了许多纳米颗粒[图 3-5(f)]，这些纳米颗粒应该也是酸活化产物 SiO_2 NPs。与 H_2SO_4 酸活化处理不同的是，经食人鱼溶液酸活化处理后，纳米管周边非常干净，并未出现不规则杂质。

埃洛石热/酸联合活化产物（$HNT_{800\ ℃\text{-}H_2SO_4\text{-}2\ h}$、$HNT_{800\ ℃\text{-}H_2SO_4\text{-}4\ h}$ 和 $HNT_{800\ ℃\text{-}H_2SO_4\text{-}8\ h}$）的 TEM 图片如图 3-5(g)～(i)所示。与 800 ℃热活化产物（$HNT_{800\ ℃}$）相比，虽然埃洛石的中空管状结构仍保持不变，但是在管壁表面形成了更为显著的大量斑点。热活化处理会将埃洛石[SiO_4]四面体层和[AlO_6]八面体层相分离，转变为 γ-Al_2O_3 和 SiO_2，而后续酸处理通过溶解 γ-Al_2O_3 而增加 SiO_2 的相对含量。所以，热/酸联合活化处理在纳米管管壁形成更显著的大量斑点，应该与无定形 SiO_2 的大量生成有关。

总之，TEM 分析验证了物相表征结果，也即在本研究所采用的热活化、酸活化以及热/酸联合活化处理条件，均不会破坏埃洛石纳米管的管状结构，但均可在埃洛石管壁上生成 SiO_2 NPs，且热/酸联合活化处理会在埃洛石管壁上生成更多的 SiO_2 NPs。

3.3.3 材料表面特性分析

(1) N_2 吸附-脱附等温线和孔径分布曲线

埃洛石原矿和所有活化产物的 N_2 吸附-脱附等温线如图 3-6(a)所示，相对应的代表性孔径分布曲线如图 3-6(b)所示。根据 IUPAC 分类[173]，埃洛石原矿的等温线被归类为具有 H3 介孔滞回线的Ⅳ型等温线，相应的介孔孔径在 10～25 nm 范围内，对应于埃洛石纳米管的介孔管腔。低压（$p/p_0<0.1$）区 N_2 吸附量增幅极其微弱，说明埃洛石原矿几乎不存在微孔，孔径分布曲线也证明了这一点。在高压（$p/p_0\approx 1$）附近，N_2 吸附量的急剧增加与大孔吸附相对应，这由埃洛石颗粒聚集体的堆积所造成。

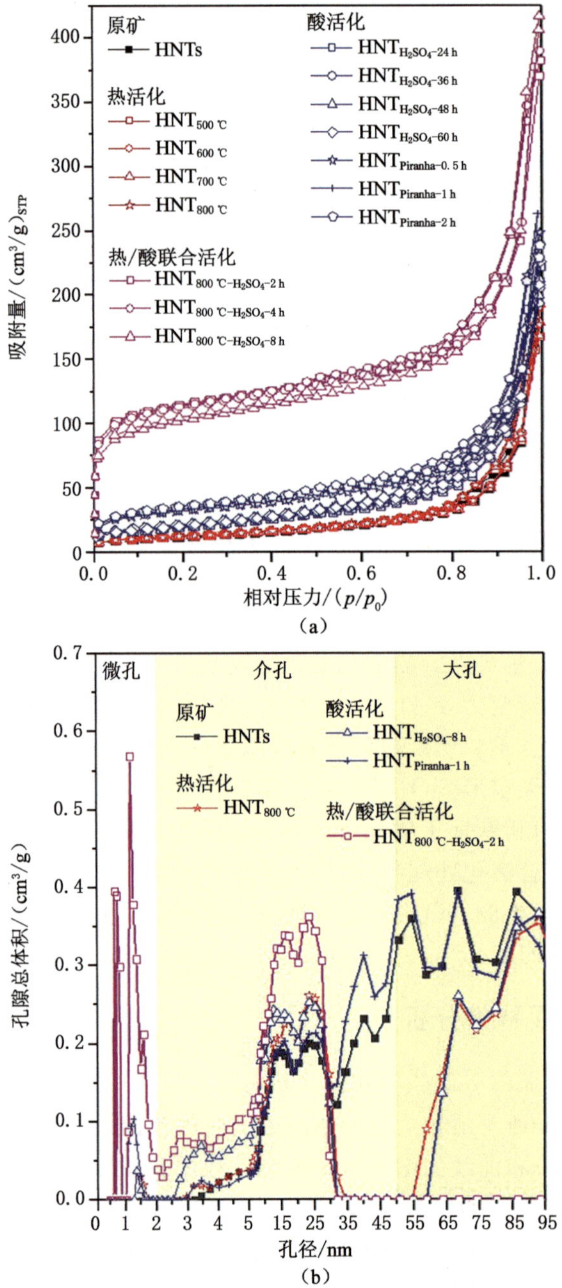

图 3-6　埃洛石纳米管活化产物的 N_2 吸附-脱附等温线和孔径分布曲线

所有热活化产物($HNT_{500\ ℃}$、$HNT_{600\ ℃}$、$HNT_{700\ ℃}$ 和 $HNT_{800\ ℃}$)均显示出与埃洛石原矿相似的 N_2 吸附-脱附等温线,表明 500～800 ℃热活化对埃洛石多孔结构的影响有限。孔径分布曲线也证明了这一点,热活化产物的介孔孔径在 10～25 nm 范围内,这与埃洛石原矿接近一致。与埃洛石原矿略有不同的是,热活化产物出现了少量微孔,孔径在 1.4～1.6 nm 范围内,可能归因于脱水以及[SiO_4]四面体层和[AlO_6]八面体层相分离所引起的狭缝状孔隙[94]。

所有酸活化产物($HNT_{H_2SO_4\text{-}24\ h}$、$HNT_{H_2SO_4\text{-}36\ h}$、$HNT_{H_2SO_4\text{-}48\ h}$、$HNT_{H_2SO_4\text{-}60\ h}$、$HNT_{Piranha\text{-}0.5\ h}$、$HNT_{Piranha\text{-}1\ h}$ 和 $HNT_{Piranha\text{-}2\ h}$)的等温线几乎完全一致,可以表征为具有 H3 滞回线的Ⅳ型,表明产物仍保留有介孔管腔。然而,与埃洛石原矿相比,酸活化产物的介孔分布中心向大孔径方向略微移动,这意味着纳米管管腔直径增加,可归因于[AlO_6]八面体层的酸溶解和[SiO_4]四面体层的分解。此外,与埃洛石原矿相比,酸活化产物的等温线在低压($p/p_0<0.1$)区增速略有加快,表明出现了微孔,其孔径中心位于 1.3 nm 附近,可能由酸活化副产物SiO_2 NPs 在管腔内堆积所造成[93,96,101,104]。在高压($p/p_0\approx 1$)附近,所有酸活化产物的等温线均急剧抬升,表明存在由颗粒堆积而形成的大孔。

所有热/酸联合活化产物($HNT_{800\ ℃\text{-}H_2SO_4\text{-}2\ h}$、$HNT_{800\ ℃\text{-}H_2SO_4\text{-}4\ h}$ 和 $HNT_{800\ ℃\text{-}H_2SO_4\text{-}8\ h}$)的等温线几乎完全一致,可以表征为具有 H3 滞回线的Ⅳ型,表明产物保留有介孔管腔。然而,与热活化产物($HNT_{800\ ℃}$)相比,热/酸联合活化产物($HNT_{800\ ℃\text{-}H_2SO_4\text{-}2\ h}$、$HNT_{800\ ℃\text{-}H_2SO_4\text{-}4\ h}$和 $HNT_{800\ ℃\text{-}H_2SO_4\text{-}8\ h}$)的介孔分布中心向大孔径方向略有移动,这意味着纳米管管腔直径的增加,可归因于[AlO_6]八面体层的酸溶解和[SiO_4]四面体层的分解。此外,热/酸联合活化产物的等温线在低压($p/p_0<0.1$)区急速抬升,表明存在有大量微孔,其孔径中心分别在 0.7 nm和 1.3 nm 附近。0.7 nm 微孔可能源自[AlO_6]八面体层的溶解[94],而 1.3 nm微孔可能由酸蚀副产物 SiO_2 NPs 在管腔内堆积所造成[93,104]。正如物相表征结果所示,热/酸联合活化可生成更多的 SiO_2 NPs,从而有利于形成丰富微孔。在高压($p/p_0\approx 1$)附近,所有热/酸联合活化产物的等温线均急剧抬升,表明存在由颗粒堆积而形成的大孔。

(2) 平均孔径、孔容和比表面积

用 BET 公式对 N_2 吸附-脱附曲线进行计算处理,得出的平均孔径、孔容和比表面积数据汇总于图 3-7。从中可以看出,平均孔径参数由大到小排序为:埃洛石原矿和热活化产物(12 nm)>H_2SO_4酸活化产物(9.8 nm)>食人鱼酸活化产物(6.5 nm)>热/酸联合活化产物(4 nm)。孔容和比表面积参数的排序完全一致,且与平均孔径的排序规律刚好相反。其中,孔容排序为:埃洛石原矿和热活化产物(0.135 cm^3/g)<H_2SO_4 酸活化产物(0.180 cm^3/g)<食人鱼酸活化产

物(0.210 cm^3/g)<热/酸联合活化产物(0.380 cm^3/g);比表面积排序为:埃洛石原矿和热活化产物(45 cm^2/g)<H_2SO_4酸活化产物(110 cm^2/g)<食人鱼酸活化产物(145 cm^2/g)<热/酸联合活化产物(370 cm^2/g)。

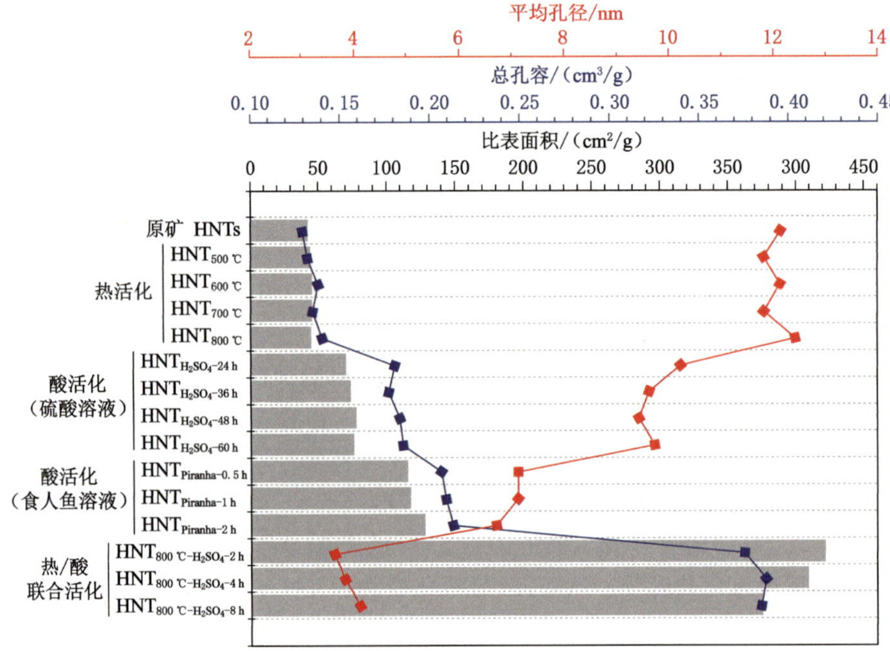

图 3-7 埃洛石纳米管活化产物的孔径、孔容和比表面积

以上的对比分析表明:孔径越小,孔容和比表面积越大。热/酸联合活化产物具有最小的平均孔径,主要归因于其具有大量以 0.7 nm 和 1.3 nm 为孔径中心的微孔[图 3-6(b)],这与前人观察到的结果非常一致[93-96]。与酸活化产物相比,热/酸联合活化产物具有更小的平均孔径,主要归因于煅烧处理所导致的埃洛石相分离会促进酸蚀过程[94],从而有利于形成更丰富的微孔。相较于 H_2SO_4 酸活化产物,食人鱼酸活化产物具有更小的平均孔径,与后者可形成更多微孔有关[图 3-6(b)],说明食人鱼的酸蚀性能优于 H_2SO_4。与热活化产物相比,酸活化产物具有更小的平均孔径,这显然与二者对埃洛石晶体结构表现出不同的破坏能力有关:前者对埃洛石多孔结构的影响非常有限,而后者可通过 Al_2O_3 的溶解和副产物 SiO_2 NPs 的生成来构筑微孔。此外,在所有热/酸联合活化产物中,随着酸处理时间的增加,$HNT_{800\ ℃\text{-}H_2SO_4\text{-}8\ h}$ 的平均孔径相对于 $HNT_{800\ ℃\text{-}H_2SO_4\text{-}2\ h}$ 有所增加,这可归因于无定形 SiO_2 NPs 从管腔扩散到管外[94]。

总之，比表面积从小到大排序为：埃洛石原矿和热活化产物＜H_2SO_4酸活化产物＜食人鱼酸活化产物＜热/酸联合活化产物。比表面积与孔径呈反比关系。埃洛石原矿和热活化产物比表面积最低，归因于缺乏微孔。酸活化可以增加比表面积，因为其副产物 SiO_2 NPs 可构筑微孔。热/酸联合活化产物具有最高的比表面积，因为煅烧处理所导致的埃洛石相分离会促进酸活化过程，从而产生更多的副产物 SiO_2 NPs，进而构筑更丰富的微孔。

3.3.4　材料吸附性能分析

埃洛石原矿及其活化产物在统一试验条件下（pH＝5.5，T＝25 ℃，初始重金属离子浓度 50 mg/L，离子强度 0.001 mol/L，吸附剂用量 0.25 g/L）对重金属 Cd(Ⅱ)、Zn(Ⅱ)和 Pb(Ⅱ)的吸附容量 q_e 如图 3-8 所示。从中可以看出，这些吸附材料在重金属吸附方面有一个共性：对 Pb(Ⅱ)的吸附容量最高，其次为 Cd(Ⅱ)，最低的是 Zn(Ⅱ)。这说明，离子特性在其中起主导作用。Pb(Ⅱ)在三种重金属离子中具有最大的原子量、电负性和离子半径，从而在黏土吸附剂上表现出更高的吸附容量。Cd(Ⅱ)仅次于 Pb(Ⅱ)，具有比 Zn(Ⅱ)更大的原子量、电负性和离子半径，从而在黏土吸附剂上表现出比 Zn(Ⅱ)更高的吸附容量。

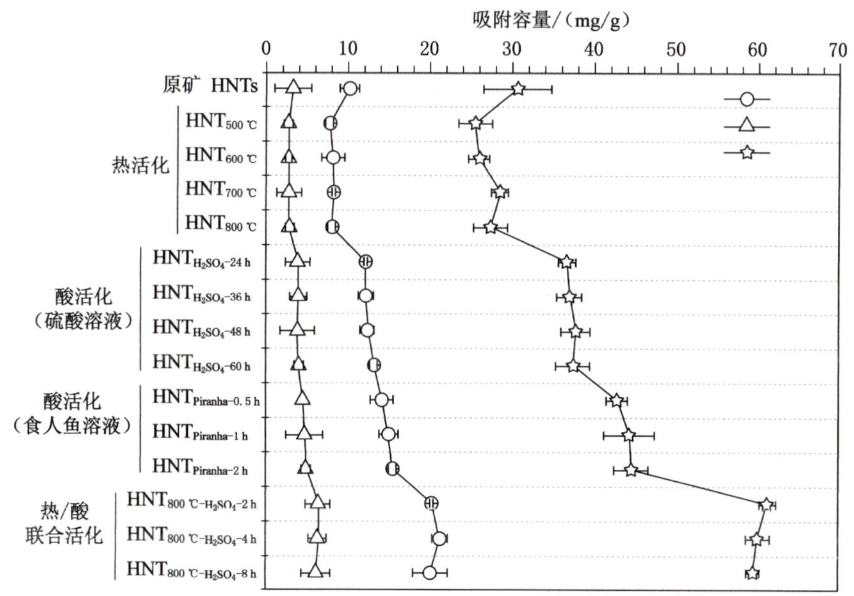

图 3-8　埃洛石活化产物对 Cd(Ⅱ)、Zn(Ⅱ)和 Pb(Ⅱ)的吸附容量
（pH＝5.5，T＝25 ℃，初始重金属离子浓度 50 mg/L，离子强度 0.001 mol/L，吸附剂用量 0.25 g/L）

从图 3-8 中还可以看出，埃洛石纳米管原矿的 Cd(Ⅱ)吸附容量为 10.2 mg/g。经热活化处理后（$HNT_{500\ ℃}$、$HNT_{600\ ℃}$、$HNT_{700\ ℃}$ 和 $HNT_{800\ ℃}$），Cd(Ⅱ)吸附容量降低到 7.8～8.3 mg/g 范围内。经硫酸溶液酸活化处理后（$HNT_{H_2SO_4\text{-}24\ h}$、$HNT_{H_2SO_4\text{-}36\ h}$、$HNT_{H_2SO_4\text{-}48\ h}$、$HNT_{H_2SO_4\text{-}60\ h}$），Cd(Ⅱ)吸附容量略微提升至 12.1～13.2 mg/g 范围内。经食人鱼溶液酸活化处理后（$HNT_{Piranha\text{-}0.5\ h}$、$HNT_{Piranha\text{-}1\ h}$ 和 $HNT_{Piranha\text{-}2\ h}$），Cd(Ⅱ)吸附容量也略微提升至 14.2～15.5 mg/g 范围内。经热/酸联合活化处理后（$HNT_{800\ ℃\text{-}H_2SO_4\text{-}2\ h}$、$HNT_{800\ ℃\text{-}H_2SO_4\text{-}4\ h}$ 和 $HNT_{800\ ℃\text{-}H_2SO_4\text{-}8\ h}$），Cd(Ⅱ)吸附容量提升至 20.1～21.3 mg/g 范围内，比埃洛石原矿(10.2 mg/g)高出了约 1 倍。整体来看，埃洛石原矿及其活化产物的 Cd(Ⅱ)吸附容量从大到小排序为：热/酸联合活化产物＞食人鱼酸活化产物＞硫酸酸活化产物＞埃洛石原矿＞热活化产物。

由图 3-8 分析 Zn(Ⅱ)和 Pb(Ⅱ)的吸附容量数据，可以看出它们均呈现出类似于 Cd(Ⅱ)的变化趋势，也即埃洛石原矿及其活化产物的 Zn(Ⅱ)吸附容量从大到小排序为：热/酸联合活化产物(6.1～6.4 mg/g)＞食人鱼酸活化产物(4.4～5.0 mg/g)＞硫酸酸活化产物(3.8～4.0 mg/g)＞埃洛石原矿(3.2 mg/g)＞热活化产物(2.6～2.9 mg/g)；埃洛石原矿及其活化产物的 Pb(Ⅱ)吸附容量从大到小排序为：热/酸联合活化产物(59.1～61.2 mg/g)＞食人鱼酸活化产物(42.4～44.6 mg/g)＞硫酸酸活化产物(36.7～37.8 mg/g)＞埃洛石原矿(30.6 mg/g)＞热活化产物(25.5～28.5 mg/g)。

总之，500～800 ℃热活化处理会降低埃洛石纳米管的 Cd(Ⅱ)、Zn(Ⅱ)和 Pb(Ⅱ)吸附性能，分别从原矿的 10.2 mg/g、3.2 mg/g 和 30.6 mg/g 降低至 7.8～8.3 mg/g、2.6～2.9 mg/g 和 25.5～28.5 mg/g。酸活化处理会将埃洛石纳米管的 Cd(Ⅱ)、Zn(Ⅱ)和 Pb(Ⅱ)吸附性能分别略微提升至 12.1～15.5 mg/g、3.8～5.0 mg/g 和 36.7～44.6 mg/g。热/酸联合活化可将埃洛石纳米管的 Cd(Ⅱ)、Zn(Ⅱ)和 Pb(Ⅱ)吸附性能明显提升约 1 倍，分别达到 20.1～21.3 mg/g、6.1～6.4 mg/g 和 59.1～61.2 mg/g。整体来看，埃洛石原矿及其活化产物的重金属吸附性能从大到小排序为：热/酸联合活化产物＞食人鱼酸活化产物＞硫酸酸活化产物＞埃洛石原矿＞热活化产物。

3.3.5 机理分析

通过对埃洛石活化产物的 TGA、XRD、FTIR 和 TEM 表征，可知 600～800 ℃热活化、硫酸或食人鱼溶液酸活化、热/酸联合活化处理，均可对埃洛石纳米管的晶体结构和表面性质起到不同程度的调整效果(图 3-9)。

首先，600～800 ℃热活化处理可导致埃洛石纳米管的[SiO_4]四面体层和

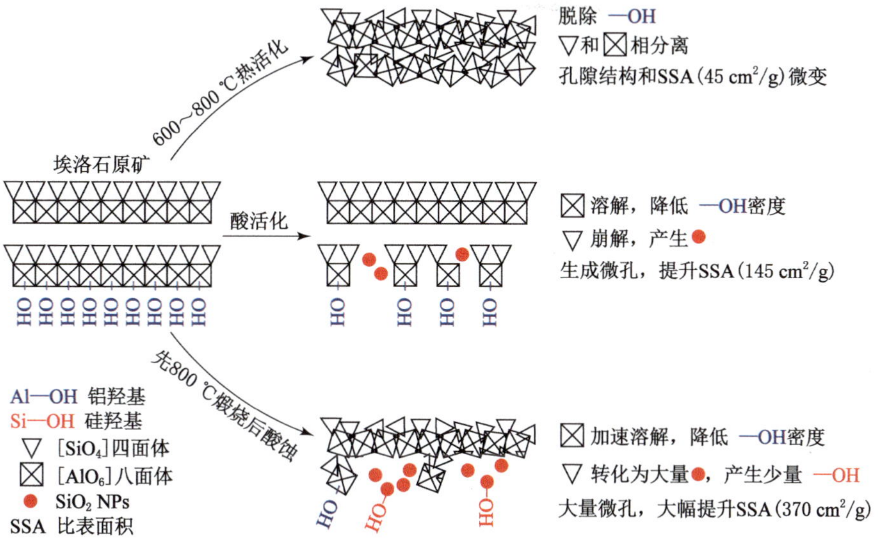

图 3-9　本研究活化处理对埃洛石纳米管晶体结构和表面羟基的影响

$[AlO_6]$八面体层相分离，并向无定形 γ-Al_2O_3 和 SiO_2 转变。同时，也将埃洛石纳米管表面 Al—OH 彻底脱除，并引起比表面积的轻微变化。就硫酸或食人鱼溶液酸活化处理而言，适当酸处理可导致埃洛石纳米管$[AlO_6]$八面体层的部分溶解和相邻$[SiO_4]$四面体层的部分崩坍，伴随着 Al—OH 密度的降低、无定形 SiO_2 NPs 的生成和比表面积的抬升。埃洛石比表面积在此的抬升可能与 Al_2O_3 的部分溶解和副产物 SiO_2 NPs 的堆积有关[93,96,101,104]。热/酸联合活化可使酸处理效率更高，可能是因为煅烧使得埃洛石纳米管$[SiO_4]$四面体层和$[AlO_6]$八面体层相分离，使得$[AlO_6]$八面体层更容易被酸溶解活化[94,96]。这种现象导致在埃洛石纳米管的热/酸联合活化产物中，可形成更多的无定形 SiO_2 NPs 副产物，并由此堆积形成更高的比表面积(370 cm^2/g)。同时，也因为 SiO_2 更容易被质子化[98,105]，而产生了少量 Si—OH。

从不同方式活化埃洛石纳米管的重金属吸附性能来看，从大到小依次为：热/酸联合活化产物＞食人鱼酸活化产物＞硫酸酸活化产物＞埃洛石原矿＞热活化产物。热活化处理降低了埃洛石纳米管的重金属吸附性能，这可能与煅烧脱羟基作用有关，因为羟基是重要的吸附位点。这种煅烧降低埃洛石重金属吸附性能的现象，Maziarz 等[79] 和 Kadi 等[83] 也曾经观察到。酸活化处理可以略微提升埃洛石纳米管的重金属吸附性能，这可能与酸蚀刻增大埃洛石比表面积有关，而且酸蚀产物中仍保留部分羟基，可作为吸附位点。这种硫酸酸活化增加埃洛石重金属吸附性能的现象，与 Maziarz[78] 观察结果相一致（参见表 1-5）。食人鱼酸活化产物（$HNT_{Piranha\text{-}0.5\ h}$、$HNT_{Piranha\text{-}1\ h}$ 和 $HNT_{Piranha\text{-}2\ h}$）可以获得相对更高的 Cd(Ⅱ)吸附容量，这可能与其有相对更高的比表面积有关。此外，热/酸联合活化处理获得最好的重金属吸附性能，应该与其在埃洛石表面性质上发生的显著变化有关。热/酸联合活化处理可生成新的 Si—OH 和 Al—OH，也能大幅提升埃洛石的比表面积，从而有利于增加其吸附性能。

3.4 本章小结

将活化埃洛石纳米管用作重金属离子吸附剂，现有相关研究不多，且存在个别争议性观点。为了明确不同方式活化埃洛石纳米管的重金属离子吸附性能，本章采用 500～800 ℃热活化、硫酸溶液酸活化、食人鱼溶液酸活化和热/酸联合活化等多种活化方式制备了多种活化埃洛石纳米管。TGA、XRD、FTIR、TEM 和 BET 表征结果表明，600～800 ℃热活化处理可导致埃洛石纳米管的[SiO_4]四面体层和[AlO_6]八面体层相分离，并将纳米管表面 Al—OH 彻底脱除，但是对纳米管比表面积（45 cm^2/g）的影响很小。酸活化可导致埃洛石纳米管[AlO_6]八面体层的部分溶解和相邻[SiO_4]四面体层的部分崩坍，伴随着 Al—OH 密度的降低和比表面积的明显抬升（达到 145 cm^2/g）。热/酸联合活化可使酸处理效率更高，导致纳米管比表面积的抬升幅度更大（达到 370 cm^2/g），并在纳米管壁产生少量 Si—OH。将所制备活化埃洛石纳米管用作重金属吸附剂，结果表明，600～800 ℃热活化处理会降低埃洛石纳米管的 Cd(Ⅱ)、Zn(Ⅱ)和 Pb(Ⅱ)吸附性能，分别从原矿的 10.2 mg/g、3.2 mg/g 和 30.6 mg/g 降低至 7.8～8.3 mg/g、2.6～2.9 mg/g 和 25.5～28.5 mg/g，这可能与煅烧脱羟基作用有关。酸活化处理会将埃洛石纳米管的 Cd(Ⅱ)、Zn(Ⅱ)和 Pb(Ⅱ)吸附性能分别略微提升至 12.1～15.5 mg/g、3.8～5.0 mg/g 和 36.7～44.6 mg/g，这可能与酸活化增大纳米管比表面积有关。热/酸联合活化可将埃洛石纳米管的 Cd(Ⅱ)、Zn(Ⅱ)和 Pb(Ⅱ)吸附性能明显提升约 1 倍，分别达到 20.1～21.3 mg/g、6.1～6.4 mg/g 和 59.1～61.2 mg/g，这应该与热/酸联合活化可大幅抬升纳米管比表面积并生成新的 Si—OH 有关。所以，本研究认为热/酸联合活化可有效提升埃洛石纳米管原矿的重金属吸附性能。由热/酸联合活化所制备的活化埃洛石可作为一种经济廉价且绿色低毒吸附剂来吸附去除水体重金属离子污染物。

第4章　老化水铁矿制备多种 Fe_xO_y 改性埃洛石纳米管及其镉吸附性能和机理

4.1　引言

相较于简单的活化处理，修饰改性常可更有效地提升天然黏土矿物的吸附性能，主要归因于后者可引入具有特定吸附功能或吸附功能更强的新吸附位点。无机改性是制备绿色低毒杂化吸附剂的首选，因为无机改性比有机改性的生态兼容性更好，二次污染风险度更低。常使用各种铁氧化物（Fe_xO_y）来对黏土矿物进行无机改性，以获得低毒、廉价且高效的重金属离子吸附剂[21,186]。目前已界定的 Fe_xO_y 有 14 种，常见的有水铁矿（$Fe_5HO_8 \cdot 4H_2O$）、赤铁矿（α-Fe_2O_3）、磁赤铁矿（γ-Fe_2O_3）、磁铁矿（Fe_3O_4）、针铁矿（α-FeOOH）、四方纤铁矿（β-FeOOH）、纤铁矿（γ-FeOOH）和六方纤铁矿（δ-FeOOH）等[187]。所有 Fe_xO_y 的基本结构单位是 $Fe(O,OH)_6$ 八面体[188-189]，其表面的活性羟基能够进行质子-脱质子反应，从溶液中络合大量不同的重金属离子。Fe_xO_y 普遍具有很高的结晶能量，这使它们倾向于形成微小晶体，并表现出较高的比表面积[190]。此外，在更长时期中，最初被吸附的重金属还可通过晶格扩散或孔隙扩散纳入铁氧化物的结构中[189]。

从一定意义上来说，黏土矿物的无机修饰改性可视为以黏土矿物为支撑体，并在其表面修饰金属纳米粒子等各种改性材料。与一层层紧密堆叠的高岭石或蒙脱石形成明显对比，具有纳米管晶体形貌的埃洛石极易分散[116-118]，这使得埃洛石纳米管更容易与被支撑物进行充分接触。此外，埃洛石纳米管具有极高的纵横比（约 20∶1）和比 2D 纳米片更大的表面积[21]，有利于其呈现出更大的支撑容量，也意味着可以为埃洛石纳米管修饰更多的吸附位点。所以，对埃洛石纳米管进行无机修饰改性有望制备出结构更为优异的纳米杂化吸附剂。

目前，已经有少量关于无机改性埃洛石纳米管重金属吸附剂的研究，这些研究基本上都是用 Fe_xO_y 来对埃洛石纳米管进行无机改性，均明显提升了埃洛石纳米管对重金属离子的吸附性能[79,144-147]。例如，磁铁矿改性（Fe_3O_4@HNTs）可将埃洛石纳米管的 Cd(Ⅱ)和 Pb(Ⅱ)吸附性能均提升约 3 倍[79]；零价铁改性（Fe^0@HNTs）可将埃洛石纳米管的 Cd(Ⅱ)和 Pb(Ⅱ)吸附性能分别提升约 22 倍和 20 倍[144]。然而，这方面的研究尚待深入，尤其是考虑到 Fe_xO_y 有很多种类，且不同种类 Fe_xO_y 在晶体结构、比表面积、表面羟基密度等方面均有所差异[189]。例如，水铁矿具有极细颗粒尺寸（2～6 nm）和大比表面积（200～350 m^2/g），而 α-Fe_2O_3 和 α-FeOOH 的比表面积范围普遍低至 21～70 m^2/g[187]。这种差异很可能会导致所改性埃洛石纳米管的重金属吸附容量也有所不同。从而有必要开展新工作，最好能同时制备若干种 Fe_xO_y 改性埃洛石纳米管，以便于从中筛选出重金属吸附容量最高者。

水铁矿(Fh)是一种比较特殊的 Fe_xO_y 相。只需将 Fe^{3+} 在碱液中（OH^- 和 Fe^{3+} 的摩尔比率大于 3)强制水解即可立即生成水铁矿[191]。水铁矿的结晶性差，处于热力学亚稳态，容易发生相变。经历老化，水铁矿最终会转化为结晶良好且稳定性高的 α-Fe_2O_3、α-FeOOH、β-FeOOH 或 γ-FeOOH 等铁相[192]。水铁矿相变产物的种类与老化体系的 pH 值有密切关系。例如，早期一项研究表明，水铁矿在极端酸碱（$pH<4$ 或 $pH>10$）介质中通过“溶解-重构”最终生成 α-FeOOH，而在中性（pH = 7 ～ 8）介质中则通过“脱水-缩合”最终生成 α-Fe_2O_3[193]。由此预期，若先将水铁矿和埃洛石纳米管杂化，而后将该杂化物在不同 pH 值下进行老化处理，则有望借助于水铁矿的易相变特性一次性获得若干种 Fe_xO_y 改性埃洛石纳米管。

为此，本章研究先利用埃洛石纳米管表面负电荷对 Fe^{3+} 的静电吸附作用，通过 $Fe(NO_3)_3$ 在 NaOH 溶液中的强制水解，制备了水铁矿/埃洛石杂化材料 Fh/HNTs[图 4-1(a)]。而后，将 Fh/HNTs 分别在酸性（pH=4）、中性（pH=7）和碱性（pH=12）条件下进行老化稳定处理，借助于水铁矿的易相变特性，来获得三种不同的 Fe_xO_y 改性埃洛石纳米管。用 XRD、TEM、FTIR、XPS、TEM 和 BET 等表征手段对三种 Fe_xO_y 改性埃洛石纳米管的相变和元素掺杂现象进行剖析定性，并对其表面性质进行分析。对三种 Fe_xO_y 改性埃洛石纳米管开展 Cd(Ⅱ)吸附试验，通过对比筛选出重金属吸附性能最优者。结合表征结果，讨论了所制备吸附剂的形成机理和镉吸附机理。

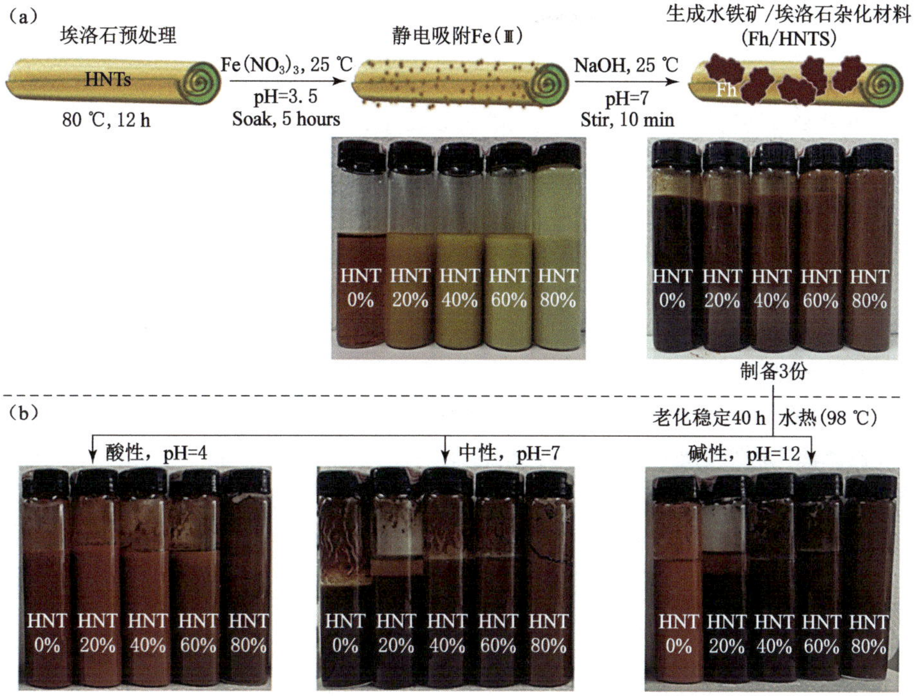

HNT0%—无黏土对照样；HNT20%～80%—埃洛石含量 20%～80%。

图 4-1　水铁矿/埃洛石杂化材料 Fh/HNTs 的制备及在不同 pH 值介质中的老化处理

4.2　材料与方法

4.2.1　试验材料与仪器

本研究中使用的埃洛石黏土纳米管[$Al_2Si_2O_5(OH)_4 \cdot 2H_2O$]购自广州润沃纳米科技公司，在 80 ℃下干燥过夜，并在干燥器中储存后使用。硝酸(HNO_3，98%)、氢氧化钠(NaOH，≥99.0%)和硝酸铁[$Fe(NO_3)_3 \cdot 9H_2O$，≥99.0%]均购于上海阿拉丁生化科技股份有限公司。硝酸钠($NaNO_3$，≥99.0%)和硝酸镉[$Cd(NO_3)_2 \cdot 4H_2O$，≥99.0%]均购于国药集团化学试剂有限公司。这项工作中使用的化学品是分析级的，没有经过任何纯化。所有试剂均用超纯水制备。试验所使用的玻璃容器均在 10% HNO_3 中浸泡 24 h，并在使用前用超纯水洗涤 3 次。本试验所用仪器设备见表 2-1。

4.2.2 样品制备

(1) 水铁矿/埃洛石杂化物(Fh/HNTs)的制备

在水铁矿制备方法[194]基础上，略加改动来制备水铁矿/埃洛石杂化物(Fh/HNTs)。将不同质量的埃洛石纳米管(0 g、0.35 g、0.93 g、2.1 g 和 5.6 g，分别对应埃洛石含量 0%、20%、40%、60%和 80%)加入预先装有 12.5 mL $Fe(NO_3)_3$ 溶液(2.0 mol/L)的 50 mL Nalgene 螺口玻璃瓶中。用少量 NaOH 或 HNO_3 溶液(0.1 mol/L)将黏土悬浮液调节至 pH≈3.5，以最大限度地减少 Fe^{3+} 的过早水解。超声处理 30 min 后，在磁力搅拌条件下浸泡 5 h，以使 Fe^{3+} 通过静电吸附作用附着到黏土纳米管表面。浸泡完成后，快速向黏土悬浮液中加入 15 mL NaOH 溶液(5.0 mol/L)，用少量 NaOH 或 HNO_3 溶液(0.1 mol/L)将浆液调节至 pH=7。立即将玻璃瓶加盖，旋紧盖子后剧烈摇晃，充分混合 10 min，浆液颜色变为红棕色。重复如上步骤，再制备 2 份。分别用于随后在酸性(pH=4)、中性(pH=7)和碱性(pH=12)条件下的老化处理。

(2) 水铁矿/埃洛石杂化物(Fh/HNTs)的老化

为进行中性条件(pH=7)下的老化稳定处理，将上述装有不同黏土含量的 Fh/HNTs 浆液的玻璃瓶转移到 98 ℃的恒温油浴中老化 40 h。

为进行酸性条件(pH=4)下的老化稳定处理，将 1 mol/L HNO_3 溶液逐滴加入装有不同黏土含量的 Fh/HNTs 浆液的玻璃瓶中，以将 pH 值降低至 4。而后同上在 98 ℃恒温油浴中老化 40 h。

为进行碱性条件(pH=12)下的老化稳定处理，将 1 mol/L NaOH 溶液逐滴加入装有不同黏土含量的 Fh/HNTs 浆液的玻璃瓶中，以将 pH 值升高至 12。而后同上在 98 ℃恒温油浴中老化 40 h。

老化处理结束后，从油浴中取出，转入冰浴中快速冷却。然后离心，并用超纯水和乙醇交替洗涤 3 次。将离心浓缩后的浆液在 50 ℃真空条件下干燥过夜。再将得到的干燥块体研磨成粉，并在使用前将其一直储存在干燥器中。

4.2.3 样品表征

使用 X 射线衍射仪(XRD；SmartLab SE，日本)和透射电子显微镜(TEM；JEM-2100plus，日本)研究材料的晶相组成和形态结构。使用傅里叶变换红外光谱(FTIR；Nicolet iS20，美国)和 X 射线光电子能谱仪(XPS；Thermo ScienceK-Alpha，美国)检查样品的表面官能团和元素/化学状态。样品的比表面积、孔径和粒径分布由全自动物理吸附脱附仪(BET；Micromeritics ASAP 2460，美国)测定，并使用 Brunauer-Emmett-Teller(BET)解析 N_2 吸附-脱附数据。

使用电感耦合等离子体发射光谱法(ICP-OES;Agilent TCP5100VDV,美国)测量水溶液中的金属离子浓度,样品在测量之前用 2% HNO_3 酸化稳定。

4.2.4　吸附试验

为测定吸附剂的 Cd(Ⅱ)吸附容量,通过用 pH=5.5 和背景离子强度为 0.001 mol/L $NaNO_3$ 的溶液溶解一定质量的 $Cd(NO_3)_2$,制备了初始浓度为 50 mg/L 的 Cd(Ⅱ)工作溶液。然后,将 20 mL 50 mg/L Cd(Ⅱ)工作溶液加入 50 mL Nalgene 螺旋盖玻璃瓶中,该玻璃瓶含有 5 mg 吸附剂,使得吸附剂用量为 0.25 g/L。将吸附剂在 25 ℃和 150 r/min 的往复式振动筛中平衡 24 h。在此期间,分别于 6 h、12 h 和 24 h 测量吸附体系的 pH 值,并通过滴加 NaOH 或 HNO_3 溶液(0.1 mol/L)保持 pH=5.5 恒定。试验结束之后,用注射过滤器(0.22 μm)过滤悬浮液,测量滤液 Cd(Ⅱ)的终止浓度。上述试验重复 3 次。

4.3　结果与讨论

4.3.1　材料物相形貌分析

(1) XRD 物相分析

在老化处理之前(0 h),所有水铁矿/埃洛石杂化物(Fh/HNTs)(HNT 含量 0%、20%、40%、60%、80%)的 XRD 图谱如图 4-2(a)所示。对照样(HNT 含量 0%)明显是二线水铁矿,归因于在 $2\theta=36°$ 和 63°处有两个极宽的衍射峰,这分别代表二线水铁矿的(110)和(300)晶面[187,195]。杂化样(HNT 含量 20%~80%)同时具备水铁矿和埃洛石的特征衍射峰,而且随着黏土含量增加,水铁矿特征衍射峰强度不断减弱,而埃洛石特征衍射峰[在 $2\theta=12°$、20°、24.5°、35°、38°、55°和 62.5°处分别对应于埃洛石的(001)、(100)、(002)、(110)、(003)、(210)和(300)晶面[162]]强度则不断增强。这说明,不同埃洛石含量的 Fh/HNTs 已被成功制备。

Fh/HNTs 经过酸性老化处理后,所获产物的 XRD 图谱如图 4-2(b)所示。从中可以看出,对照样(HNT 含量 0%)已从红棕色转变为亮红色,其 XRD 图谱与赤铁矿 α-Fe_2O_3 的标准图谱(JCPDS No.89-0598)非常一致。杂化样(HNT 含量 20%~80%)同时具备 α-Fe_2O_3 和埃洛石的特征衍射峰,而且随着黏土含量增加,α-Fe_2O_3 特征衍射峰强度不断减弱,而埃洛石特征衍射峰强度不断增加。这说明,经酸性老化处理后,所有 Fh/HNTs(HNT 含量 0%、20%、40%、60%、80%)中的水铁矿已相变成赤铁矿。

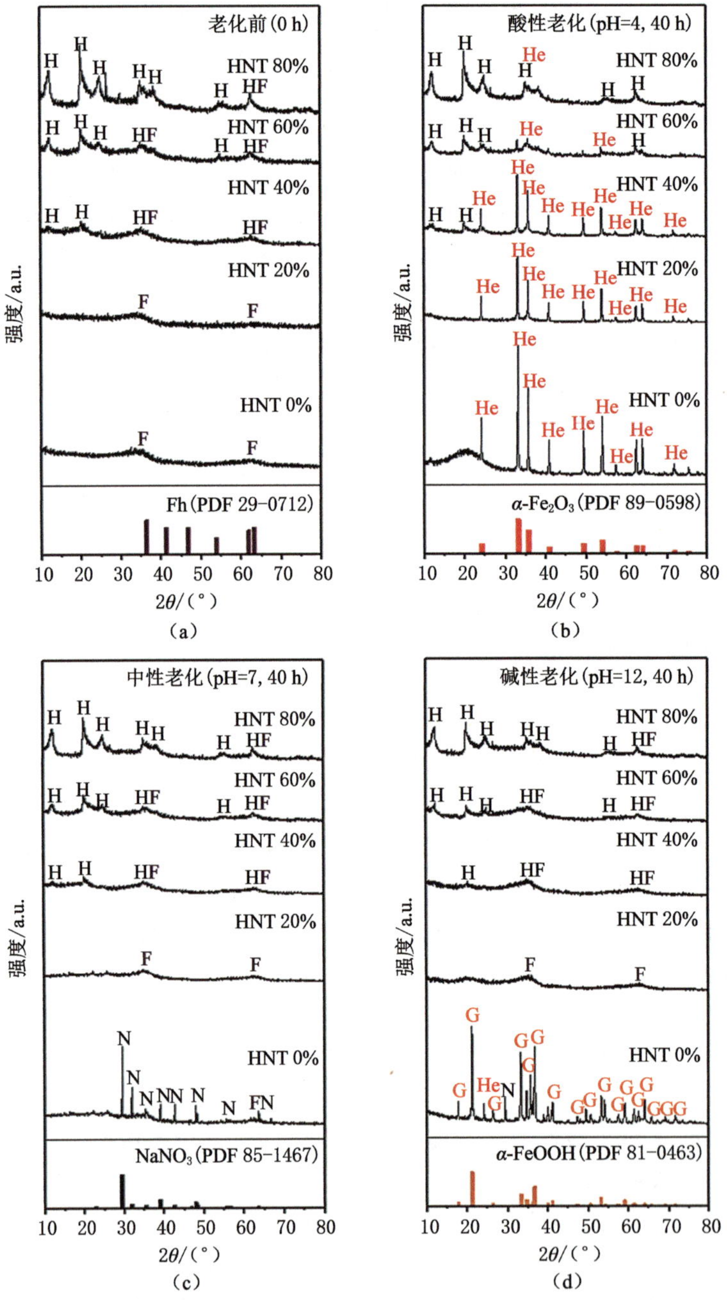

H—埃洛石;F—水铁矿;He—赤铁矿;N—硝酸钠;G—针铁矿。

图 4-2　水铁矿/埃洛石杂化材料(Fh/HNTs)及其酸性老化产物、中性老化产物和碱性老化产物的 XRD 图谱

Fh/HNTs 经过中性老化处理后，所获产物的 XRD 图谱如图 4-2(c)所示。从中可以看出，对照样(HNT 含量 0%)仍维持红棕色，且可检出水铁矿和 $NaNO_3$ 两种物质的特征衍射峰。这里出现的 $NaNO_3$ 应该是由前体溶液中的 Na^+ 和 NO_3^- 反应生成。杂化样(HNT 含量 20%～80%)仍维持与老化处理前基本一致的 XRD 图谱，也即同时具备水铁矿和埃洛石的特征衍射峰。这说明，经中性老化处理后，所有 Fh/HNTs(HNT 含量 0%、20%、40%、60%、80%)中的水铁矿均未发生相变。

Fh/HNTs 经过碱性老化处理后，所获产物的 XRD 图谱如图 4-2(d)所示。从中可以看出，对照样(HNT 含量 0%)已从红棕色转变为黄棕色，其 XRD 图谱与针铁矿 α-FeOOH 的标准图谱(JCPDS No.81-0463)基本一致。杂化样(HNT 含量 20%～80%)仍维持与老化处理前基本一致的 XRD 图谱，也即同时具备水铁矿和埃洛石的特征衍射峰。这说明，经碱性老化处理后，对照样(HNT 含量 0%)纯水铁矿已相变成纯针铁矿，而其他 Fh/HNTs(HNT 含量 20%～80%)材料中的水铁矿均未发生相变。

(2) TEM 形貌分析

老化处理之前(0 h)，水铁矿/埃洛石杂化物(Fh/HNTs)(HNT 含量为 0% 和 40%)的 TEM 形貌如图 4-3(a)所示。

在图 4-3(a)所示电镜照片中，对照样(HNT 含量 0%)呈现为高度聚集的不规则颗粒，粒径约 50 nm，这是纯水铁矿晶体的典型形貌[196]。杂化样(HNT 含量 40%)的埃洛石纳米管表面附着有许多约 5 nm 粒径的不规则晶体颗粒，这些小颗粒应该是水铁矿晶体，正如前面 XRD 物相表征所示。因此，形貌分析也证明了不同埃洛石含量的 Fh/HNTs 已被成功制备。

Fh/HNTs 经过酸性老化处理后，所获产物的 TEM 形貌如图 4-3(b)所示。从中可以看出，对照样(HNT 含量 0%)转变为非常清晰的球形晶体，粒径约 42～185 nm，这是赤铁矿(α-Fe_2O_3)晶体的典型形态[187-188]。杂化样(HNT 含量 40%)的埃洛石纳米管表面附着有许多 4～7 nm 粒径且非常规则的小晶体颗粒，这些晶体颗粒应该是 α-Fe_2O_3 微晶，正如前面 XRD 物相表征所示。因此，形貌分析也证明了经酸性老化处理后，不同埃洛石含量的 Fh/HNTs 中的水铁矿已相变成赤铁矿。

Fh/HNTs 经过中性老化处理后，所获产物的 TEM 形貌如图 4-3(c)所示。对照样(HNT 含量 0%)仍保持类似水铁矿的不规则颗粒形貌，只是这些颗粒的集聚规模变得更大，结合 XRD 结果，这些集聚颗粒中应该含有 $NaNO_3$ 晶粒。杂化样(HNT 含量 40%)的埃洛石纳米管表面仍然附着有许多不规则晶粒，正如前面 XRD 物相表征所示，这些不规则晶粒仍然是水铁矿晶体。因此，形貌分

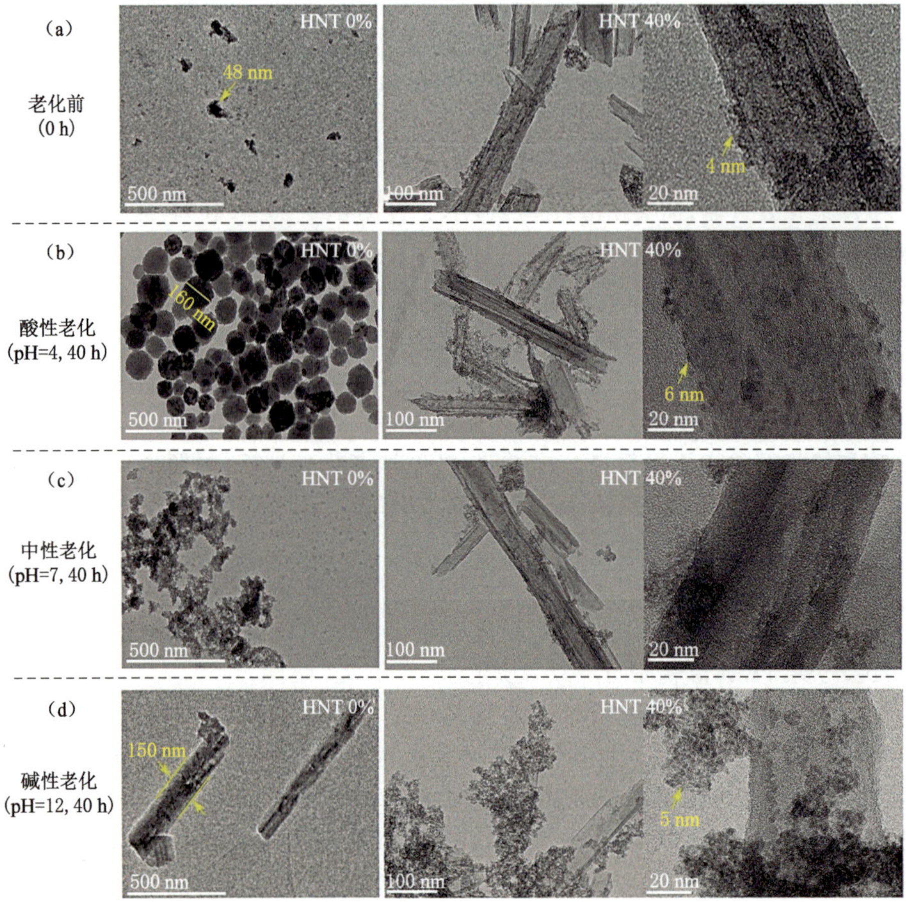

图 4-3　水铁矿/埃洛石杂化材料(Fh/HNTs)及其酸性老化产物、中性老化产物和碱性老化产物的 TEM 表征

析也证明了经中性老化处理后，不同埃洛石含量的 Fh/HNTs 中的水铁矿均未发生相变。

Fh/HNTs 经过碱性老化处理后，所获产物的 TEM 形貌如图 4-3(d)所示。对照样(HNT 含量 0%)转变为非常清晰的板条状晶体，晶体长度和宽度分别约为 600 nm 和 150 nm，这是针铁矿(α-FeOOH)晶体的典型形态[196]。此外，α-FeOOH晶体明显区别于埃洛石纳米管，前者为实心而后者为空心，且前者的单晶宽度一般是后者的 2～3 倍。杂化样(HNT 含量 40%)的埃洛石纳米管表面支撑有大量尺寸均匀的微晶(粒径约 5 nm)团聚体，正如前面 XRD 物相表征所示，这些微晶应该主要是水铁矿。因此，形貌分析也证明了经碱性老化处理后，对照样（HNT 含量 0%）纯水铁矿已相变成纯针铁矿，而其他 Fh/HNTs（HNT 含量 20%～80%）材料中的水铁矿均未发生相变。

(3) FTIR 官能团分析

老化处理前（0 h），所有水铁矿/埃洛石杂化物（Fh/HNTs）（HNT 含量 0%、20%、40%、60%、80%）的 FTIR 光谱如图 4-4(a)所示。对照样（HNT 含量 0%）的特征吸收峰包括 430 cm^{-1} 和 590 cm^{-1}（Fe—O—Fe 晶格拉伸模式）、1 384 cm^{-1}（由反应前体硝酸铁引入的硝酸盐）、1 637 cm^{-1}（吸附 H_2O）和 3 430 cm^{-1}（羟基拉伸），这正是水铁矿的特征吸收峰[197-199]。杂化样（HNT 含量 20%～80%）同时具备水铁矿和埃洛石的特征吸收峰，而且随着黏土含量增加，水铁矿特征吸收峰强度不断减弱，而埃洛石特征吸收峰（754 cm^{-1} 处的 Si—O—Al伸缩振动，796 cm^{-1} 处的 Si—O—Si 伸缩振动，1 031 cm^{-1} 和 1 114 cm^{-1} 处的 Si—O 伸缩振动，913 cm^{-1}、3 621 cm^{-1} 和 3 698 cm^{-1} 处的 Al—OH 伸缩振动[163-165]）强度则不断增强。这再次验证了不同埃洛石含量的 Fh/HNTs 已被成功制备。

Fh/HNTs 经过酸性老化处理后，所获产物的 FTIR 光谱如图 4-4(b)所示。对照样（HNT 含量 0%）出现两个非常显著的吸收峰，分别位于 585 cm^{-1} 和 475 cm^{-1} 处，这恰好与赤铁矿（α-Fe_2O_3）的 Fe—O 键拉伸和弯曲模式相对应[200]。杂化样（HNT 含量 20%～80%）同时具备 α-Fe_2O_3 和埃洛石的特征吸收峰，而且随着黏土含量增加，α-Fe_2O_3 特征吸收峰强度不断减弱，而埃洛石特征吸收峰强度不断增加。这再次验证了经酸性老化处理后，所有 Fh/HNTs（HNT 含量 0%、20%、40%、60%、80%）中的水铁矿已相变成赤铁矿。

Fh/HNTs 经过中性老化处理后，所获产物的 FTIR 光谱如图 4-4(c)所示。对照样（HNT 含量 0%）仍维持水铁矿特征吸附峰。有所不同的是，吸收峰 3 430 cm^{-1}（指示自由羟基）已明显减弱，且吸收峰 430 cm^{-1} 和 590 cm^{-1}（指示 Fe—O—Fe 晶格拉伸模式）已略有增强。这暗示水铁矿已有相变迹象，但尚未发生质变。杂化样（HNT 含量 20%～80%）仍维持与老化处理前基本一致的 FTIR 光谱，也即同时具备水铁矿和埃洛石的特征吸收峰。这再次验证了经中性老化处理后，所有 Fh/HNTs（HNT 含量 0%、20%、40%、60%、80%）中的水铁矿均未发生相变。

Fh/HNTs 经过碱性老化处理后，所获产物的 FTIR 光谱如图 4-4(d)所示。对照样（HNT 含量 0%）出现两个非常显著的吸收峰，分别位于 789 cm^{-1} 和 880 cm^{-1}，这恰好与针铁矿（α-FeOOH）的 Fe—OH—Fe 表面羟基弯曲相对应[201]。此外，在 3 100 cm^{-1} 处也出现一个非常显著的吸收峰，这与 α-FeOOH

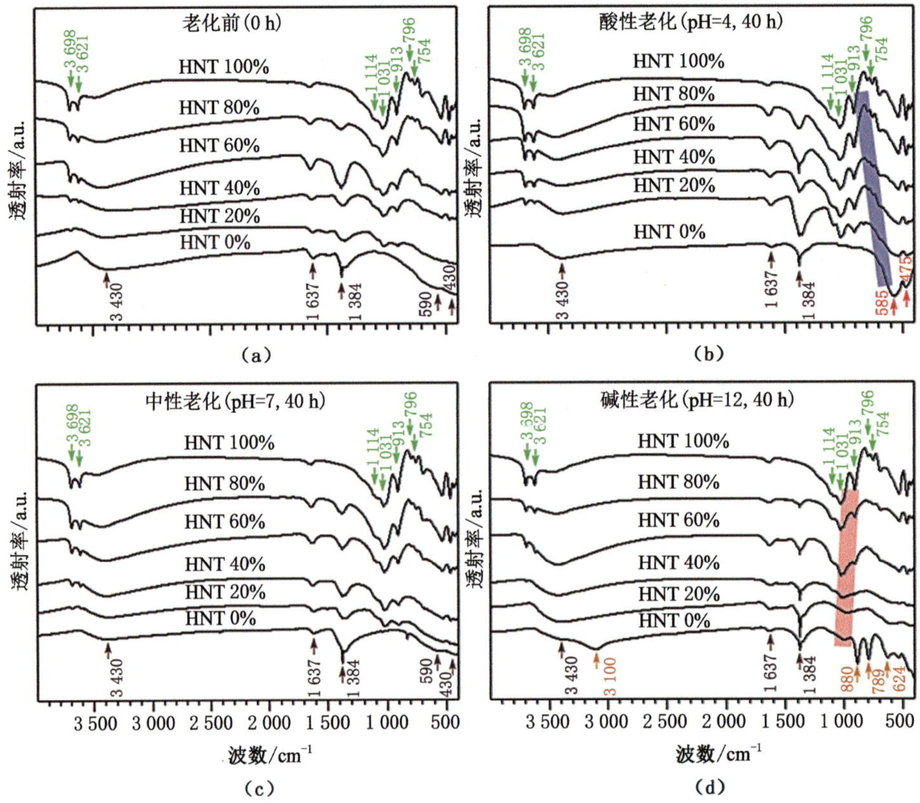

图 4-4　水铁矿/埃洛石杂化材料(Fh/HNTs)及其酸性老化产物、中性老化产物和碱性老化产物的 FTIR 表征

晶体的自由羟基拉伸相对应[202]。杂化样(HNT 含量 20%～80%)仍维持与老化处理前基本一致的 FTIR 光谱，也即同时具备水铁矿和埃洛石的特征吸收峰。这再次验证了经碱性老化处理后，对照样(HNT 含量 0%)纯水铁矿已相变成纯针铁矿，而其他 Fh/HNTs(HNT 含量 20%～80%)材料中的水铁矿均未发生相变。

综合以上 XRD、TEM 和 FTIR 表征分析和相互印证，可在材料的物相方面得出如下结果：不同埃洛石含量的水铁矿/埃洛石杂化材料(Fh/HNTs)(HNT 含量 0%、20%、40%、60%、80%)已被成功制备；经酸性老化处理后，所有 Fh/HNTs 中的水铁矿组分均已相变为赤铁矿；经中性老化处理后，所有 Fh/HNTs 中的水铁矿组分均未发生相变；经碱性老化处理后，对照样(HNT 含量 0%)的纯水铁矿已相变为纯针铁矿，而杂化样(HNT 含量 20%～80%)中的水铁矿组分则未发生相变。考虑到黏土矿物可因酸溶而释放 Al^{3+}，因碱溶而释放 Si^{4+}，从而在本研究中发生元素掺杂的可能性很大。为此，接下来进一步用 XPS 和 TEM/EDS 对材料开展元素掺杂分析。

4.3.2　材料元素结合态分析

(1) XPS 全谱元素分析

在老化处理之前(0 h)，所有水铁矿/埃洛石杂化物(Fh/HNTs)(HNT 含量 0%、20%、40%、60%、80%)的 XPS 全谱如图 4-5(a)所示。对照样(HNT 含量 0%)仅含 O(533 eV)和 Fe(713 eV)两种元素，这与纯水铁矿的元素组成相符。杂化样(HNT 含量 20%～80%)则含有 Fe(713 eV)、O(533 eV)、Si(104 eV)和 Al(76 eV)等四种元素，其中的 Si 和 Al 元素与埃洛石的铝硅酸盐成分相符。

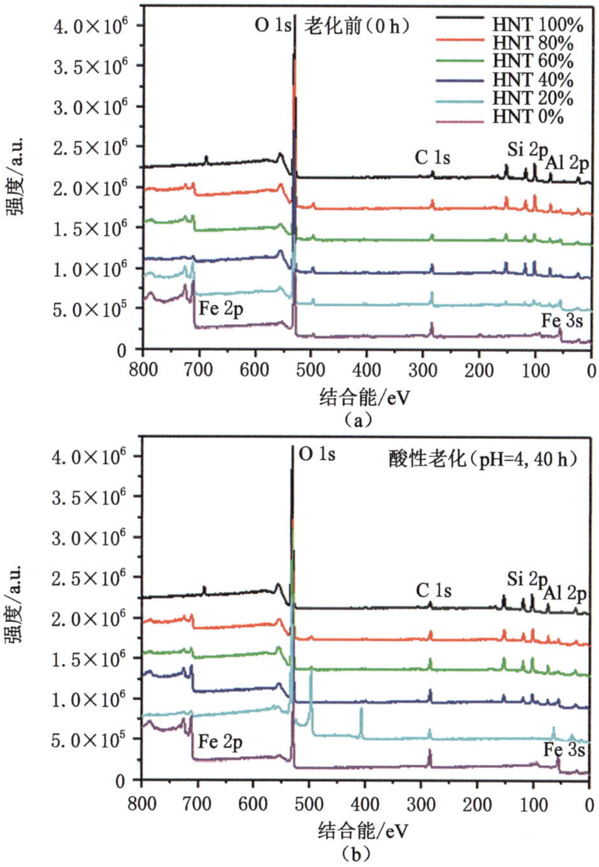

图 4-5　水铁矿/埃洛石杂化材料(Fh/HNTs)及其酸性老化产物、中性老化产物和碱性老化产物的 XPS 表征

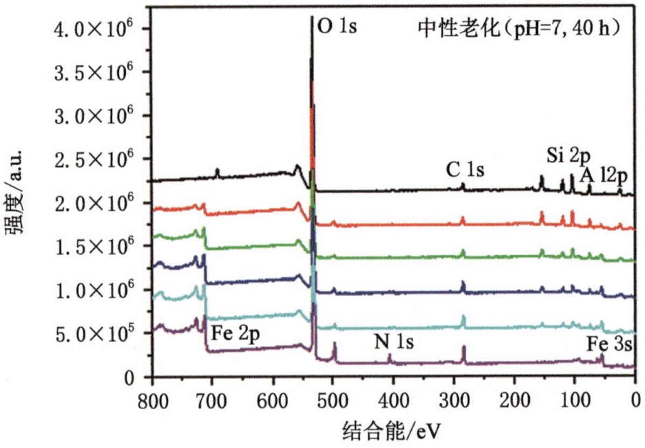

(c)

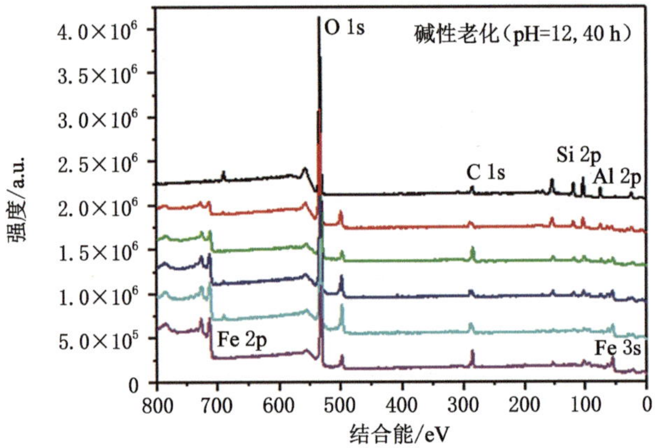

(d)

图 4-5 (续)

Fh/HNTs 经过酸性、中性和碱性老化处理后,所获产物的 XPS 全谱分别如图 4-5(b)~(d)所示。从中可以看出,所有老化产物在元素组成上并没有发生变化,也并未引入其他额外的杂质元素,也即对照样(HNT 含量 0%)仍然仅含 O、Fe 两种元素,而杂化样(HNT 含量 20%~80%)则仍由 Fe、O、Si 和 Al 等四种元素构成。比较特殊的是,中性老化产物的对照样(HNT 含量 0%)中含有较高量的 N(408 eV)元素[图 4-5(c)],这与 XRD 检出 $NaNO_3$ 晶体衍射峰相对应。为了解 Fe、Si 和 Al 元素在材料中的彼此掺杂状态,需要进一步对 XPS 的 Fe 2p 区和 O 1s 区高分辨能谱进行深入分析。

(2) XPS 的 Fe 2p 区高分辨能谱分析

老化处理前(0 h)，所有水铁矿/埃洛石杂化物(Fh/HNTs)(HNT 含量 0%、20%、40%、60%、80%)的 Fe 2p 区高分辨能谱如图 4-6(a)所示。对照样(HNT 含量 0%)的 Fe $2p_{3/2}$ 和 Fe $2p_{1/2}$ 能谱峰值分别位于 711.98 eV 和 725.48 eV 结合能位置，这是 Fe 元素的常规结合能值[195]。杂化样(HNT 含量 20%～80%)的 Fe $2p_{3/2}$ 和 Fe $2p_{1/2}$ 能谱峰值未发生位移，仍分别位于 711.98 eV 和 725.48 eV结合能位置。

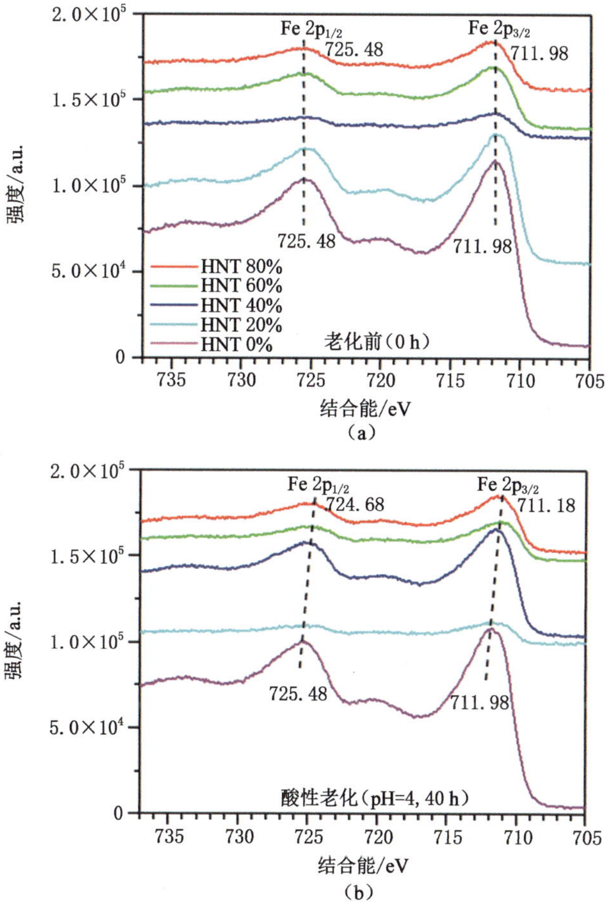

图 4-6　水铁矿/埃洛石杂化材料(Fh/HNTs)及其酸性老化产物、中性老化产物和碱性老化产物的 XPS Fe 2p 区能谱分析

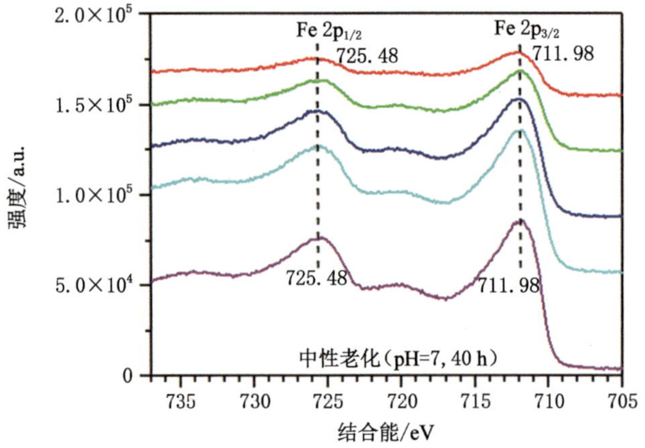

(c)

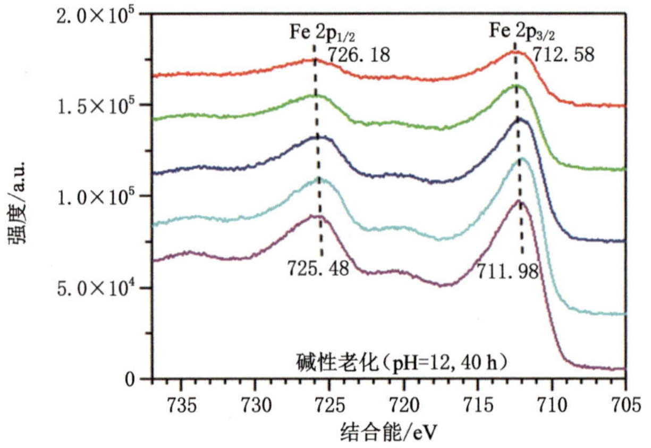

(d)

图 4-6 (续)

Fh/HNTs 经过酸性老化处理后，所获产物的 Fe 2p 区高分辨能谱如图 4-6(b)所示。对照样(HNT 含量 0%)的 Fe $2p_{3/2}$ 和 Fe $2p_{1/2}$ 能谱峰值仍保持于 711.98 eV 和 725.48 eV 结合能位置。然而，杂化样(HNT 含量 20%～80%)的 Fe $2p_{3/2}$ 和 Fe $2p_{1/2}$ 能谱峰值则发生了明显位移，也即随黏土含量增加明显向低能态偏移，Fe $2p_{3/2}$ 能谱峰值从 711.98 eV 降至 711.18 eV，Fe $2p_{1/2}$ 能谱峰值从 725.48 eV 降至 724.68 eV。这种 Fe 2p 能谱峰值偏移现象可用 Al 元素掺杂来解释。酸蚀刻埃洛石释放 Al^{3+}，Al^{3+} 掺杂到铁氧化物晶体中，导致 Fe—O—Al 对的出现。Al 的电负性($\chi_{Fe}=1.60$)低于 Fe 的电负性($\chi_{Fe}=1.83$)[195]。与 Fe—O—Fe 对

相比，Fe—O—Al 对中 Fe 周围的电子密度增大。这导致 Al—O 对具有更多的离子键特征，而 Fe—O 对具有更多的共价键特征[203-205]。所以，最终导致酸性老化产物的 Fe 2p 能谱峰值向低能态偏移。实际上，Fe—O—Al 对在 FTIR 光谱中也可以找到证据，其中的 913～585 cm^{-1}（蓝色区域）[图 4-4(b)]可归因于 Fe—O—Al 的振动[206]。

Fh/HNTs 经过中性老化处理后，所获产物的 Fe 2p 区高分辨能谱如图 4-6(c)所示。经中性老化处理后，对照样（HNT 含量为 0%）和杂化样（HNT 含量 20%～80%）的 Fe $2p_{3/2}$ 和 Fe $2p_{1/2}$ 能谱峰值均保持不变，仍分别位于 711.98 eV 和 725.48 eV 结合能位置。这说明，Fh/HNTs（HNT 含量 20%～80%）中性老化产物中的 Fe 元素并未与其他元素（如源自埃洛石黏土的 Si、Al）发生掺杂性键合。

Fh/HNTs 经过碱性老化处理后，所获产物的 Fe 2p 区高分辨能谱如图 4-6(d)所示。经碱性老化处理后，对照样（HNT 含量 0%）的 Fe $2p_{3/2}$ 和 Fe $2p_{1/2}$ 能谱峰值保持不变，仍保持于 711.98 eV 和 725.48 eV 结合能位置。然而，杂化样（HNT 含量 20%～80%）的 Fe $2p_{3/2}$ 和 Fe $2p_{1/2}$ 能谱峰值则发生明显位移，也即随黏土含量增加明显向高能态偏移，Fe $2p_{3/2}$ 能谱峰值从 711.98 eV 升至 712.58 eV，Fe $2p_{1/2}$ 能谱峰值从 725.48 eV 升至 726.18 eV。这种 Fe 2p 能谱峰值偏移现象可以用 Si 元素掺杂来解释。碱蚀刻埃洛石释放 Si^{4+}，Si^{4+} 掺杂到铁氧化物晶体中，导致 Fe—O—Si 对的出现。Si 的电负性（$\chi_{Si}=1.90$）高于 Fe 的电负性（$\chi_{Fe}=1.83$）。与 Fe—O—Fe 对相比，Fe—O—Si 对中 Fe 周围的电子密度下降。这导致 Si—O 对具有更多的共价键特征，而 Fe—O 对具有更多的离子键特征[203,205,207]。所以，最终导致碱性老化产物的 Fe 2p 能谱峰值向高能态偏移。实际上，Fe—O—Si 对在 FTIR 光谱中也可以找到证据，其中的 910～1 050 cm^{-1}（红色区域）[图 4-4(d)]可归因于 Fe—O—Si 的振动[206]。

有鉴于酸性老化产物和碱性老化产物中发生了不同程度的元素掺杂现象，下面进一步对其开展 O 1s 区高分辨能谱分析和 TEM/EDS 元素分布分析。

(3) XPS 的 O 1s 区高分辨能谱分析

Fh/HNTs 经过酸性老化处理后，所获产物的 O 1s 区高分辨能谱如图 4-7(a)所示。对照样（HNT 含量 0%）的 O 1s 区，由位于 532.4 eV、530.81 eV 和 528.8 eV 结合能位置的三个叠置峰组成，这些能谱峰可分别指定给 H_2O、Fe—OH 和 Fe—O—Fe[159]。纯埃洛石的 O 1s 能谱可分为 Si—O—Si(533.5 eV)、Si—OH(533.0 eV) 和 Al—OH(531.5 eV) 等三个叠置峰[206,208-209]。杂化样（HNT 含量 20%～80%）的 O 1s 区能谱峰值介于对照样（HNT 含量为 0%）和纯埃洛石（HNT 含量为 100%）之间，且呈现随黏土含量增加而向高能态转移的态势。进一步对杂化物(HNT 含量 20%～80%)的 O 1s 区能谱进行分峰,可出现一个结合能大致位于 531.7 eV 的新峰,此峰可指定给 Fe—O—Al。这验证了 Fh/HNTs 杂化样的酸性老化产物中发生了 Al 掺杂现象。

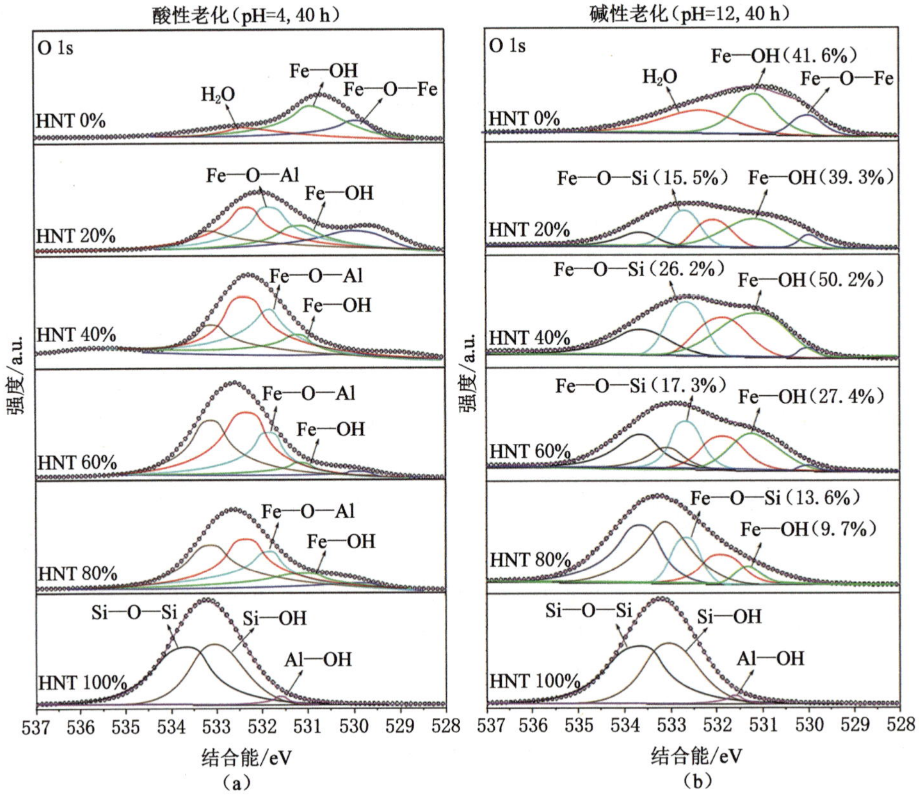

图 4-7 水铁矿/埃洛石杂化物(Fh/HNTs)的酸性和碱性老化产物的 XPS O 1s 区能谱分析

Fh/HNTs 经过碱性老化处理后,所获产物的 O 1s 区高分辨能谱如图 4-7(b)所示。对照样(HNT 含量为 0%)的 O 1s 区,由位于 532.35 eV、531.2 eV 和 530.0 eV 结合能位置的三个叠置峰组成,这些能谱峰可分别指定给 H_2O、Fe—OH 和 Fe—O—Fe[159]。杂化样(HNT 含量 20%～80%)的 O 1s 区能谱峰值介于对照样(HNT 含量为 0%)和纯埃洛石(HNT 含量为 100%)之间,且呈现随黏土含量增加而向高能态转移的态势。进一步对杂化物(HNT 含量 20%～80%)的 O 1s 区能谱进行分峰,可出现一个结合能大致位于 532.5 eV 的新峰,此峰可指定给 Fe—O—Si。这验证了 Fh/HNTs 杂化样的碱性老化产物中发生了 Si 掺杂现象。

(4) TEM/EDS 元素分布分析

以埃洛石含量 40%的水铁矿/埃洛石杂化物(Fh/HNTs)为代表,对其酸性和碱性老化产物进行 TEM/EDS 元素分布分析。从中可以看到,其酸性老化产物中明显掺杂有 Al 元素[图 4-8(a)],而其碱性老化产物中明显掺杂有 Si 元素[图 4-8(b)]。这再次验证了 Fh/HNTs 杂化样的酸性老化产物中发生了 Al 掺杂现象,而其碱性老化产物中发生了 Si 掺杂现象。

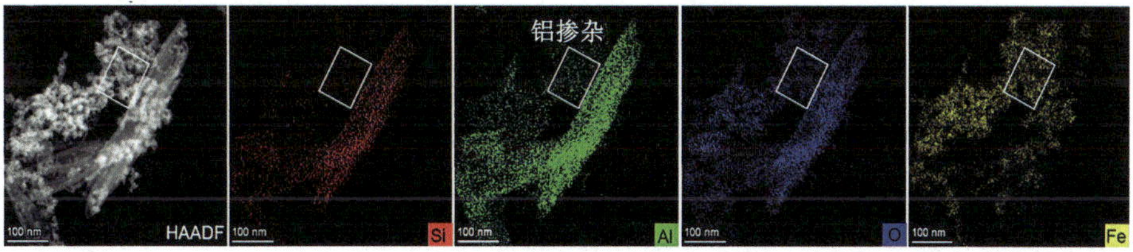

(a) 酸性老化(pH=4, 40 h)

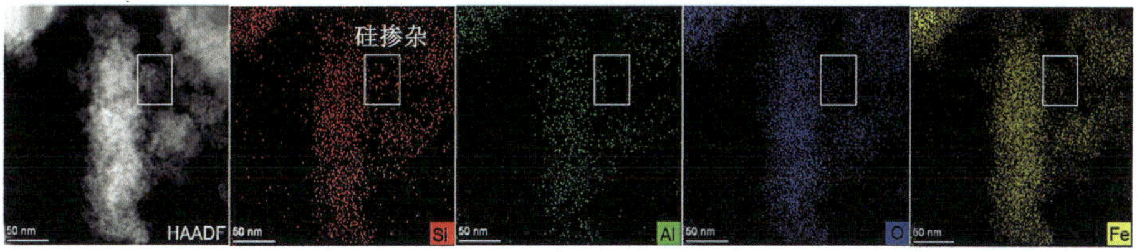

(b) 碱性老化(pH=12, 40 h)

图 4-8　水铁矿/埃洛石杂化材料(Fh/HNTs)(埃洛石含量为 40%)的酸性老化产物和碱性老化产物的 TEM/EDS 元素分布分析

综合以上 XPS 全谱、Fe 2p 区和 O 1s 区高分辨能谱以及 TEM/EDS 表征分析和相互印证,可从元素组成和元素结合态方面对各种产物得出如下分析结果:所有 Fh/HNTs(HNT 含量 0%、20%、40%、60%、80%)中并未引入其他额外的杂质元素。其中,对照样中仅含 Fe 和 O 两种元素,而杂化物中则仅含有 Fe、O、Si 和 Al 等四种元素;经过酸性老化处理,Fh/HNTs(HNT 含量 20%~80%)的铁相中发生了 Al 掺杂现象;经过中性老化处理,Fh/HNTs(HNT 含量 20%~80%)的铁相并未与其他元素(如源自埃洛石黏土的 Si、Al)发生掺杂性键合;经过碱性老化处理,Fh/HNTs(HNT 含量 20%~80%)的铁相中发生了 Si 掺杂现象。

4.3.3 材料表面特性分析

(1) N_2 吸附-脱附分析

老化处理之前(0 h),所有水铁矿/埃洛石杂化物(Fh/HNTs)(HNT 含量 0%、20%、40%、60%、80%)的 N_2 吸附-脱附等温线如图 4-9(a)所示。根据 IUPAC 分类[173],它们的等温线都可被归类为具有 H3 介孔滞回线的Ⅳ型等温线。相较于对照样(HNT 含量 0%),杂化样(HNT 含量 20%~80%)的介孔滞回线面积更大,这与其所含埃洛石纳米管的介孔管腔相对应。相较于杂化样(HNT 含量20%~80%),对照样(HNT 含量 0%)在低压($p/p_0<0.1$)区 N_2 吸附量增幅更为显著,这与纯水铁矿 Fh 具有丰富微孔相对应[196]。

Fh/HNTs 经过酸性、中性和碱性老化处理后,所获产物的 N_2 吸附-脱附等温线分别如图 4-9(b)~(d)所示。从中可以看出,所有老化产物均遵循具有介孔滞回线的Ⅳ型等温线。与老化前相比,对照样(HNT 含量 0%)老化产物在低压($p/p_0<0.1$)区 N_2 吸附量增幅明显减弱。这表明经老化处理后,纯水铁矿的结晶度大幅增加,进而可能导致微孔数量减少[187]。

(2) 孔径、孔容和比表面积的 BET 计算

用 BET 公式对 N_2 吸附-脱附曲线进行计算处理,得出所有水铁矿/埃洛石杂化物(Fh/HNTs)在老化前后的孔径、孔容和比表面积数据,汇总于图 4-10(a)~(c),并详细阐述如下。

首先分析孔径数据。对照样(HNT 含量 0%)在老化处理前的平均孔径为 2.3 nm,而在酸性、中性和碱性老化处理后的平均孔径则分别升高到 5.6 nm、2.9 nm和 7.0 nm。这与水铁矿经酸性、中性、碱性老化处理后分别转变为结晶度更好的 α-Fe_2O_3、大尺寸水铁矿团聚体和 α-FeOOH 相呼应。杂化物(HNT 含量 20%~80%)在老化处理前后的孔径,一直保持处于 3~10 nm 介孔范围内,同时总是保持随黏土含量增加而孔径升高的规律。此外,其碱性老化产物的孔径值普遍高于酸性老化产物和中性老化产物。

其次分析孔容数据。对照样(HNT 含量 0%)在老化处理前的孔容为 0.178 cm^3/g,而在酸性、中性和碱性老化处理后的孔容则分别大幅下降至 0.066 cm^3/g、0.036 cm^3/g 和 0.056 cm^3/g。这同样也与水铁矿经酸性、中性、碱性老化处理后分别转变为结晶度更好的 α-Fe_2O_3、大尺寸水铁矿团聚体和 α-FeOOH 相呼应。杂化物(HNT 含量 20%~80%)老化处理前后的孔容,总是保持随黏土含量增加而呈现先增加后减少的趋势。此外,其碱性老化产物的孔容值普遍高于酸性老化产物和中性老化产物。

最后分析比表面积(SSA_{BET})数据。对照样(HNT 含量 0%)在老化处理前

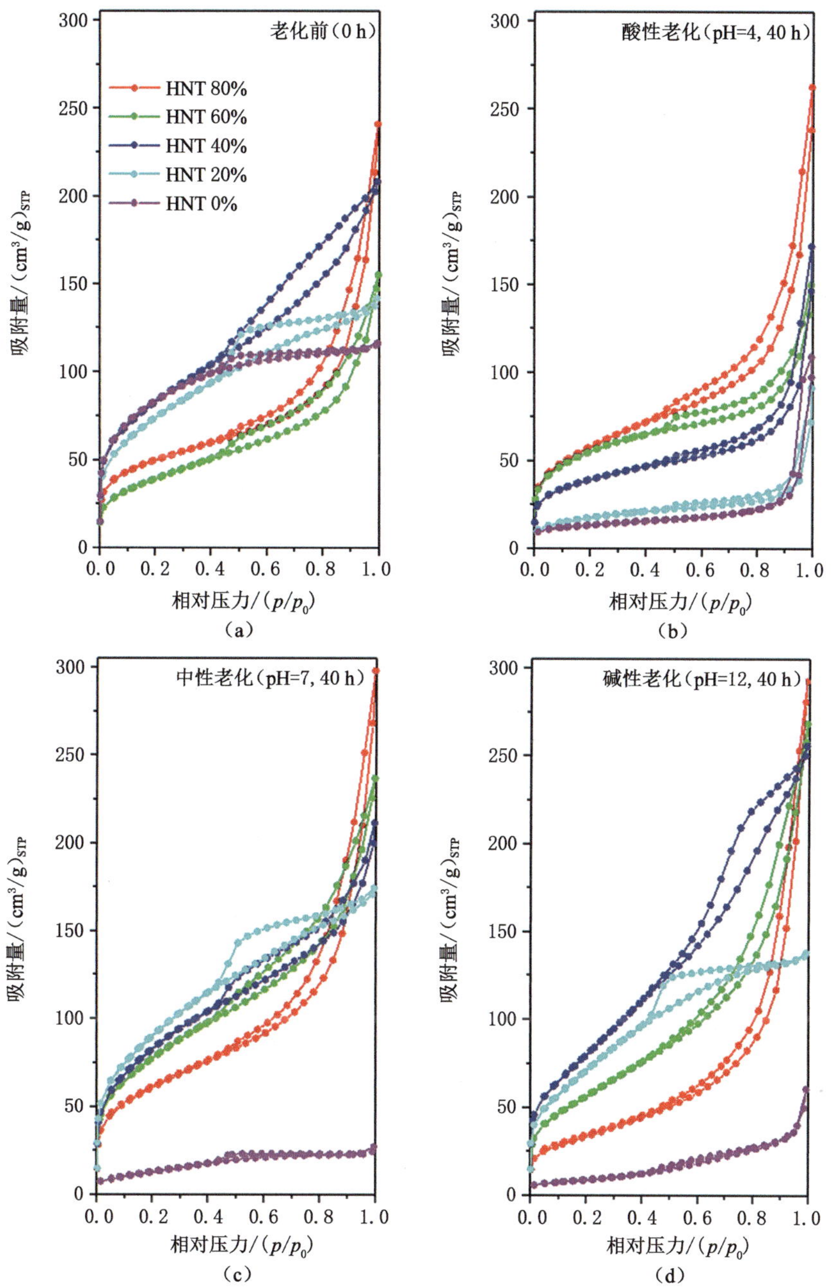

图 4-9　水铁矿/埃洛石杂化材料(Fh/HNTs)及其酸性老化产物、中性老化产物和碱性老化产物的 N_2 吸附-脱附等温线

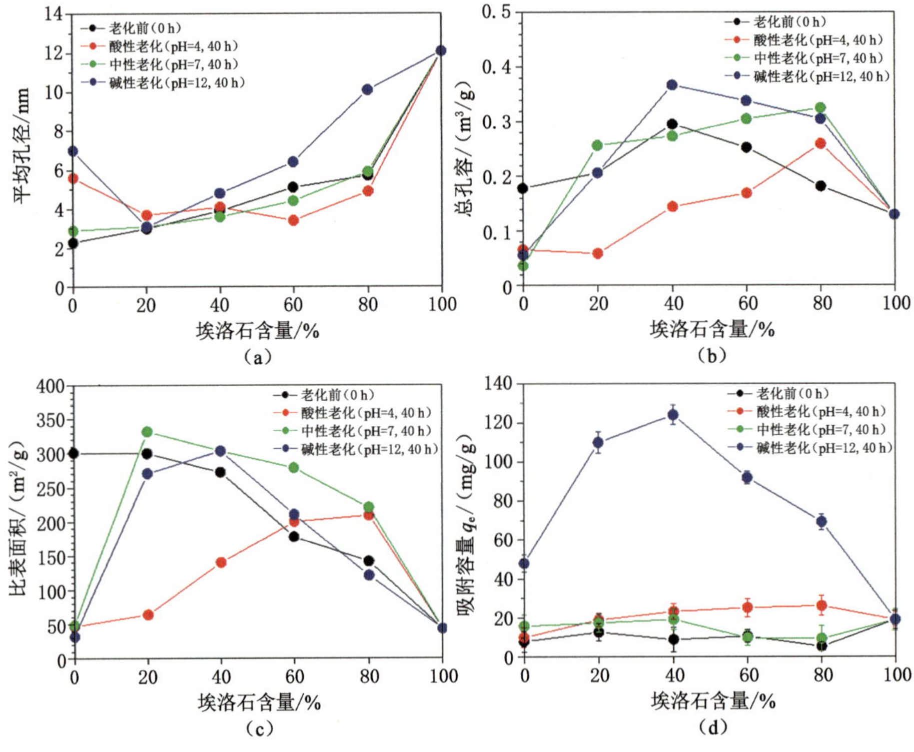

图 4-10 水铁矿/埃洛石杂化材料(Fh/HNTs)在老化处理前后的平均孔径、总孔容、比表面积和 Cd(Ⅱ)吸附容量

(pH=5.5,T=25 ℃,初始 Cd 浓度 50 mg/L,离子强度 0.001 mol/L,吸附剂用量 0.25 g/L)

的 SSA_{BET} 值为 300.9 cm^2/g,而在酸性、中性和碱性老化处理后的 SSA_{BET} 值则分别大幅降低到 46.9 cm^2/g、48.6 cm^2/g 和 31.9 cm^2/g。这与水铁矿经酸性、中性、碱性老化处理后分别转变为结晶度更好的 α-Fe_2O_3、大尺寸水铁矿团聚体和 α-FeOOH 相呼应。杂化物(HNT 含量 20%~80%)在酸性、中性、碱性老化处理后的 SSA_{BET} 值,基本上总是保持随黏土含量增加而呈现先增加后减少的趋势,这反映了存在最佳黏土掺杂量的本质。此外,杂化物(HNT 含量 20%~80%)酸性、中性、碱性老化产物的最大 SSA_{BET} 值分别达到了 209.2 cm^2/g、331.9 cm^2/g 和 303.4 cm^2/g,这远高于纯铁氧化物(如 α-Fe_2O_3 的 SSA_{BET} = 46.9 cm^2/g;α-FeOOH 的 SSA_{BET} = 31.9 cm^2/g),也远高于埃洛石(埃洛石原矿的 SSA_{BET} =42.8 m^2/g,活化埃洛石的 SSA_{BET} =116.9 m^2/g)。这反映了铁氧化物与埃洛石纳米管杂化对比表面积提升的显著功效。

总之，水铁矿/埃洛石杂化物(Fh/HNTs)的对照样(HNT 含量 0%)经老化处理后，其平均孔径增大，孔容和比表面积(SSA_{BET})均降低，这与纯水铁矿经酸性、中性、碱性老化处理后分别转变为结晶度更好的 α-Fe_2O_3、大尺寸水铁矿团聚体和 α-FeOOH 相呼应。Fh/HNTs 的杂化样(HNT 含量 20%～80%)经老化处理后，随着杂化样中黏土含量的增加，孔容略微呈现出先减少后增加的趋势，而孔容和比表面积(SSA_{BET})则明显呈现出先增加后减少的趋势，反映了存在最佳黏土掺杂量的本质。

4.3.4　材料吸附性能分析

所有水铁矿/埃洛石杂化材料(Fh/HNTs)(HNT 含量 0%、20%、40%、60%、80%)在老化处理前后的 Cd(Ⅱ)吸附容量 q_e，如图 4-10(d)所示。从中可以看出，老化处理前(0 h)，所有 Fh/HNTs(HNT 含量 0%～80%)的 Cd(Ⅱ)吸附容量 q_e 值均很低，且都低于 13 mg/g。就所有 Fh/HNTs(HNT 含量 0%～80%)的酸性老化产物而言，其 Cd(Ⅱ)吸附容量 q_e 值依然保持很低，且都低于 27 mg/g。类似的，就所有 Fh/HNTs(HNT 含量 0%～80%)的中性老化产物而言，其 Cd(Ⅱ)吸附容量 q_e 值也依然保持很低，且都低于 20 mg/g。

然而，就所有 Fh/HNTs(HNT 含量 0%～80%)的碱性老化产物而言，其 Cd(Ⅱ)吸附容量 q_e 值均大幅提高。其中，对照样(HNT 含量 0%)碱性老化产物的 Cd(Ⅱ)吸附容量 q_e 从老化前的 7.9 mg/g 提高到碱性老化后的 47.9 mg/g，这与其从纯水铁矿转变为纯针铁矿相呼应。杂化样(HNT 含量 0%～80%)碱性老化产物的 Cd(Ⅱ)吸附容量 q_e 值明显呈现出随黏土含量增加而先升后降的趋势，并在黏土含量为 40%时达到最高的 q_e 值 120.1 mg/g。

4.3.5　老化水铁矿所制备三种 Fe_xO_y 改性埃洛石纳米管的综合定性

本研究对照样(埃洛石含量 0%)相关试验结果，很好地体现了 Fe_xO_y 的两个特性：① 种类多；② 水铁矿易制备且易相变[图 4-11(a)]。在试验中，将 Fe^{3+} 在 NaOH 溶液中(OH^- 和 Fe^{3+} 的摩尔比率大于 3)强制水解，立即生成了红棕色的纯水铁矿。而后，纯水铁矿经过酸性水热(pH＝4，98 ℃，40 h)老化处理而相变为纯赤铁矿(α-Fe_2O_3)。结合相关文献可知，在此的纯水铁矿晶体应该是在酸性条件下通过“脱水-缩合”而相变为结晶度和稳定度更高的 α-Fe_2O_3[193]。此外，在试验中，纯水铁矿经过中性水热(pH＝7，98 ℃，40 h)老化处理后，未发生相变。这有别于以前的相关报道，也即水铁矿在中性老化条件下会相变为 α-Fe_2O_3[193]。究其原因，老化时间短暂应该是导致这种差别出现的原因。本研究老化时间仅 40 h，而相关报道的老化时间为几周到几月[193]。另外，在试验中，纯水铁矿经过碱性水热（pH＝12，98 ℃，40 h）老化处理而相变为纯针铁矿（α-FeOOH）。结合相关文献可知，在此的纯水铁矿应该在碱性条件下通过“溶解-晶体重构”而相变为结晶度和稳定度更高的 α-FeOOH[192,194,196,210]。

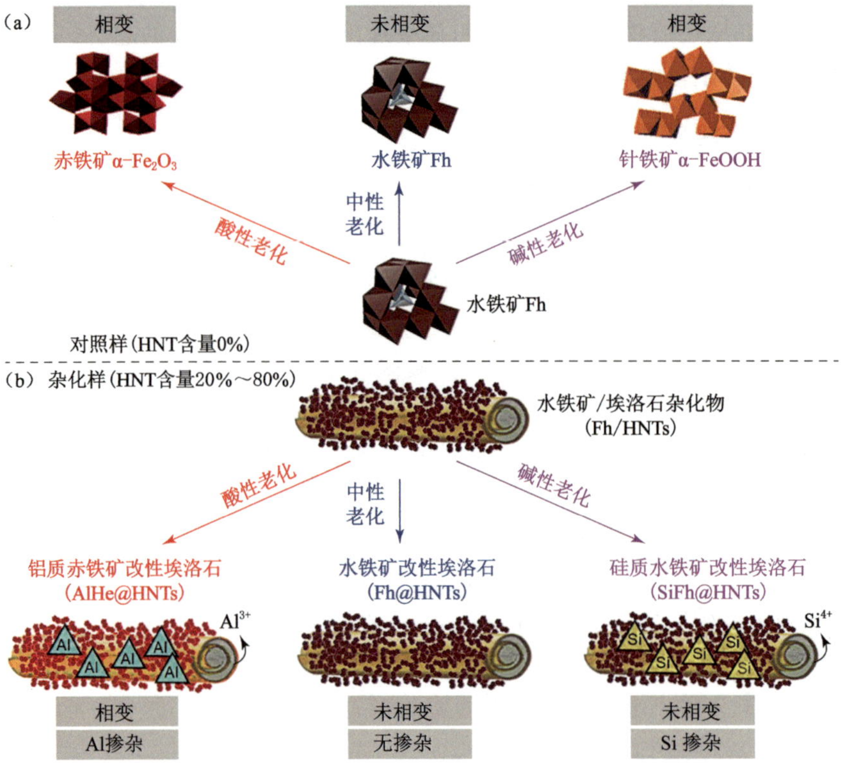

图 4-11　纯水铁矿和水铁矿/埃洛石杂化材料 Fh/HNTs 经酸性、中性和碱性老化处理后所发生的相变或元素掺杂现象及其产物

本研究杂化样 Fh/HNTs（埃洛石含量 20%～80%）相关试验结果表明，黏土矿物的存在有时会通过提供掺杂元素来抑制水铁矿的相变[图 4-11(b)]。具体而言，杂化样 Fh/HNTs 经过酸性水热（pH＝4，98 ℃，40 h）老化处理应该涉及如下两个过程：① 附着在埃洛石纳米管表面的水铁矿相变为 α-Fe_2O_3；② 埃洛石纳米管因酸性脱铝而释放 Al^{3+}，Al^{3+} 进一步掺杂到 α-Fe_2O_3 晶体中，这个掺杂虽然可形成 Fe—O—Al 对，但并不会抑制水铁矿向 α-Fe_2O_3 的相变，从而最终得到产物 AlHe@HNTs。此外，在试验中，杂化样 Fh/HNTs 经过中性水

热(pH=7,98 ℃,40 h)老化条件处理后,附着在埃洛石纳米管表面的水铁矿未发生相变,这可能与老化时间短暂(仅 40 h)有关。然而,TEM 照片表明此时水铁矿颗粒的集聚规模明显变得更大,从而在此可暂时将其标记为Fh@HNTs。另外,在试验中,杂化样 Fh/HNTs 经过碱性水热(pH=12,98 ℃,40 h)老化处理应该涉及如下两个过程:① 埃洛石纳米管因碱性脱硅而释放 SiO_4^{4-};② SiO_4^{4-} 掺杂到水铁矿晶体中。这个 SiO_4^{4-} 掺杂会在水铁矿晶体表面生成内层络合 $(\equiv FeO)_2Si(OH)_2$,对水铁矿向针铁矿(α-FeOOH)的相变产生强烈抑制作用[206,211-215],从而最终得到产物 SiFh@HNTs。

综合以上分析讨论,可知本研究通过在酸性、中性和碱性条件下对水铁矿/埃洛石杂化物(Fh/HNTs)(HNT 含量 20%~80%)的老化稳定处理,可分别获得铝质赤铁矿改性埃洛石(AlHe@HNTs)、水铁矿改性埃洛石(Fh@HNTs)和硅质水铁矿改性埃洛石(SiFh@HNTs)等三种不同的 Fe_xO_y 改性埃洛石纳米管。根据材料制备过程中所使用的埃洛石掺杂百分比,可将所获得的 Fe_xO_y 改性埃洛石纳米管具体赋名于表 4-1。

表 4-1　所制备三种 Fe_xO_y 改性埃洛石纳米管的赋名

老化前	老化水铁矿所制备的 Fe_xO_y 改性埃洛石纳米管		
	酸性老化	中性老化	碱性老化
对照样(埃洛石含量 0%)	赤铁矿(α-Fe_2O_3)	水铁矿(Fh)	针铁矿(α-FeOOH)
杂化物 Fh/HNTs(埃洛石含量 20%)	AlHe@HNT_{20}①	Fh@HNT_{20}	SiFh@HNT_{20}②
杂化物 Fh/HNTs(埃洛石含量 40%)	AlHe@HNT_{40}	Fh@HNT_{40}	SiFh@HNT_{40}
杂化物 Fh/HNTs(埃洛石含量 60%)	AlHe@HNT_{60}	Fh@HNT_{60}	SiFh@HNT_{60}
杂化物 Fh/HNTs(埃洛石含量 80%)	AlHe@HNT_{80}	Fh@HNT_{80}	SiFh@HNT_{80}

注:① Al—铝,He—赤铁矿(hematite);② Si—硅,Fh—水铁矿(ferrihydrite)。

4.3.6　硅质水铁矿改性埃洛石 SiFh@HNTs 的 Cd(Ⅱ)吸附机理

在本研究所制备的三种 Fe_xO_y 改性埃洛石纳米管中,硅质水铁矿改性埃洛石(SiFh@HNTs)表现出很好的 Cd(Ⅱ)吸附性能,其 Cd(Ⅱ)吸附容量 q_e 的最大值可达 120.1 mg/g,可将埃洛石的吸附性能提升约 60 倍。相比较而言,同期所制备的铝质赤铁矿改性埃洛石(AlHe@HNTs)和水铁矿改性埃洛石(Fh@HNTs)的 Cd(Ⅱ)吸附性能明显很弱,其 Cd(Ⅱ)吸附容量 q_e 的最大值分别仅为 26.2 mg/g 和 19.1 mg/g。此外,与前人所报道的无机改性埃洛石纳米管重金属吸附剂(如 Fe^0@HNTs、Fe_3O_4@HNTs)相比,本研究硅质水铁矿改性埃洛石(SiFh@HNTs)的 Cd(Ⅱ)吸附性能优势也非常显著(表 4-2)。为此,对硅质水铁矿改性埃洛石(SiFh@HNTs)的 Cd(Ⅱ)吸附机理探讨如下。

表 4-2　所制备三种 Fe_xO_y 改性埃洛石纳米管的 Cd(Ⅱ)吸附容量(q_{max})文献汇总

吸附剂基质	吸附剂	吸附容量 q_{max} /(mg/g)	试验参数	参考文献
埃洛石纳米管	AlHe@HNTs	26.2	T=25 ℃,pH=5.5	本研究
	Fh@HNTs	19.1	T=25 ℃,pH=5.5	本研究
	SiFh@HNTs	120.1	T=25 ℃,pH=5.5	本研究
	Fe^0@HNTs	83.6	T=25 ℃,pH=5.5	[144]
	Fe_3O_4@HNTs	3.7	T=25 ℃,pH=5.5	[79]
	Fe_3O_4@HNTs	11.4	T=30 ℃,pH=6.0	[145]
生物炭	Fh@biochar	174.4	T=25 ℃,pH=5.0	[216]
	Fe_3O_4@biochar	10.1	T=25 ℃,pH=6.0	[217]
	FeO_x@biochar	67.4	T=25 ℃,pH=5.5	[218]
氧化石墨烯	Fe_3O_4@graphene oxide	104.6	T=25 ℃,pH=5.0	[219]
	Fe_3O_4@LDH@graphene oxide	45.1	T=25 ℃,pH=5.0	[220]

许多研究表明,铁氧化物主要通过其功能羟基以内层络合的形式特异性吸附重金属离子[221-222]。在本研究的 XPS O 1s 区高分辨能谱分析[图 4-7(b)]中,给出了硅质水铁矿改性埃洛石(SiFh@HNTs)表面羟基密度的相关信息。从中可以看出,黏土含量 40%的 SiFh@HNT_{40} 具有最高的 Fe—OH 密度,占整个 O 1s 峰的 58.8%;相比较而言,在黏土含量 20%、60%和 80%的 SiFh@HNT_{20}、SiFh@HNT_{60} 和 SiFh@HNT_{80} 中,Fe—OH 密度分别降到占整个 O 1s 峰的 42.9%、43.7%和 4.3%。羟基密度的这种变化趋势,与 SiFh@HNTs 的镉吸附容量有很好的相关性,也即 SiFh@HNT_{40} 具有比 SiFh@HNT_{20}、SiFh@HNT_{60} 和 SiFh@HNT_{80} 更高的 Cd(Ⅱ)吸附容量[图 4-10(d)]。

出于为 SiFh@HNTs 通过羟基络合吸附 Cd(Ⅱ)提供证据的目的,对 Cd(Ⅱ)吸附前后的 SiFh@HNT_{40} 分别进行 XPS 分析。在 SiFh@HNT_{40} 吸附 Cd(Ⅱ)后的 XPS 全谱中,出现了清晰的 Cd 3d 能谱峰[图 4-12(a)]。Cd 3d 区高分辨能谱分析进一步显示,Cd 3d 的双能谱峰 Cd $3d_{5/2}$ 和 Cd $3d_{3/2}$ 分别位于 412.7 eV 和 406.1 eV 结合能位置[图 4-12(b)],这是 Cd 元素的常规结合能值[39]。这证实了 Cd(Ⅱ)已被吸附在 SiFh@HNT_{40} 上。进一步,在 SiFh@HNT_{40} 的 O 1s 区高分辨谱中,Fe—OH 拟合峰占比从吸附前的 50.2%

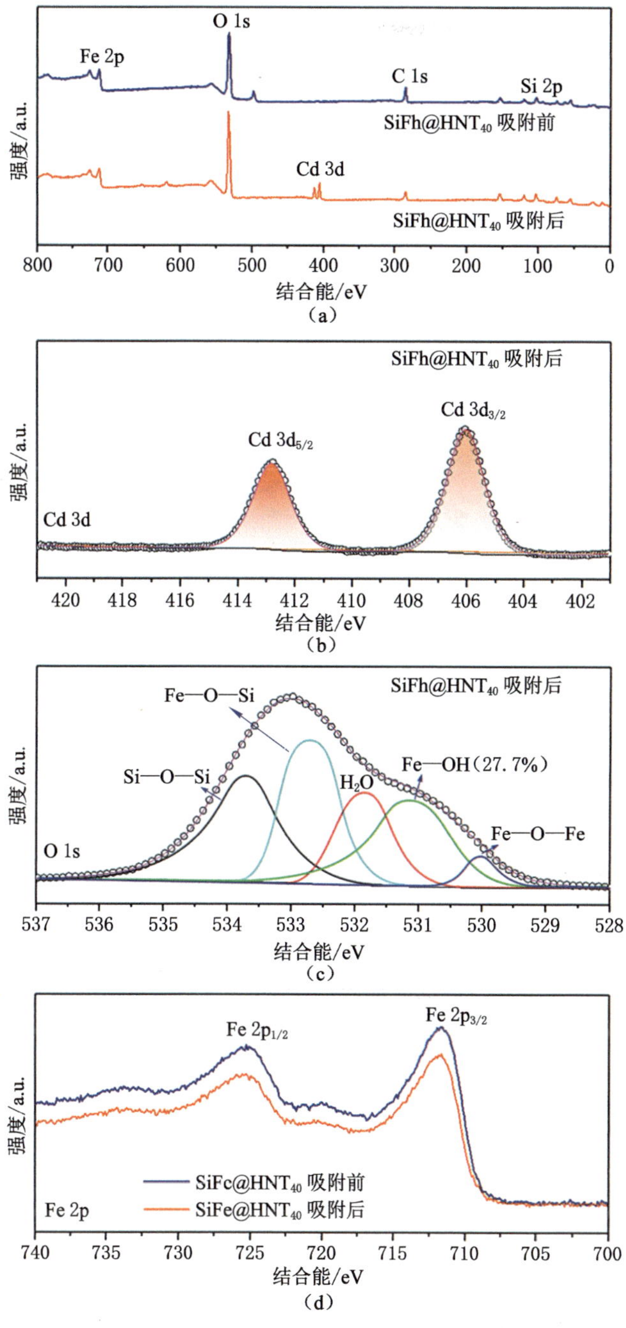

图 4-12　SiFh@HNT_{40}在 Cd(Ⅱ)吸附前后的 XPS 和 FTIR 分析

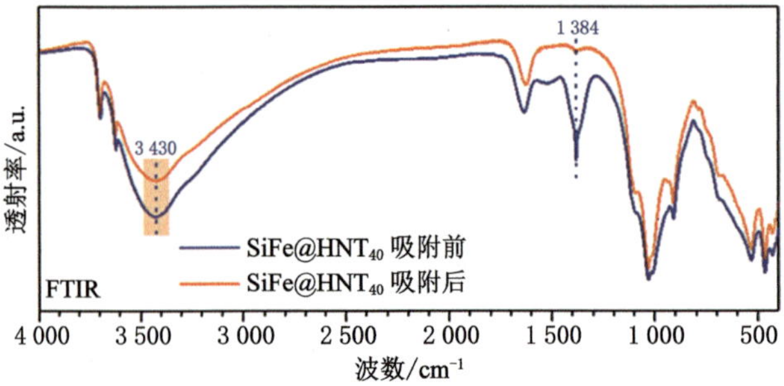

(e)

图 4-12 （续）

[图 4-7(b)]明显下降至吸附后的 27.7%[图 4-12(c)]，这是吸附过程中消耗羟基的证据。再分析 SiFh@HNT$_{40}$吸附 Cd(Ⅱ)后的 Fe 2p 能谱峰，其结合能和形状基本保持不变，但强度明显减弱[图 4-12(d)]。这证明 Cd(Ⅱ)与 Fe—O 基团之间发生了相互作用[206,223]，可能是 Cd(Ⅱ)取代了 SiFh@HNT$_{40}$表面 Fe—OH 基团中的质子，并形成双齿共角或双齿共边的内层络合物[31,224]。此外，在 SiFh@HNT$_{40}$吸附 Cd(Ⅱ)后的 FTIR 谱中，指示结构羟基(3 430 cm^{-1})的吸收峰强度大大降低，同时也轻微移动到较低波长位置(3 422 cm^{-1})[图 4-12(e)]；这些特征表明 Cd(Ⅱ)与 SiFh@HNT$_{40}$上的羟基基团发生了相互作用[211]。所以，以上 XPS 和 FTIR 表征结果都证明，SiFh@HNT$_{40}$表面羟基确实是 Cd(Ⅱ)的主要吸附位点。

此外，在本研究的比表面积 SSA_{BET}分析[图 4-10(c)]中，SiFh@HNT$_{40}$具有比 SiFh@HNT$_{20}$、SiFh@HNT$_{60}$和 SiFh@HNT$_{80}$更高的 SSA_{BET}值，从而与羟基密度的相关性很好。也即高比表面积有利于产生更多的 Fe 配位不饱和位点并由更多的—OH 来占据[198]，最终导致 SiFh@HNT$_{40}$表面高羟基密度现象的形成。至于 SiFh@HNT$_{40}$获得相对更高 SSA_{BET}值的内在机理：一方面，可能与小尺寸硅质水铁矿纳米晶(SiFh NPs)的大量生成有关。碱性脱硅从埃洛石中释放的 SiO_4^{4-} 掺杂到水铁矿中，抑制水铁矿向针铁矿的相变，并形成 SiFh 二元氧化物。因为 SiO_4^{4-} 掺杂会阻断水铁矿的晶体生长位点并抑制其成核、生长和相变，结果导致 SiFh NPs 粒径很小(5 nm)[206,210-211]，正如 SiFh@HNT$_{40}$的 TEM 图像所示[图 4-3(d)]。这些 SiFh NPs(5 nm)彼此间可构建小型介孔并形成高比表面积。过低或过高的黏土含量都不利于 SiFh NPs 的形成，前者由于碱性

脱硅释放的 SiO_4^{4-} 量太少，后者由于 Fe 含量太低。结果，具有最佳黏土含量的 SiFh@HNT$_{40}$ 中生成了最为丰富的 SiFh NPs，并在丰富的 SiFh NPs 彼此间构筑了最为发达的介孔和形成了最高的比表面积。另一方面，SiFh NPs 被锚定在坚固的埃洛石纳米管管壁上，削弱了 SiFh NPs 的自聚集性，增强了 SiFh NPs 的分散性和表面可用性[120-121]，这也促进了 SiFh NPs 彼此间发达介孔结构的构建（图 4-13）。

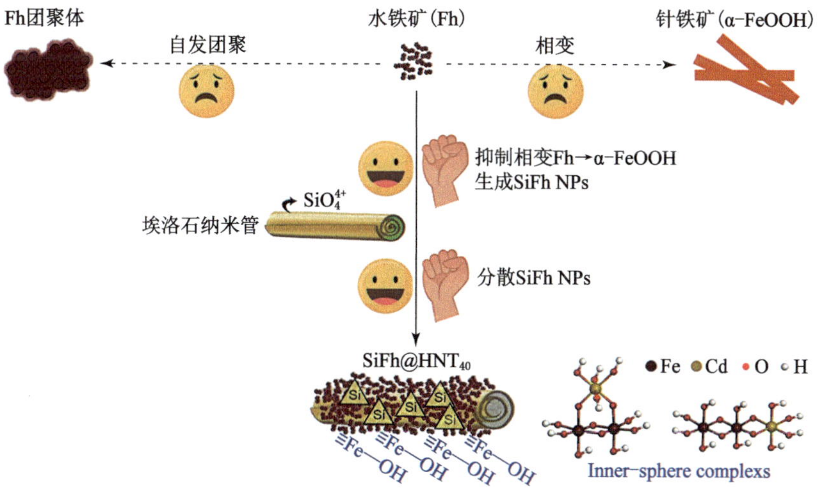

图 4-13　本研究所筛选最佳吸附剂 SiFh@HNT$_{40}$ 的形成机理和 Cd(Ⅱ)吸附机理

4.4　本章小结

在 Fe_xO_y 改性埃洛石纳米管用作重金属吸附剂方面，存在研究不深入的缺点。本章研究利用水铁矿易相变的特性，分别在酸性(pH=4)、中性(pH=7)和碱性(pH=12)条件下对水铁矿/埃洛石杂化材料 Fh/HNTs 进行了老化处理。XRD、TEM、FTIR、XPS 和 TEM 表征证明，附着于埃洛石纳米管表面的水铁矿在老化过程中发生不同程度的相变和元素掺杂现象，最终在酸性、中性和碱性老化条件下分别生成了铝质赤铁矿改性埃洛石(AlHe@HNTs)、水铁矿改性埃洛石(Fh@HNTs)和硅质水铁矿改性埃洛石(SiFh@HNTs)等三种 Fe_xO_y 改性埃洛石纳米管。Cd(Ⅱ)吸附试验表明，硅质水铁矿改性埃洛石(SiFh@HNTs)

的吸附性能明显更优，尤其是黏土含量为40%的SiFh@HNT$_{40}$的Cd(Ⅱ)吸附容量高达120.1 mg/g，比埃洛石纳米管(10.2 mg/g)高出了约11倍。通过对表面羟基、孔容和比表面积等的综合讨论，认为SiFh@HNTs的形成机理是：碱性脱硅从埃洛石中释放的SiO_4^{4-}掺杂到水铁矿中，抑制水铁矿向针铁矿的相变，并影响SiFh NPs的形成。同时，SiFh NPs被锚定在坚固的埃洛石纳米管管壁上，削弱了SiFh NPs的自聚集性，增强了SiFh NPs的分散性、表面可用性和Fe—OH基团的暴露密度。SiFh@HNTs吸附Cd(Ⅱ)的主要吸附机理是Cd(Ⅱ)与Fe—OH的内层络合。所以，本研究所制备的硅质水铁矿改性埃洛石SiFh@HNTs(尤其是黏土含量为40%的SiFh@HNT$_{40}$)，可作为一种吸附去除水体重金属离子的高效、廉价、绿色吸附剂，同时，也可为开发其他Fe_xO_y改性纳米黏土吸附剂提供新的思路。

第 5 章　环境因素对硅质水铁矿改性埃洛石纳米管 SiFh@HNT_{40} 镉吸附行为的影响

5.1　引言

重金属吸附是重金属离子从水体转移到吸附剂固体表面的相转移过程[7]。对于特定吸附剂，其对水体重金属离子的吸附行为除了与吸附剂自身特性有关之外，还受众多环境因素的制约。开展环境因素对吸附行为影响的研究，有利于判断特定吸附剂的适用范围，为其实际应用提供数据和理论支撑。

影响吸附的环境因素通常涉及接触时长、吸附质初始浓度、温度、背景 pH 值、背景离子强度、共存重金属离子、共存阴离子和共存有机物等。接触时长与吸附动力学有关，吸附质初始浓度与吸附平衡有关。温度的微小变化会显著影响吸附过程，升温有利于化学吸附而不利于物理吸附。溶液 pH 值可通过改变吸附剂表面电位和改变重金属离子的羟基络合物种来对其吸附形成影响。例如，Cd(Ⅱ)在 pH>8 条件下所形成的水解产物 $CdOH^+$ 对活性羟基官能团有更大的亲和力，优先于高价游离金属离子 Cd(Ⅱ)被吸附，并且可以形成比 Cd(Ⅱ)更高的键稳定性[11]。当 pH 值继续升高时，$CdOH^+$ 可进一步形成羟基沉淀物 $Cd(OH)_2$，这更有利于重金属离子的去除。

阳离子竞争对离子交换性吸附有重要影响。金属阳离子对离子交换吸附点位的竞争能力通常遵循欧文-威廉姆斯原则，即电负性越高、水解常数越低、水合半径越小的金属阳离子，其竞争能力越强。由此得出理论上的竞争能力顺序为：$Al^{3+} > Hg^{2+} > Pb^{2+} > Cu^{2+} > Ca^{2+} > Cd^{2+} > Zn^{2+} > Mg^{2+} > K^+ > Na^+ > Li^+$[12]。此外，重金属离子可与无机和有机阴离子配体发生络合，所生成的金属-配体络合物可削弱或增强重金属离子的吸附亲和力[13-14]。例如，不同电荷的镉-氯离子对($CdCl^+$、$CdCl_2^0$、$CdCl_3^-$、$CdCl_4^{2-}$)具有比 Cd^{2+} 更低的价态，大大减少了镉的吸附亲和力。可增强重金属离子的吸附亲和力的例子是：SO_4^{2-} 配体常常会增加镉的吸附亲和力[15]；而 S^{2-}、CO_3^{2-}、PO_4^{3-} 等阴离子配体更是容易与重金属离子形成沉淀，如 CdS、$CdCO_3$、$Cd_3(PO_4)_2$。

共存有机物对吸附效率的影响是复杂的。一方面，有机物可能会直接与重金属离子竞争吸附位点，削弱吸附剂对重金属离子的吸附性能。另一方面，有机物可能首先与重金属离子形成有机物-重金属络合物[16]，然后再被吸附剂所吸附。当所生成有机物-重金属络合物为不溶于水的极性配合物时，可促进重金属离子从水体中的去除。当所生成有机物-重金属络合物与吸附剂亲和力差时，可削弱重金属离子从水体中的去除效率。所以，在考察吸附剂的吸附性能时，要考虑到温度、pH 值、背景离子强度、共存阴离子、共存有机物等各方面因素。

前面第 4 章侧重于制备多种 Fe_xO_y 改性埃洛石纳米管，并从中筛选出一种镉吸附性能优异的无机改性纳米黏土吸附剂——硅质水铁矿改性埃洛石 SiFh@HNT_{40}(埃洛石含量 40%)。遗憾的是缺乏对该新型吸附剂 SiFh@HNT_{40} 应用潜力的评估。由此，本章进一步侧重于研究各种环境因素对 SiFh@HNT_{40} 的 Cd(Ⅱ)吸附行为的影响。首先从接触时长、吸附质初始浓度和温度等环境因素入手，开展 SiFh@HNT_{40} 的 Cd(Ⅱ)吸附动力学、平衡学和热力学研究。而后，依次研究背景 pH 值、背景 Na^+ 强度、共存 Zn(Ⅱ)/Pb(Ⅱ)重金属阳离子、共存有机物四环素(TC)、共存无机阴离子 CO_3^{2-}、SO_4^{2-}、NO_3^- 和 Cl^- 等环境因素对 SiFh@HNT_{40} 的 Cd(Ⅱ)吸附行为的影响。最后，为更接近实际应用，选用自来水、桃子湖湖水和湘江水等不同水体，了解其对 SiFh@HNT_{40} 吸附 Cd(Ⅱ)的影响。此外，还开展了 SiFh@HNT_{40} 吸附 Cd(Ⅱ)的循环利用试验。

5.2 材料与方法

5.2.1 试验材料和仪器

本研究中使用的埃洛石黏土纳米管[$Al_2Si_2O_5(OH)_4 \cdot 2H_2O$]购自广州润沃纳米科技公司，在 80 ℃ 下干燥过夜，并在干燥器中储存后使用。硝酸(HNO_3，98%)和氢氧化钠(NaOH，≥99.0%)均购于上海阿拉丁生化科技股份有限公司。硝酸钠($NaNO_3$，≥99.0%)、氯化钠(NaCl，≥99.%)、硫酸钠(Na_2SO_4，≥99.0%)、碳酸钠(Na_2CO_3，≥99%)、硝酸镉[$Cd(NO_3)_2 \cdot 4H_2O$，≥99.0%]、硝酸锌[$Zn(NO_3)_2$，≥99.0%]、硝酸铅[$Pb(NO_3)_2$，≥99.0%]、四环素($C_{22}H_{24}N_2O_8$，98.0%)和柠檬酸($C_6H_8O_7$，≥ 99.0 %)均购于国药集团化学试剂有限公司。这项工作中使用的化学品是分析级的，没有经过任何纯化。所有试剂均用超纯水制备。试验所使用的的玻璃容器均在10%HNO_3中浸泡 24 h，并在使用前用超纯水洗涤 3 次。本试验所用仪器设备见表 2-1。

5.2.2　样品制备

本章所使用的重金属吸附剂为硅质水铁矿改性埃洛石 SiFh@HNT_{40}，其详细制备方法详见第 4 章的材料与方法部分。

5.2.3　样品表征

使用电感耦合等离子体发射光谱法（ICP-OES；Agilent TCP5100VDV，美国）测定水溶液中的 Cd（Ⅱ）、Zn（Ⅱ）和 Pb（Ⅱ）浓度。样品在测量之前，用 2%HNO_3酸化稳定，并储存在冰箱中。用紫外-可见分光光度计（Shimadzu 2550，日本）测定水溶液中的四环素浓度。用离子色谱仪（TIC-600，中国）和总有机碳分析仪（TOC-5500，中国）测定水质指标。

使用纳米颗粒粒度电位仪（Malvern Zetasizer Nano，英国）测定材料的 Zeta（ζ）电势和零电荷点（pH_{PZC}），操作流程如下[10]：在 10 mL 离心管中依次添加 8 mL $NaNO_3$ 溶液（0.01 mol/L）和 0.01 g 材料，混匀后得到材料分散液。用少量 NaOH 或 HNO_3 溶液（0.1 mol/L）调节材料分散液的 pH 值间隔（从 2 到 11）。将这些装有材料分散液的离心管放置到水浴恒温振荡器中，在 25 ℃和 150 r/min 设置条件下平衡 48 h。平衡期间，分别在 10 h、24 h 和 48 h 测定和调节材料分散液的 pH 值，以保持 pH 值恒定。平衡结束后，用移液枪吸取 1 mL 材料分散液，测定其 Zeta 电位。

5.2.4　吸附试验

（1）时长、吸附质初始浓度和温度对 Cd（Ⅱ）吸附行为的影响

为研究接触时长对吸附的影响，将 280 mL 50 mg/L Cd(Ⅱ)溶液（pH＝5.5，背景离子强度为 0.001 mol/L $NaNO_3$）加入 500 mL 带塞锥形烧瓶中，该烧瓶含有 70 mg 吸附剂，使得吸附剂用量为 0.25 g/L。将吸附剂置于恒温往复式振荡器中，并在 30 ℃和 150 r/min 的设置下平衡 24 h。分别在 0 min、2 min、5 min、10 min、20 min、30 min、40 min、50 min、60 min、120 min、180 min、360 min、720 min、1 440 min 时刻，用注射过滤器（0.22 μm）过滤悬浮液，测量滤液 Cd（Ⅱ）浓度。

为研究初始 Cd(Ⅱ)浓度和温度对吸附的影响，通过用 pH＝5.5 和背景离子强度为 0.001 mol/L $NaNO_3$ 的溶液溶解一定质量的 $Cd(NO_3)_2$，制备了一系列初始浓度为 5～150 mg/L 的 Cd(Ⅱ)溶液。然后，将 20 mL 的 5～150 mg/L Cd（Ⅱ）溶

液加入 50 mL Nalgene 螺旋盖玻璃瓶中，该玻璃瓶含有 5 mg 吸附剂。将吸附剂在 25 ℃和 150 r/min 的往复式振动筛中平衡 24 h。试验结束之后，过滤并测量滤液 Cd(Ⅱ)浓度。此外，将温度分别提高到 35 ℃和 45 ℃，再重复如上试验步骤，以进一步研究温度对吸附的影响。

(2) 背景 pH 值和背景离子强度对 Cd(Ⅱ)吸附行为的影响

为研究背景 pH 值和离子强度对吸附的影响，先配制 pH＝3.0 和离子强度分别为 0.1 mol/L、0.01 mol/L 和 0.001 mol/L $NaNO_3$ 的溶液，用此溶液溶解一定质量的 $Cd(NO_3)$来制备 50 mg/L 的 Cd(Ⅱ)溶液。然后，逐渐提高 Cd(Ⅱ)溶液的 pH 值，分别在 pH＝3、4、5、6、7、8、9、10 时移取 20 mL 等分液至 50 mL Nalgene 螺旋盖玻璃瓶中，每个瓶中预装有 5 mg 吸附剂。随后，将吸附剂置于恒温往复振动筛中，在 25 ℃和 150 r/min 的转速下平衡 24 h。试验结束后，过滤并测量滤液 Cd(Ⅱ)浓度。由于重复样很难达到完全相同的 pH 值，因此采用细分 pH 值间隔进行吸附试验，而不是在固定 pH 值下进行重复试验。

(3) 共存 Cd(Ⅱ)、Zn(Ⅱ)和 Pb(Ⅱ)的竞争吸附

为研究重金属离子 Cd(Ⅱ)、Zn(Ⅱ)和 Pb(Ⅱ)的吸附竞争，用 pH＝5.5 和背景离子强度为 0.001 mol/L $NaNO_3$ 的溶液溶解一定质量的 $Cd(NO_3)_2$ 和 $Zn(NO_3)_2$，制备一系列初始浓度为 5～160 mg/L 的 Cd(Ⅱ)-Zn(Ⅱ)等化学计量混合溶液。然后，将 20 mL 5～160 mg/L 的 Cd(Ⅱ)-Zn(Ⅱ)溶液加入 50 mL Nalgene 螺旋盖玻璃瓶中，该玻璃瓶含有 5 mg 吸附剂。将吸附剂在 25 ℃和 170 r/min 的往复式振动筛中平衡 24 h。试验结束之后，过滤并测定 Cd(Ⅱ)和 Zn(Ⅱ)的终止浓度。类似的，制备初始浓度为 5～160 mg/L 的 Cd(Ⅱ)-Pb(Ⅱ)等化学计量混合溶液，并重复如上步骤；制备初始浓度为 5～160 mg/L 的 Cd(Ⅱ)-Zn(Ⅱ)-Pb(Ⅱ)等化学计量混合溶液，并重复如上步骤。

(4) 共存四环素对 Cd(Ⅱ)、Zn(Ⅱ)和 Pb(Ⅱ)吸附行为的影响

为研究共存四环素对重金属吸附的影响试验，先制备 pH＝5.5、背景离子强度为 0.001 mol/L $NaNO_3$ 和 TC 浓度为 100 mg/L 的溶液。用此溶液溶解一定质量的 $Cd(NO_3)_2$，制备一系列初始浓度为 5～160 mg/L 的具有固定 TC 背景浓度的 Cd(Ⅱ)梯度工作液。然后，将 20 mL 的这种 Cd(Ⅱ)梯度工作液分别加入 50 mL Nalgene 螺旋盖玻璃瓶中，该玻璃瓶含有 5 mg 吸附剂。将吸附剂在 25 ℃和 170 r/min 的往复式振动筛中平衡 24 h。试验结束之后，过滤并测定滤液 Cd(Ⅱ)终止浓度。类似的，分别制备具有固定 TC 背景浓度的 Zn(Ⅱ)梯度工作液和 Pb(Ⅱ)梯度工作液，并重复如上步骤。

为研究共存重金属对 TC 吸附的影响试验，先制备 pH＝5.5、背景离子强度为 0.001 mol/L $NaNO_3$ 和 Cd(Ⅱ)浓度为 50 mg/L 的溶液。用此溶液溶解一定

质量的TC，制备一系列初始浓度为6～200 mg/L的具有固定Cd(Ⅱ)背景浓度的TC梯度工作液。然后，将20 mL的这种TC梯度工作液分别加入50 mL Nalgene螺旋盖玻璃瓶中，该玻璃瓶含有5 mg吸附剂。将吸附剂在25 ℃和170 r/min的往复式振动筛中平衡24 h。试验结束之后，过滤并测定滤液TC终止浓度。类似的，分别制备具有固定Zn(Ⅱ)背景浓度和Pb(Ⅱ)背景浓度的TC梯度工作液，并重复如上步骤。

为研究pH值对吸附的影响，先配制pH=3.0和离子强度为0.001 mol/L $NaNO_3$的溶液。用此溶液溶解一定质量的$Cd(NO_3)$和TC，来制备具有固定TC浓度(100 mg/L)和Cd(Ⅱ)浓度(50 mg/L)的溶液。然后，逐渐提高此溶液的pH值，分别在pH=3、4、5、6、7、8、9时移取20 mL等分液至50 mL Nalgene螺旋盖玻璃瓶中，每个瓶中预装有5 mg吸附剂。随后，将吸附剂置于恒温往复振动筛中，在25 ℃和150 r/min的转速下平衡24 h。试验结束之后，过滤并测定滤液TC和Cd(Ⅱ)浓度。类似的，分别制备具有固定TC和Zn(Ⅱ)浓度的溶液以及具有固定TC和Pb(Ⅱ)浓度的溶液，并重复如上步骤。

(5) 背景阴离子和不同类型水体对Cd(Ⅱ)吸附行为的影响试验

为研究背景阴离子对Cd(Ⅱ)吸附行为的影响，先制备pH=5.5、背景离子强度为0.001 mol/L $NaNO_3$和Cd(Ⅱ)浓度为50 mg/L的溶液。用此溶液溶解一定质量的NaCl，制备一系列初始浓度为10～150 mg/L的阴离子Cl^-溶液。然后，将20 mL的10～150 mg/L阴离子Cl^-溶液加入50 mL Nalgene螺旋盖玻璃瓶中，该玻璃瓶含有5 mg吸附剂。将吸附剂在25 ℃和170 r/min的往复式振动筛中平衡24 h。试验结束之后，过滤并测量滤液Cd(Ⅱ)浓度。类似的，分别制备初始浓度为10～150 mg/L的阴离子SO_4^{2-}溶液、阴离子NO_3^-溶液和阴离子CO_3^{2-}溶液，并重复如上步骤。

为了解水体类型对Cd(Ⅱ)吸附行为的影响，采集了包括河水(来自湘江)、自来水、湖水(来自套子湖)在内的三种水体。用0.45 μm滤头过滤，并用滤液溶解一定质量的$Cd(NO_3)_2$来制备初始浓度为50 mg/L的Cd(Ⅱ)工作溶液。然后，将20 mL 50 mg/L Cd(Ⅱ)工作溶液加入50 mL Nalgene螺旋盖玻璃瓶中，该玻璃瓶含有5 mg吸附剂，使得吸附剂用量为0.25 g/L。将吸附剂在25 ℃和150 r/min的往复式振动筛中平衡24 h。试验结束之后，过滤并测定滤液TC和Cd(Ⅱ)浓度。

(6) 解吸附和循环使用试验

用柠檬酸(10 mmol/L)作为解吸剂，对吸附有Cd(Ⅱ)的SiFh@HNT$_{40}$进行解吸，共进行三次循环再生，以测试吸附剂的可重复使用性。

最后上述所有试验均重复三次。此外，在上述所有吸附试验过程中，每隔一段时间测量 pH 值至少三次，并通过滴加 NaOH 或 HNO_3 溶液(0.1 mol/L)保持 pH=5.5 恒定。

5.3 结果与讨论

5.3.1 Cd(Ⅱ)吸附动力学、平衡学和热力学研究

(1) SiFh@HNT_{40}的 Cd(Ⅱ)吸附动力学

使用拟一阶动力学模型和拟二阶动力学模型来评估 SiFh@HNT_{40}的 Cd(Ⅱ)吸附速率。图 5-1(a)展示了 SiFh@HNT_{40}对 Cd(Ⅱ)的 24 h 吸附数据及吸附动力学拟合曲线，相关拟合参数也列于图中。

从中可以看出，SiFh@HNT_{40}对 Cd(Ⅱ)的吸附速度很快，仅在 30 min 内就完成了约 99%的平衡吸附容量；随后，吸附容量的增长速度有所放缓。拟二阶模型对 Cd(Ⅱ)吸附反应的拟合效果最好，其相关系数(R^2)值为 0.993，高于伪一阶模型的($R^2=0.921$)。这意味着 SiFh@HNT_{40}具有丰富的活性位点，即丰富的 Fe—OH 基团。

进一步用颗粒内扩散模型研究 SiFh@HNT_{40}对 Cd(Ⅱ)的吸附传质机理，相关结果如图 5-1(b)所示。从图中可识别出，Cd(Ⅱ)在 SiFh@HNT_{40}上的传质动力学是一个三步过程：第一步是在 SiFh@HNT_{40}周围液膜中的外部扩散；第二步是在 SiFh@HNT_{40}介孔中的内部扩散；第三步是在 SiFh@HNT_{40}活性位点上的吸附。此外，当颗粒内扩散是吸附的唯一限速步骤时，q_t 与 $t^{0.5}$ 的关系图是一条穿过原点的直线[8]。在本研究中，第一步的拟合线穿过原点，这表明在吸附初始阶段，颗粒内扩散作为限速因素参与其中。然而，第二步和第三步的拟合线并没有穿过原点，表明在这些情况下，颗粒内扩散并不是唯一决定速率的步骤，还可能涉及化学吸附机制。

(2) SiFh@HNT_{40}的 Cd(Ⅱ)吸附平衡

SiFh@HNT_{40}对 Cd(Ⅱ)的吸附容量(q_e)或吸附效率与 Cd(Ⅱ)初始浓度(C_e)的关系如图 5-2 所示。从中可以看出，随着 Cd(Ⅱ)初始浓度的增加，SiFh@HNT_{40}对 Cd(Ⅱ)的吸附容量逐渐增加，但其吸附效率却逐渐降低。当 Cd(Ⅱ)初始浓度低于 20 mg/L 时，SiFh@HNT_{40}表面吸附位点的可用性高，从而对 Cd(Ⅱ)的吸附效率几乎达到 100%。随着 Cd(Ⅱ)初始浓度从 20 mg/L 增加到 180 mg/L，SiFh@HNT_{40}表面结合位点的可用性变少，所以，Cd(Ⅱ)吸附容量逐渐达到平衡，但是相应的 Cd(Ⅱ)吸附效率却显著大幅下降。作为 SiFh@HNT_{40}的前驱体，水铁矿和埃洛石对 Cd(Ⅱ)的吸附性能较低，即使在

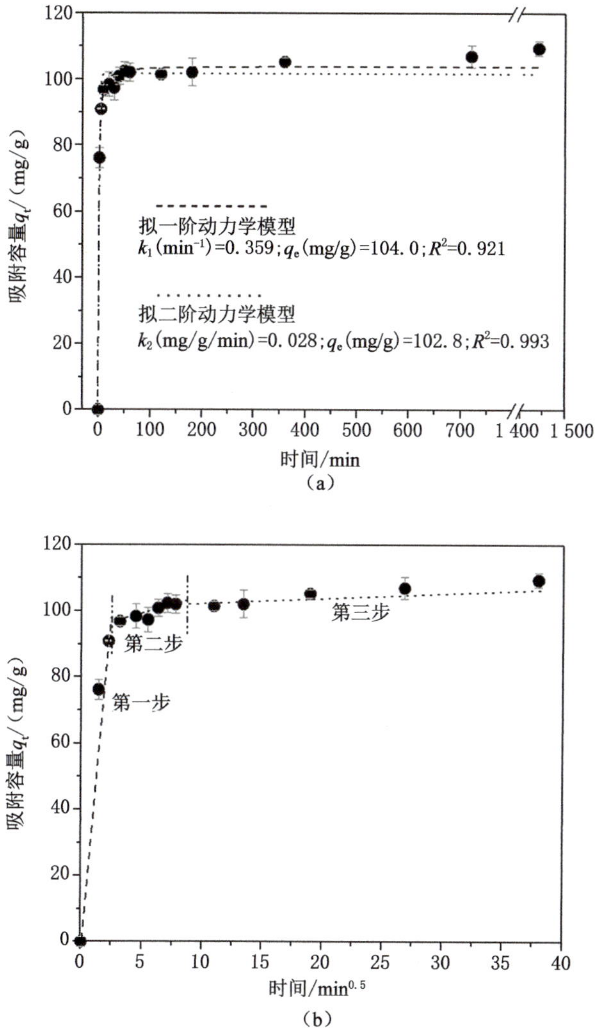

图 5-1　Cd(Ⅱ)在 SiFh@HNT40 上的吸附动力学和在 SiFh@HNT40 内的吸附扩散过程
[pH=5.5,T=25 ℃,初始 Cd(Ⅱ)浓度 50 mg/L,离子强度 0.001 mol/L,吸附剂用量 0.25 g/L]

Cd(Ⅱ)初始浓度低至 5 mg/L,其对 Cd(Ⅱ)的吸附去除率也不能达到 100%。

在吸附容量与 Cd(Ⅱ)初始浓度的关系图[图 5-2(a)]中,用 Langmuir 吸附等温线模型或 Freundlich 吸附等温线模型进行数据拟合,以了解在特定温度下 $SiFh@HNT_{40}$ 与 Cd(Ⅱ)之间相互作用的平衡性能。拟合计算的相关常数见

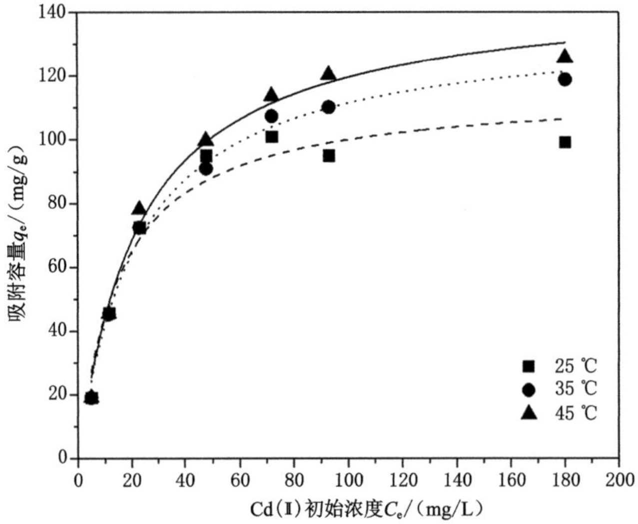

(a)

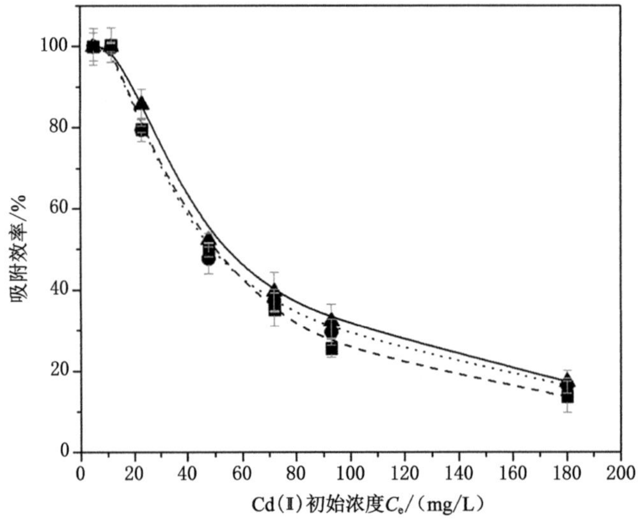

(b)

图 5-2 Cd(Ⅱ)初始浓度对 SiFh@HNT_{40}吸附容量和吸附效率的影响
(pH=5.5,离子强度 0.001 mol/L,吸附剂用量 0.25 g/L)

表 5-1。从中可以看出，SiFh@HNT$_{40}$ 对 Cd(Ⅱ)的吸附反应可用 Langmuir 模型获得很好的拟合效果(R^2=0.884～0.900)，也均可用 Freundlich 模型获得很好的拟合效果(R^2=0.958～0.993)。SiFh@HNT$_{40}$ 的 K_L 和 K_f 值均随温度升高而增大，表明温度升高有利于吸附。在更高的温度下，更快速地吸附可能归因于溶液黏度的降低、溶液中 Cd(Ⅱ)离子迁移率的增加以及 Cd(Ⅱ)在 SiFh@HNT$_{40}$ 外部边界层和内部孔隙中扩散的加速。常数 $1/n$ 总是大于零($0<1/n<1$)，表明吸附是有利的[9]。进一步，用 Langmuir 模型计算 SiFh@HNT$_{40}$ 对 Cd(Ⅱ)的最大理论吸附容量(q_{max})，在 25 ℃、35 ℃和 45 ℃时分别为 115.6 mg/g、136.4 mg/g 和 147.1 mg/g(表 5-1)。

表 5-1　Cd(Ⅱ)在 SiFh@HNT$_{40}$ 上的吸附平衡模型计算参数

温度	Langmuir 等温模型			Freundlich 等温模型		
	K_L/(L/mg)	q_{max}/(mg/g)	R^2	n	K_f/[mg/(g·mg$^{1/n}$)]	R^2
25 ℃	0.04	115.6	0.891	3.5	21.8	0.958
35 ℃	0.04	136.4	0.900	2.9	22.9	0.993
45 ℃	0.06	147.1	0.884	2.8	25.7	0.989

(3) SiFh@HNT$_{40}$ 的 Cd(Ⅱ)吸附热力学

从吸附等温线[图 5-2(a)]选取计算参数，用于计算等量吸附热，即在 SiFh@HNT$_{40}$ 的 Cd(Ⅱ)吸附容量为 106.2 mg/g 时，温度 T_1(318.15 K)和 T_2(298.15 K)所对应的 Cd(Ⅱ)浓度分别为 C_{e1}(60.4 mg/L)和 C_{e2}(180.1 mg/L)。由此得出，SiFh@HNT$_{40}$ 吸附 Cd(Ⅱ)的等量吸附热$(\Delta H_{ads})_q$ 为 43.3 kJ/mol，高于化学反应的最小活化能(40 kJ/mol)。这表明，Cd(Ⅱ)在 SiFh@HNT$_{40}$ 上的吸附属于典型的吸热反应和化学吸附。

总之，吸附动力学、平衡学和热力学研究表明：SiFh@HNT$_{40}$ 吸附 Cd(Ⅱ)的速度非常快；在 25～45 ℃时对 Cd(Ⅱ)的最大理论吸附容量高达 115.6～147.1 mg/g；Cd(Ⅱ)在 SiFh@HNT$_{40}$ 上的吸附属于典型的化学吸附。

5.3.2　背景 pH 值和离子强度对 Cd(Ⅱ)吸附行为的影响

图 5-3(a)展示了 SiFh@HNT$_{40}$ 的 Cd(Ⅱ)吸附容量随溶液 pH 值和背景离子强度的变化规律。所研究 pH 值被限定在 3<pH<8 范围内。因为当 pH>8 时，Cd(Ⅱ)开始以 $Cd(OH)_2$ 沉淀形式析出；在 pH<8 范围内，溶液中 Cd(Ⅱ)去除完全归因于 SiFh@HNTs 的吸附作用，与 Cd(Ⅱ)在溶液中的沉淀析出无关。

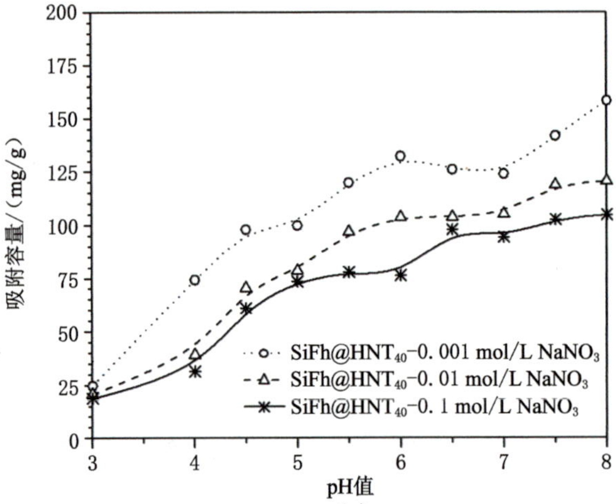

(a)

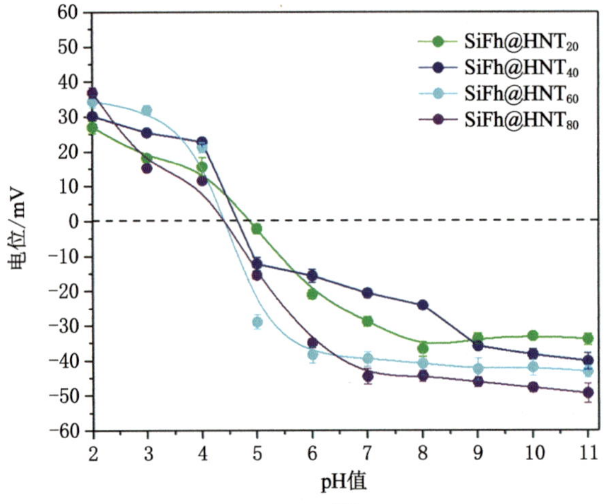

(b)

图 5-3　pH 值和离子强度对 SiFh@HNTs 的 Cd(Ⅱ)吸附容量的影响以及 pH 值对 SiFh@HNTs 的 Zeta 电位的影响

[T=25 ℃,初始 Cd(Ⅱ)浓度 50 mg/L,吸附剂用量 0.25 g/L]

从中可以看出,在不同背景离子强度情形下,$SiFh@HNT_{40}$ 的 Cd(Ⅱ)吸附容量总是随溶液 pH 值升高而稳步攀升。直至在 pH=8 时,$SiFh@HNT_{40}$ 的 Cd(Ⅱ)吸附容量 q_e 达到峰值,这个峰值在 0.1 mol/L、0.01 mol/L 和 0.001 mol/L $NaNO_3$ 背景离子强度情形下,分别为 105.6 mg/g、120.3 mg/g 和

158.2 mg/g。在 pH＝5.5 和 0.001 mol/L $NaNO_3$ 背景离子强度情形下，$SiFh@HNT_{40}$ 的 Cd(Ⅱ)吸附容量 q_e 为 121.2 mg/g，与前面第 4 章的相关结果很接近。

此外也可以看出，背景离子强度变化对 $SiFh@HNT_{40}$ 的 Cd(Ⅱ)吸附性能有显著影响。当溶液 $NaNO_3$ 浓度从 0.001 mol/L 增加到 0.1 mol/L 时，$SiFh@HNT_{40}$ 的 Cd(Ⅱ)吸附去除率在整个 pH＝3～8 范围内大幅降低了约 1/3。这说明高背景离子强度不利于 Cd(Ⅱ)在 $SiFh@HNT_{40}$ 上的吸附。相关文献认为，Na^+ 半径较大，会通过空间位阻来与 Cd(Ⅱ)竞争吸附位点，导致 Cd(Ⅱ)吸附能力降低；同时，背景离子强度增加会降低 Cd(Ⅱ)的活性系数，从而降低吸附剂对 Cd(Ⅱ)的吸附去除性能[225]。

为解释 Cd(Ⅱ)吸附性能随 pH 值的变化规律，进一步测量了所有 SiFh@HNTs 在 pH＝2～11 范围内的 Zeta 电位和零电荷点 pH_{PZC}[图 5-3(b)]。从中可以看出，其 pH_{PZC} 值与其黏土含量有关，从 $SiFh@HNT_{20}$（黏土含量 20%）的 pH_{PZC}＝5 降低到 $SiFh@HNT_{80}$（黏土含量 80%）的 pH_{PZC}＝4.5。这种相对较高的 pH_{PZC} 值导致所有 SiFh@HNTs 均表现出显著的可变电荷特性：在 pH 值低于零电荷点（pH_{PZC}＝4.5～5）时捕获质子而引入正电荷，而在 pH 值较高时解离质子而引入负电荷。

将 $SiFh@HNT_{40}$ 在 pH＝3～8 范围内的 Cd(Ⅱ)吸附容量 q_e 与相应 Zeta 电位进行相关性分析，均具有良好的相关性（R^2＝0.855～0.964）。这表明，$SiFh@HNT_{40}$ 的 pH 值依赖 Cd(Ⅱ)的吸附行为，与其表面可变电荷有密切关系。在 pH＜4.5～5 的低 pH 值区域，$SiFh@HNT_{40}$ 表面具有净正电荷，与 Cd(Ⅱ)形成静电斥力，所以，质子 H^+ 与 Cd(Ⅱ)由于对吸附活性位点的激烈竞争，不利于 $SiFh@HNT_{40}$ 吸附 Cd(Ⅱ)。在 pH＞4.5～5 的高 pH 值区域，$SiFh@HNT_{40}$ 表面具有净负电荷，对 Cd(Ⅱ)形成静电吸引，所以，Cd(Ⅱ)可通过内层络合反应吸附在 $SiFh@HNT_{40}$ 表面，从而表现出更高的 Cd(Ⅱ)吸附去除率。

总之，背景 pH 值和背景电解质浓度均对 $SiFh@HNT_{40}$ 的 Cd(Ⅱ)吸附性能有重要影响，背景 pH 值升高和背景电解质浓度降低均有利于提升 $SiFh@HNT_{40}$ 的 Cd(Ⅱ)吸附性能。

5.3.3　共存 Cd(Ⅱ)、Zn(Ⅱ)和 Pb(Ⅱ)的竞争吸附

$SiFh@HNT_{40}$ 在单一 Cd(Ⅱ)、混合 Cd(Ⅱ)-Zn(Ⅱ)、混合 Cd(Ⅱ)-Pb(Ⅱ)、混合 Cd(Ⅱ)-Zn(Ⅱ)-Pb(Ⅱ)等四种溶液体系中，对 Cd(Ⅱ)的吸附容量 q_e 与 Cd(Ⅱ)初始浓度 C_e 的关系如图 5-4(a)所示。从中可以看出，$SiFh@HNT_{40}$ 在单一 Cd(Ⅱ)和

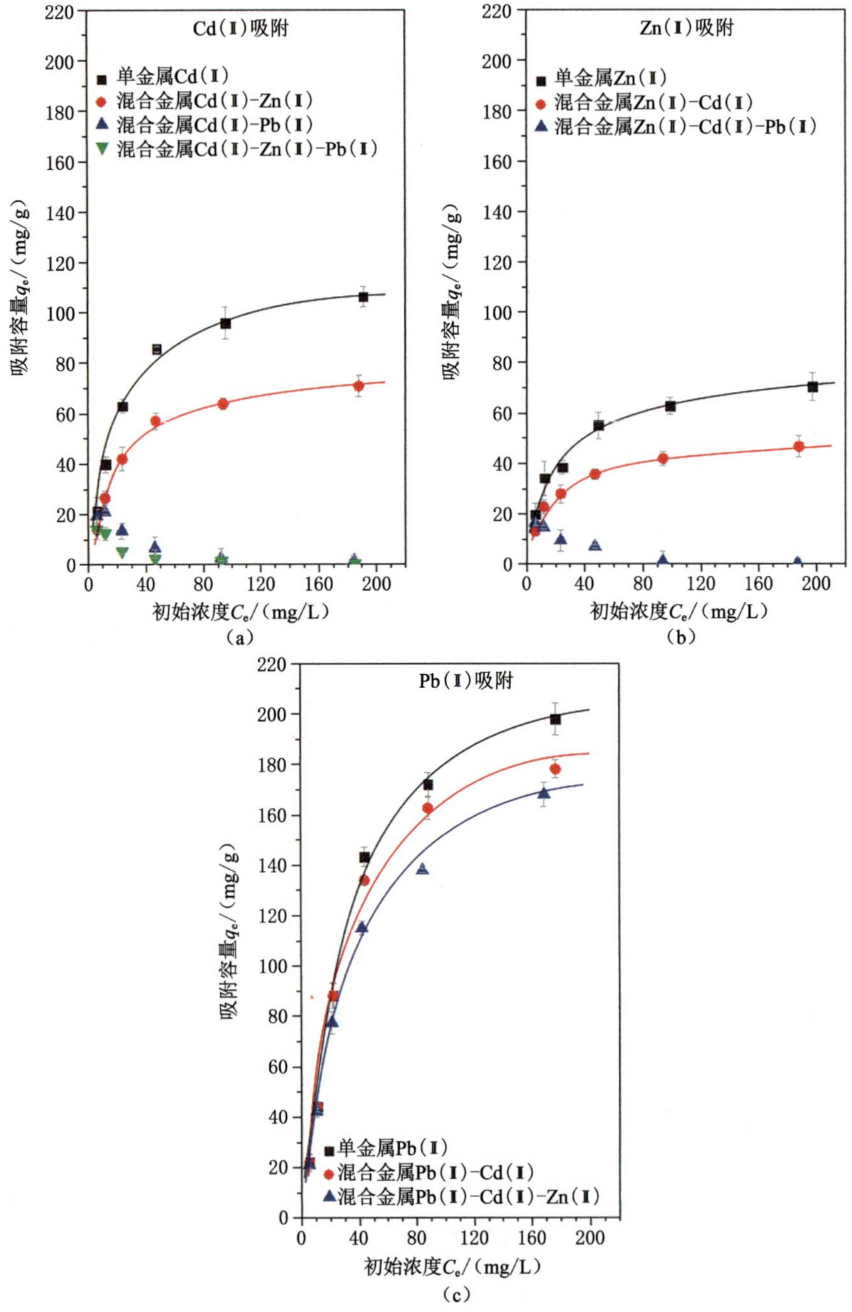

图 5-4 SiFh@HNT_{40}在单重金属和多重金属体系中对 Cd(Ⅱ)、Pb(Ⅱ)和 Zn(Ⅱ)的吸附等温线
(pH=5.5,T=25 ℃,离子强度 0.001 mol/L,吸附剂用量 0.25 g/L)

混合 Cd(Ⅱ)-Zn(Ⅱ)两种溶液体系中的 Cd(Ⅱ)吸附数据，可用 Langmuir 吸附等温线模型进行很好的拟合($R^2>0.900$)，并计算得到相应的最大理论吸附容量(q_{max})分别为 106.2 mg/g 和 70.8 mg/g。这表明，Zn(Ⅱ)共存降低了 SiFh@HNT_{40} 对 Cd(Ⅱ)的吸附性能。这应该与二者竞争有限吸附位点有关，Zn(Ⅱ)占据吸附剂上的部分吸附位点，必然会对 Cd(Ⅱ)吸附量构成削弱。

相比之下，SiFh@HNT_{40} 在混合 Cd(Ⅱ)-Pb(Ⅱ)和混合 Cd(Ⅱ)-Zn(Ⅱ)-Pb(Ⅱ)两种溶液体系中的 Cd(Ⅱ)吸附数据，无法用吸附等温线模型进行拟合，因为 Cd(Ⅱ)吸附容量 q_e 随着 Cd(Ⅱ)初始浓度 C_e 增加而急剧下降至零点。这表明，Pb(Ⅱ)的存在几乎完全抑制了 SiFh@HNT_{40} 对 Cd(Ⅱ)的吸附，反映了 Pb(Ⅱ)对 Cd(Ⅱ)的强烈竞争优势。

图 5-4(b)进一步展示了 SiFh@HNT_{40} 在单一 Zn(Ⅱ)、混合 Zn(Ⅱ)-Cd(Ⅱ)、混合 Zn(Ⅱ)-Cd(Ⅱ)-Pb(Ⅱ)等三种溶液体系中，对 Zn(Ⅱ)的吸附容量 q_e 与 Zn(Ⅱ)初始浓度 C_e 的关系。从中可以看出，SiFh@HNT_{40} 在单一 Zn(Ⅱ)和混合 Zn(Ⅱ)-Cd(Ⅱ)两种溶液体系中的 Zn(Ⅱ)吸附数据，可用 Langmuir 吸附等温线模型进行很好的拟合($R^2>0.916$)，并计算得到相应的最大理论吸附容量(q_{max})分别为 71.2 mg/g 和 49.4 mg/g。这印证了 Cd(Ⅱ)和 Zn(Ⅱ)对 SiFh@HNT_{40} 表面吸附位点存在显著竞争关系，而且 Cd (Ⅱ)的竞争能力高于 Zn(Ⅱ)。这也与二者在离子性质上的差别相一致，Cd(Ⅱ)具有比 Zn(Ⅱ)更大的原子量、电负性和离子半径，因此对吸附位点的竞争能力也相应更高。另外，就 SiFh@HNT_{40} 在混合 Zn(Ⅱ)-Cd(Ⅱ)-Pb(Ⅱ)溶液体系中的 Zn(Ⅱ)吸附数据而言，也无法用吸附等温线模型进行拟合，因为 Zn(Ⅱ)吸附容量 q_e 随着 Zn(Ⅱ)初始浓度 C_e 增加而急剧下降至零点。这印证了 Pb(Ⅱ)对 SiFh@HNT_{40} 表面吸附位点的强烈竞争优势，Pb(Ⅱ)共存可高效抑制 SiFh@HNT_{40} 对 Cd(Ⅱ)、Zn(Ⅱ)等其他重金属离子的吸附。

Pb(Ⅱ)对 SiFh@HNT_{40} 表面吸附位点的强烈竞争优势，也可从图 5-4(c)中得到再次印证。该图展示了 SiFh@HNT_{40} 在单一 Pb(Ⅱ)、混合 Pb(Ⅱ)-Cd(Ⅱ)、混合 Pb(Ⅱ)-Cd(Ⅱ)-Zn(Ⅱ)等三种溶液体系中，对 Pb(Ⅱ)的吸附容量 q_e 与 Pb(Ⅱ)初始浓度 C_e 的关系。从中可以看出，SiFh@HNT_{40} 在这三种溶液体系中的 Pb(Ⅱ)吸附数据均可用 Langmuir 吸附等温线模型进行很好的拟合($R^2>0.892$)，并计算得到相应的最大理论吸附容量(q_{max})分别为 201.3 mg/g、182.4 mg/g 和 169.7 mg/g。这说明，Cd(Ⅱ)、Zn(Ⅱ)共存尽管会降低 SiFh@HNT_{40} 对 Pb(Ⅱ)的吸附性能，但其降低程度很小。Pb(Ⅱ)对 SiFh@HNT_{40} 表面吸附位点的这种强烈竞争优势，应该与其具有更大的原子量、电负性和离子半径等有密切关系[12,176-177]。最后，将 SiFh@HNT_{40} 对 Cd(Ⅱ)、Zn(Ⅱ)、Pb(Ⅱ)的 q_{max} 值与相似类型的铁氧化物杂化吸附剂进行比较(表 5-2)。从中可以看出,$SiFh@HNT_{40}$对 Cd(Ⅱ)、Zn(Ⅱ)、Pb(Ⅱ)的吸附能力明显超过或接近于其他类似杂化吸附剂,这凸显了 $SiFh@HNT_{40}$对重金属离子的优异吸附性能。

表 5-2 $SiFh@HNT_{40}$与相关吸附剂在 Cd(Ⅱ)、Zn(Ⅱ)和 Pb(Ⅱ)吸附容量(q_{max})上的对比

吸附质	吸附剂	吸附容量 q_{max} /(mg/g)	试验参数	参考文献
Cd(Ⅱ)	Fh@biochar	174.4	T=25 ℃,pH=5.0	[216]
	Fe_3O_4@graphene oxide	104.6	T=25 ℃,pH=5.0	[219]
	Fe_3O_4@LDH@graphene oxide	45.1	T=25 ℃,pH=5.0	[220]
	$SiFh@HNT_{40}$	115.6	T=25 ℃,pH=5.5	本研究
Zn(Ⅱ)	g-C_3N_4@Fe_3O_4	42.0	T=25 ℃,pH=5.0	[226]
	Fe_3O_4@biochar	65.9	T=25 ℃,pH=6.0	[227]
	$SiFh@HNT_{40}$	71.2	T=25 ℃,pH=5.5	本研究
Pb(Ⅱ)	Fh@biochar	546.5	T=25 ℃,pH=5.0	[216]
	Fe_3O_4@graphene oxide	188.2	T=25 ℃,pH=5.0	[219]
	Fe_3O_4@LDH@graphene oxide	192.3	T=25 ℃,pH=5.0	[220]
	$SiFh@HNT_{40}$	201.3	T=25 ℃,pH=5.5	本研究

总之,不同重金属离子会竞争 $SiFh@HNT_{40}$表面的吸附位点,竞争能力顺序为:Pb(Ⅱ)>Cd(Ⅱ)>Zn(Ⅱ)。Pb(Ⅱ)竞争能力极强,Pb(Ⅱ)共存会几乎完全抑制 $SiFh@HNT_{40}$对 Cd(Ⅱ)和 Zn(Ⅱ)的吸附。

5.3.4 共存四环素对 Cd(Ⅱ)、Pb(Ⅱ)和 Zn(Ⅱ)吸附行为的影响

(1) 共存 TC 对 Cd(Ⅱ)吸附的影响

图 5-5(a)展示了 $SiFh@HNT_{40}$在不含 TC 和含 TC(100 mg/L)的 pH=5.5 溶液中的 Cd(Ⅱ)吸附等温线。

从中可以看出,Cd(Ⅱ)在 $SiFh@HNT_{40}$上的吸附量随 Cd(Ⅱ)初始浓度的增加而增加,可用 Langmuir 吸附等温线模型进行很好的拟合(R^2>0.920)。TC 的加入显著增加了 Cd(Ⅱ)在 $SiFh@HNT_{40}$上的吸附量。图 5-5(b)进一步展示了 pH 值对 $SiFh@HNT_{40}$在不含 TC 和含 TC(100 mg/L)溶液中 Cd(Ⅱ)吸附的影响。结果表明,Cd(Ⅱ)在 $SiFh@HNT_{40}$上的吸附量随溶液 pH 值增加而增加;当溶液 pH 值达到 8.0 时,$SiFh@HNT_{40}$对 Cd(Ⅱ)的吸附量最大;当溶液 pH>8.0 时,Cd(Ⅱ)发生沉淀。TC 的加入显著影响了 Cd(Ⅱ)在 $SiFh@HNT_{40}$

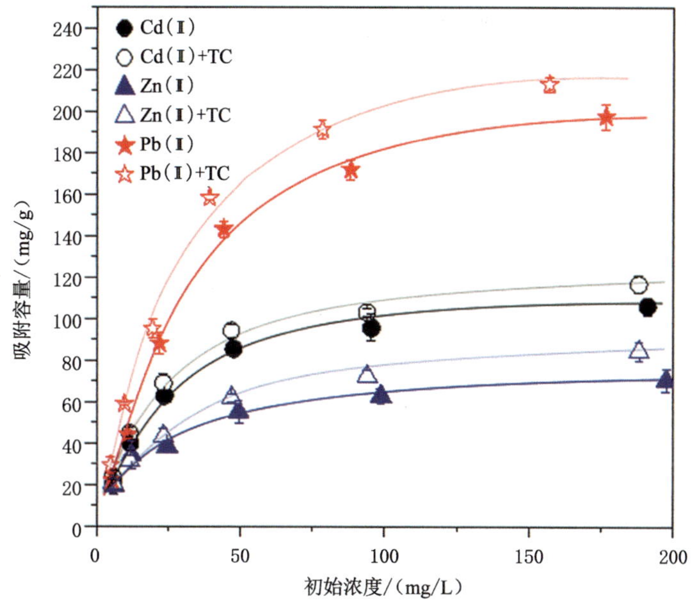

(a) pH=5.5，T=25 ℃，离子强度0.001 mol/L，吸附剂用量0.25 g/L

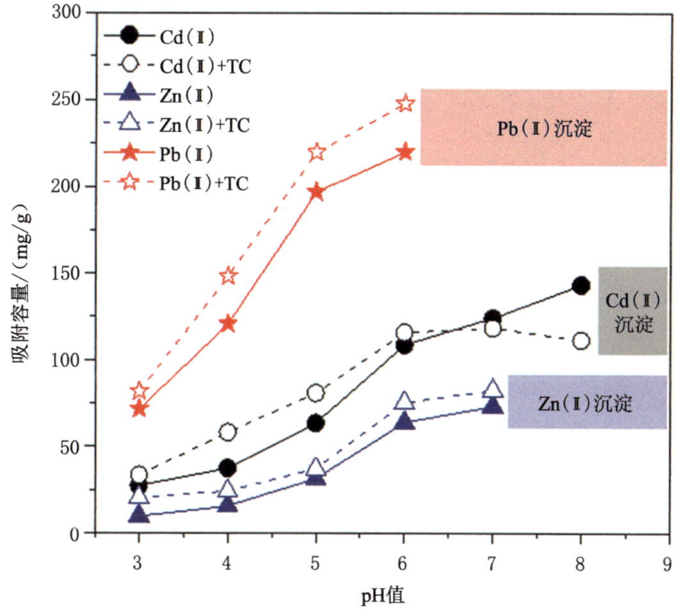

(b) T=25 ℃，离子强度0.001 mol/L，吸附剂用量0.25 g/L，重金属离子初始浓度50 mg/L

图 5-5 SiFh@HNT40 在含和不含四环素溶液中的重金属吸附等温线
以及重金属离子吸附量与 pH 值的关系

上的吸附；当溶液 pH<6.5 时，TC 的存在增加了 Cd(Ⅱ)在 SiFh@HNT_{40}上的吸附；当溶液 pH>6.5 时，与不存在 TC 时的 Cd(Ⅱ)吸附相比，TC 的存在降低了 Cd(Ⅱ)在 SiFh@HNT_{40}上的吸附。

TC 分子具有乙酰胺、二甲铵和酚二酮等三个可电离官能团[图 5-6(a)]，这使得 TC 是一种相对高效的金属螯合剂[228]。过渡金属离子(Cd^{2+}、Zn^{2+}、Pb^{2+})比碱金属和碱土金属(Na^{+}、K^{+}、Ca^{2+}、Mg^{2+})具有更大的离子电位，通常与有机配体具有更强的络合能力，形成 TC-金属络合物(AMCs)[16,229]。此外，TC 分子属于两性化合物，其可电离官能团随 pH 值发生质子化-脱质子化反应，相应酸离解常数 pK_{a1}、pK_{a2}和 pK_{a3}值分别为 3.3、7.68 和9.68[图 5-6(b)]。在 pH<3.3 时，以阳离子 TCH_3^+ 为主要存在形式；在 3.3<pH<7.68 时，以两性离子 $TCH_2^{\pm}$ 占主导地位；在 pH>7.68 时，以阴离子 TCH^- 和 TC^{2-} 占主导地位。相应的，所生成的 TC-金属络合物也存在阳离子、中性离子和阴离子物种[16]。

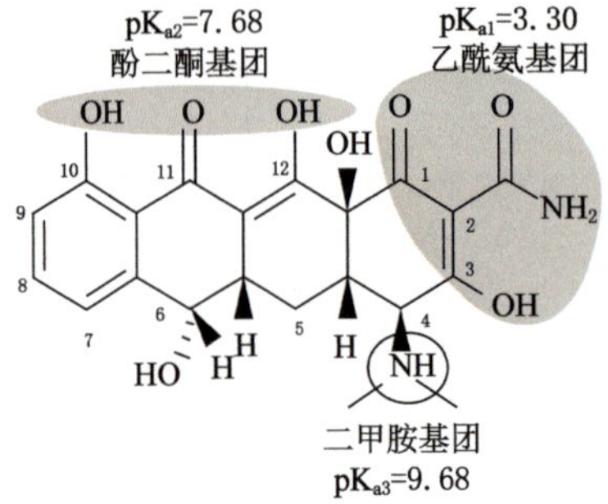

(a)

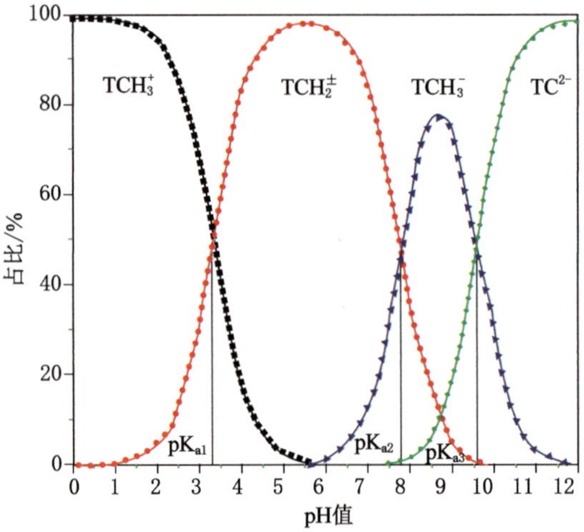

(b)

图 5-6　TC 分子结构及其在不同 pH 值条件下的电离物种

结合 TC 和 TC-金属络合物随 pH 值变化的电离特性，对本研究中 TC 对 SiFh@HNT_{40}吸附 Cd(Ⅱ)的影响做出解释。很显然，TC 的存在导致溶液中 Cd(Ⅱ)主要以 TC-Cd(Ⅱ)络合物的形式存在。当溶液 pH>6.5 时，TC-Cd(Ⅱ)络合物具有电负性[230]，与游离的 Cd(Ⅱ)阳离子相比，对 SiFh@HNT_{40}表面的亲和力更低，因为 SiFh@HNT_{40} 表面在这种 pH 值下具有高的负电荷[图 5-3(b)]。所以，这种 pH 值下，TC 的存在降低了 Cd(Ⅱ)在 SiFh@HNT_{40}

上的吸附。当溶液 pH<6.5 时，TC 的存在会增加 Cd(Ⅱ)在 $SiFh@HNT_{40}$ 上的吸附。这可能是因为在该 pH 值下，TC-Cd(Ⅱ)络合物具有正电荷[230]，对 $SiFh@HNT_{40}$ 的亲和力比游离 Cd(Ⅱ)离子更强。另一个可能的原因是更多的 Cd(Ⅱ)通过 TC 桥吸附在 $SiFh@HNT_{40}$ 上[231-232]。

为了普遍性地了解 TC 存在对 $SiFh@HNT_{40}$ 吸附重金属离子的影响，除 Cd(Ⅱ)以外，本研究还对 Zn(Ⅱ)和 Pb(Ⅱ)开展了类似研究。结果表明，在溶液 pH＝5.5 条件下，TC 的加入也会显著增加了 Zn(Ⅱ)和 Pb(Ⅱ)在 $SiFh@HNT_{40}$ 上的吸附量[图 5-5(a)]。在 $SiFh@HNT_{40}$ 吸附 Zn(Ⅱ)和 Pb(Ⅱ)的 pH 值影响试验中，同样也可以观察到：当溶液 pH<6.5 时，TC 的存在增加了 Zn(Ⅱ)和 Pb(Ⅱ)在 $SiFh@HNT_{40}$ 上的吸附。至于 pH<6.5 时的情形，并未加以研究，因为在此 pH 值下，Zn(Ⅱ)和 Pb(Ⅱ)已经开始大规模地分别形成沉淀 $Zn(OH)_2$ 和 $Pb(OH)_2$。这说明在 pH<6.5 的较低 pH 值范围内，TC 存在可以普遍增加 $SiFh@HNT_{40}$ 对 Cd(Ⅱ)、Zn(Ⅱ)、Pb(Ⅱ)等的吸附量。

(2) 共存 Cd(Ⅱ)对四环素 TC 吸附的影响

图 5-7(a)展示了 $SiFh@HNT_{40}$ 在不含 Cd(Ⅱ)和含 Cd(Ⅱ)(50 mg/L)的 pH＝5.5 溶液中的 TC 吸附等温线。从中可以看出，TC 在 $SiFh@HNT_{40}$ 上的吸附量随 TC 初始浓度的增加而增加，可用 Langmuir 吸附等温线模型进行很好的拟合($R^2>0.962$)，并计算得到相应的最大理论吸附容量(q_{max})为 113.3 mg/g。这反映了 $SiFh@HNT_{40}$ 对 TC 较强的吸附性能，虽然低于生物炭和氧化石墨烯，但明显高于伊利石和水滑石的 TC 吸附性能(表 5-3)。此外，还可以观察到，Cd(Ⅱ)的引入显著增加了 TC 在 $SiFh@HNT_{40}$ 上的吸附。

图 5-7(b)展示了 pH 值对 $SiFh@HNT_{40}$ 在不含 Cd(Ⅱ)和含 Cd(Ⅱ)(100 mg/L)溶液中 TC 吸附的影响。结果表明，$SiFh@HNT_{40}$ 对 TC 的吸附量随溶液 pH 值升高呈现先升后降的趋势。这可以用 $SiFh@HNT_{40}$ 表面电位特征来解释：在低 pH 值区域，$SiFh@HNT_{40}$ 表面带正电荷，TC 以阳离子 TCH_3^+ 为主要存在形式，从而导致 $SiFh@HNT_{40}$ 对 TC 的吸附相对较少。也可能通过氢键作用发生物理吸附，源于四环素分子的氨基与 $SiFh@HNT_{40}$ 表面的羟基相互作用生成氢键 Fe—OH…N。在高 pH 值区域，$SiFh@HNT_{40}$ 表面带负电荷，TC 以阴离子 TCH^- 和 TC^{2-} 为主要存在形式，这也导致 $SiFh@HNT_{40}$ 对 TC 的吸附相对较少。所以，最终在 $SiFh@HNT_{40}$ 的零电荷位置($pH_{PZC}\approx5$)表现出更高的 TC 吸附量。

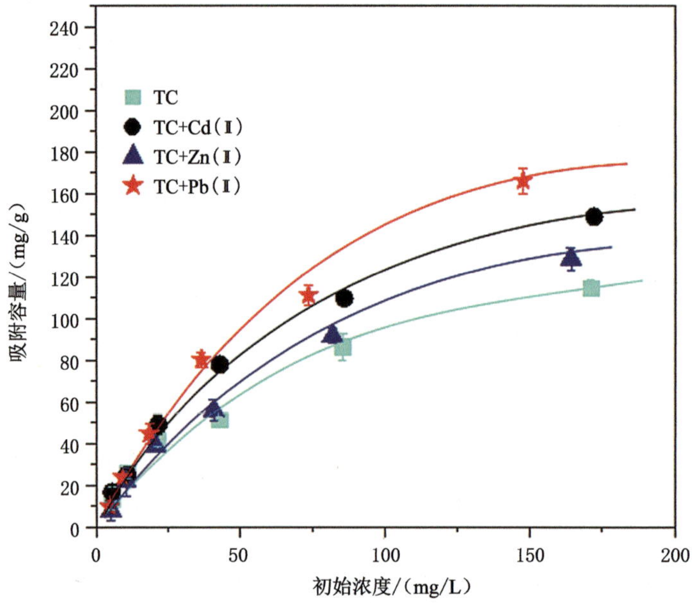

（a）pH=5.5，T=25 ℃，离子强度0.001 mol/L，吸附剂用量0.25 g/L

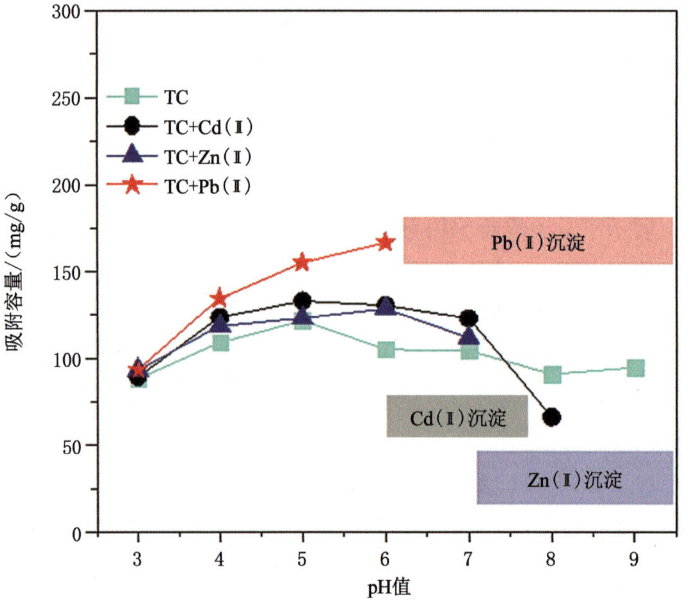

（b）T=25 ℃，离子强度0.001 mol/L，吸附剂用量0.25 g/L，TC初始浓度100 mg/L

图 5-7　SiFh@HNT40 在不含 Cd（Ⅱ）和含 Cd（Ⅱ）（50 mg/L）的 pH＝5.5 溶液中的 TC 吸附等温线

表 5-3　SiFh@HNT$_{40}$与其他相关吸附剂在四环素吸附容量(q_{max})上的对比

吸附剂	吸附容量 q_{max}/(mg/g)	试验参数	参考文献
颗粒生物炭	375.5	T=25 ℃,pH=7.5	[233]
氧化石墨烯	313.0	T=25 ℃,pH=3.6	[234]
钙基膨润土	283.5	T=25 ℃,pH=3.0	[10]
蒙脱石	250.0	T=25 ℃,pH=5.5	[235]
累托石	140.0	T=25 ℃,pH=5.0	[236]
多壁碳纳米管	100.0	T=25 ℃,pH=5.8	[237]
水滑石	98.1	T=10 ℃,pH=3.0	[238]
伊利石	32.0	T=25 ℃,pH=5.5	[239]
SiFh@HNT$_{40}$	115.6	T=25 ℃,pH=5.5	本研究

在图 5-7(b)中也可以看到，Cd(Ⅱ)的引入显著影响了 TC 在 SiFh@HNT$_{40}$上的吸附。在低 pH 值区域,Cd(Ⅱ)的引入显著增加了 SiFh@HNT$_{40}$对 TC 的吸附。这可能是因为在此 pH 值下，TC 以 TC-Cd(Ⅱ)络合物的形式被 SiFh@HNT$_{40}$吸附,TC 和 Cd(Ⅱ)的络合降低了 TC-Cd(Ⅱ)络合物整体的正电荷密度[230]。在高 pH 值区域,Cd(Ⅱ)的引入显著降低了 SiFh@HNT$_{40}$对 TC 的吸附。这可能是因为在此 pH 值下,TC-Cd(Ⅱ)络合物具有更高的电负性[230],与游离的阴离子 TCH^- 和 TC^{2-} 相比,对 SiFh@HNT$_{40}$表面的亲和力更低。

为了普遍性地了解重金属离子存在对 SiFh@HNT$_{40}$吸附 TC 的影响,还研究了 Zn(Ⅱ)和 Pb(Ⅱ)引入对 TC 吸附的影响研究。结果表明,在溶液 pH=5.5 条件下,Zn(Ⅱ)和 Pb(Ⅱ)的加入也会显著增加 TC 在 SiFh@HNT$_{40}$上的吸附量[图 5-7(a)]。在 SiFh@HNT$_{40}$吸附 TC 的 pH 值影响试验中,同样也可以观察到:在低 pH 值区域,Zn(Ⅱ)和 Pb(Ⅱ)的引入显著增加了 SiFh@HNT$_{40}$对 TC 的吸附。至于 pH<6.5 时的情形,并未加以研究,因为在此 pH 值下,Zn(Ⅱ)和 Pb(Ⅱ)已经开始大规模地分别形成 $Zn(OH)_2$ 沉淀和 $Pb(OH)_2$ 沉淀。

整体来看,有机物四环素 TC 与 Cd(Ⅱ)离子的共存,可以同时提升 SiFh@HNT$_{40}$对 TC 与 Cd(Ⅱ)的吸附量,尤其是在低 pH 值水体中。TC-Cd(Ⅱ)络合物的形成,是这种现象出现的内在机理。

5.3.5　共存无机阴离子对 Cd(Ⅱ)吸附行为的影响

图 5-8 展示了无机阴离子浓度对 SiFh@HNT$_{40}$吸附 Cd(Ⅱ)的影响。从中可以看出 CO_3^{2-}、SO_4^{2-}、NO_3^- 和 Cl^- 等阴离子的存在会显著影响 Cd(Ⅱ)

在 SiFh@HNT$_{40}$上的吸附量。CO_3^{2-} 的引入会增加 Cd(Ⅱ)在 SiFh@HNT$_{40}$上的吸附量。这种现象应该主要与 CO_3^{2-} 与 Cd(Ⅱ)络合形成 $CdCO_3$ 沉淀有关[13,240]。其证据是:随着体系中 CO_3^{2-} 浓度的升高,越来越多的 Cd(Ⅱ)转化为固态 $CdCO_3$;当 CO_3^{2-} 浓度达到 40 mg/L 以上时,试验体系中的 Cd(Ⅱ)已经完全转化为固态 $CdCO_3$。

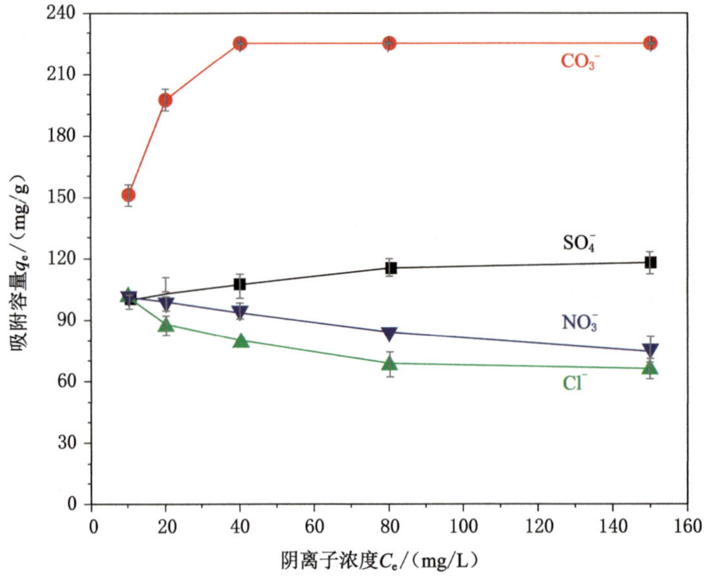

图 5-8　背景阴离子对 Cd(Ⅱ)在 Fh@HNT$_{40}$上吸附容量的影响

[pH=5.5,T=25 ℃,初始 Cd(Ⅱ)浓度 50 mg/L,吸附剂用量 0.25 g/L]

SO_4^{2-} 的引入同样也会增加 Cd(Ⅱ)在 SiFh@HNT$_{40}$上的吸附量(图 5-8)。随着体系 SO_4^{2-} 浓度升高,Cd(Ⅱ)在 SiFh@HNT$_{40}$上的吸附量同步升高;当 SO_4^{2-} 浓度升高至最大浓度 150 mg/L 时,Cd(Ⅱ)在 SiFh@HNT$_{40}$上的吸附量提升了约 20%。结合先前文献可知,SO_4^{2-}、Cd(Ⅱ)与铁氧化物表面羟基三者之间可以发生键合,生成三元表面络合物 $Fe_2OHCdSO_4$。所以,SO_4^{2-} 存在促进 SiFh@HNT$_{40}$的 Cd(Ⅱ)吸附量。

Cl^- 的引入会削弱 Cd(Ⅱ)在 SiFh@HNT$_{40}$上的吸附量(图 5-8)。随着体系 Cl^- 浓度升高,Cd(Ⅱ)在 SiFh@HNT$_{40}$上的吸附量同步降低;当 Cl^- 浓度升高至最大浓度 150 mg/L 时,Cd(Ⅱ)在 SiFh@HNT$_{40}$上的吸附量降低了约 34%。Cl^- 可以与 Cd(Ⅱ)反应,形成无机络合物 $CdCl^+$、$CdCl_2^0$、$CdCl_3^-$ 和 $CdCl_4^{2-}$[13,240]。这导致 Cd 元素的电负性降低,从而在本研究的 pH=5.5 试验条

件下，与 SiFh@HNT_{40}($pH_{PZC} \approx 5$)的亲和力降低。

NO_3^- 的存在也会削弱 Cd(Ⅱ)在 SiFh@HNT_{40}上的吸附量(图 5-8)。随着体系 NO_3^- 浓度升高，Cd(Ⅱ)在 SiFh@HNT_{40}上的吸附量同步降低；当 NO_3^- 浓度升高至最大浓度 150 mg/L 时，Cd(Ⅱ)在 SiFh@HNT_{40}上的吸附量降低了约25%。NO_3^- 可以与 Cd(Ⅱ)反应，形成无机络合物 $CdNO_3^+$[13,240]。这导致 Cd 元素的电负性降低，从而在本研究的 pH=5.5 试验条件下，与 SiFh@HNT_{40}($pH_{PZC} \approx 5$)的亲和力降低。

总之，无机阴离子的存在会显著影响 Cd(Ⅱ)在 SiFh@HNT_{40}上的吸附量。SO_4^{2-} 和 CO_3^{2-} 的存在，会通过生成 $CdCO_3$ 和 $Fe_2OHCdSO_4$ 来促进 Cd(Ⅱ)在 SiFh@HNT_{40} 上的吸附。Cl^- 和 NO_3^- 的存在，会通过生成低电负性络合物($CdCl^+$、$CdNO_3^+$等)来削弱 Cd(Ⅱ)在 SiFh@HNT_{40}上的吸附。从实际应用出发，SiFh@HNT_{40}适用于治理矿山排水场景中的 Cd(Ⅱ)污染，因为这种污水中通常含有高浓度的 SO_4^{2-} 和 CO_3^{2-}[15,241]。

5.3.6 不同类型水体对 Cd(Ⅱ)吸附的影响

图 5-9(a)展示了实际水体对 SiFh@HNT_{40}吸附 Cd(Ⅱ)的影响。从中可以看出，以纯净水为参照，自来水、湖水和河水等不同水型会显著促进 SiFh@HNT_{40}对 Cd(Ⅱ)的吸附，分别可将 Cd(Ⅱ)在 SiFh@HNT_{40}上的吸附量提升约 22%、31%和 42%。

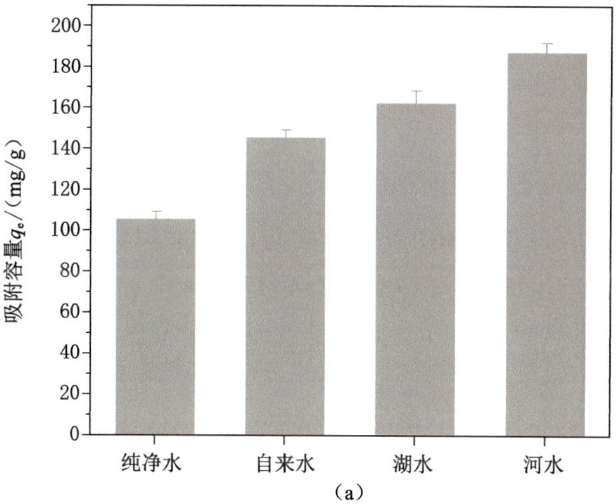

图 5-9 不同类型水体对 Cd(Ⅱ)在 Fh@HNT_{40}上吸附容量的影响及 SiFh@HNT_{40}吸附 Cd(Ⅱ)的循环使用

[T=25 ℃，初始 Cd(Ⅱ)浓度 50 mg/L，吸附剂用量 0.25 g/L]

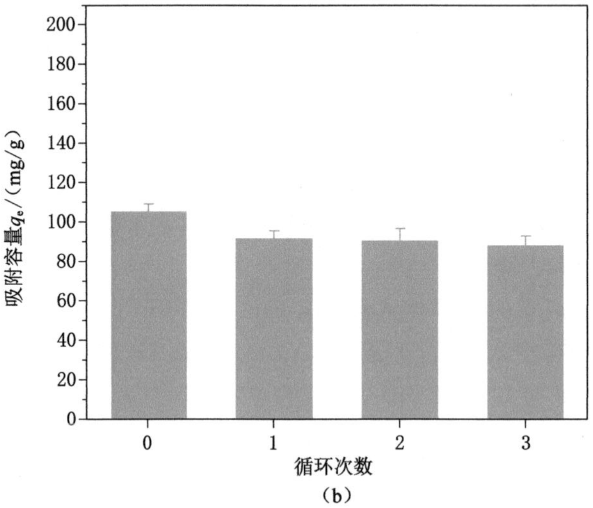

图 5-9 (续)

表 5-4 进一步列出了自来水、湖水和河水等三种水体的背景 pH 值、背景阴离子和 TOC 含量。

表 5-4 所用水体的主要水化学指标含量 单位:mg/L

水体	pH 值	TOC	SO_4^{2-}	Cl^-	NO_3^-	F^-	NO_2^-	PO_4^{3-}	Br^-	SO_3^-
自来水	7.5	2.8	23.4	12.9	4.0	0.3	0	0	0	0
湖水	7.3	4.9	22.8	10.3	3.2	0.4	0	0	0	0
河水	7.2	7.4	40.9	11.8	0.5	0.4	0	0	0	0

这三类水体的 pH 值介于 7.2～7.5 之间,由此可以排除 Cd(Ⅱ)与 OH^- 生成 $Cd(OH)_2$ 现象的出现,因为 Cd(Ⅱ)在 pH>8 条件下才开始生成 $Cd(OH)_2$。其次,在自来水、湖水和河水等三类水体中,SO_4^{2-} 浓度分别达到 23.4 mg/g、22.8 mg/g和 40.9 mg/g,远高于 Cl^-、NO_3^- 等其他阴离子的浓度。所以,可能正是因为 SO_4^{2-} 的较高浓度存在,促进了 SiFh@HNT_{40} 在自来水、湖水和河水中对 Cd(Ⅱ)的吸附,因为 SO_4^{2-} 可通过生成 $Fe_2OHCdSO_4$ 来促进 Cd(Ⅱ)在 SiFh@HNT_{40} 上的吸附。实际上,在 SO_4^{2-} 含量最高的河水中,SiFh@HNT_{40} 也的确表现出最佳的 Cd(Ⅱ)吸附性能。另外,TOC 浓度从小到大排序为:$TOC_{自来水}<TOC_{湖水}<TOC_{河水}$,这与三种水体对 SiFh@$HNT_{40}$ 吸附 Cd(Ⅱ)的促进程度相一致。由此推测,CO_3^{2-} 也可能是 SiFh@HNT_{40} 在河水中表现出最佳 Cd(Ⅱ)吸附性能的一

个原因。因为 TOC 与 CO_3^{2-} 密切相关，而 CO_3^{2-} 的存在会导致 $CdCO_3$ 沉淀的生成。流动的河水更容易溶解空气中的二氧化碳，从而的确含有相对更高的 CO_3^{2-} 浓度。由此来看，$SiFh@HNT_{40}$ 也具有治理天然水体 Cd(Ⅱ)污染的潜力。

5.3.7　解吸附和循环使用

用柠檬酸(10 mmol/L)作为解吸剂，对吸附有 Cd(Ⅱ)的 $SiFh@HNT_{40}$ 进行解吸。经过三次循环使用后，$SiFh@HNT_{40}$ 的 Cd(Ⅱ)吸附容量下降了 15.9%[图 5-9(b)]，这表明 $SiFh@HNT_{40}$ 可重复循环使用来吸附去除水体 Cd(Ⅱ)。

5.4　本章小结

在前面第 4 章筛选出新型吸附剂硅质水铁矿改性埃洛石 $SiFh@HNT_{40}$ 的基础上，本章进一步研究了各种环境因素对 $SiFh@HNT_{40}$ 镉吸附行为的影响。结果表明，$SiFh@HNT_{40}$ 的 Cd(Ⅱ)吸附速度非常快，在 30 min 内即可完成 99% 的吸附量；Cd(Ⅱ)初始浓度升高可提升 $SiFh@HNT_{40}$ 的 Cd(Ⅱ)吸附容量。温度升高有利于提升 $SiFh@HNT_{40}$ 的 Cd(Ⅱ)吸附容量，归因于其金属羟基络合吸附 Cd(Ⅱ)的化学吸附本质。pH 值升高可提升 $SiFh@HNT_{40}$ 的 Cd(Ⅱ)吸附容量，归因于金属羟基去质子化作用增强促进了其对 Cd(Ⅱ)的络合吸附。背景离子强度增加会削弱 $SiFh@HNT_{40}$ 的 Cd(Ⅱ)吸附容量，归因于碱金属类背景阳离子(如 Na^+)与重金属阳离子竞争吸附位点。

研究结果，$SiFh@HNT_{40}$ 对多种重金属离子均有良好吸附效果，吸附容量从大到小依次为：Pb(Ⅱ)(201.3 mg/g)＞Cd(Ⅱ)(106.2 mg/g)＞Zn(Ⅱ)(71.2 mg/g)。而且，共存 Cd(Ⅱ)-Zn(Ⅱ)-Pb(Ⅱ)对 $SiFh@HNT_{40}$ 表面吸附位点有强烈竞争关系。Zn(Ⅱ)共存可将 $SiFh@HNT_{40}$ 的 Cd(Ⅱ)吸附容量削减约 42%，Pb(Ⅱ)共存则近乎阻断了 $SiFh@HNT_{40}$ 对 Cd(Ⅱ)的吸附。四环素与 Cd(Ⅱ)共存，可将 $SiFh@HNT_{40}$ 对 Cd(Ⅱ)和四环素的吸附容量分别提升约 5% 和 28%，这可能与 TC-Cd(Ⅱ)络合物的形成有关。

此外，研究结果也表明，无机阴离子 SO_4^{2-} 和 CO_3^{2-} 的存在，会通过生成 $CdCO_3$ 和 $Fe_2OHCdSO_4$ 来促进 Cd(Ⅱ)在 $SiFh@HNT_{40}$ 上的吸附；相反的，无机阴离子 Cl^- 和 NO_3^- 的存在，则会通过生成低电负性络合物($CdCl^+$、$CdNO_3^+$ 等)来削弱 Cd(Ⅱ)在 $SiFh@HNT_{40}$ 上的吸附。这一现象也在自来水、湖水和河水等三类自然水体中得到印证，该三类水体的 SO_4^{2-} 和 CO_3^{2-} 浓度远高于 Cl^- 和 NO_3^- 等其他阴离子浓度。循环试验表明，$SiFh@HNT_{40}$ 可多次重复循环利用来吸附去除水体 Cd(Ⅱ)。

整体来看，硅质水铁矿改性埃洛石 SiFh@HNT$_{40}$是一种吸附速度快、可多次循环使用且对 Cd(Ⅱ)、Zn(Ⅱ)和 Pb(Ⅱ)等多种重金属离子均有良好吸附效果的新型吸附剂，尽管其在混合重金属体系中会发生明显的竞争吸附。从环境因素影响角度来看，温度和 pH 值的升高、无机阴离子 SO_4^{2-} 和 CO_3^{2-} 的存在、四环素类有机物的共存，均有利于提升 SiFh@HNT$_{40}$的 Cd(Ⅱ)吸附容量；然而，背景离子强度的升高、无机阴离子 Cl^- 和 NO_3^- 的存在，则会相反地削弱 SiFh@HNT$_{40}$的 Cd(Ⅱ)吸附容量。由此来看，硅质水铁矿改性埃洛石 SiFh@HNT$_{40}$可能适用于矿山排水场景的 Cd(Ⅱ)污染治理，因为这种污水中通常含有高浓度的 SO_4^{2-} 和 CO_3^{2-}。此外，SiFh@HNT$_{40}$也可能适用于集约化畜禽养殖业废水中抗生素和重金属离子污染治理，因为抗生素和 Zn、Cu 等微量营养元素是常用的饲料添加剂。

第 6 章　铁锰双金属氧化物改性埃洛石纳米管 $MnFe_2O_4$@HNTs 的制备及其重金属离子吸附性能和机理

6.1　引言

相较于单金属氧化物(如 Fe_xO_y),双金属氧化物常具有优异的性能和特点而引发关注。尖晶石铁氧体作为最常见的一类双金属氧化物,具有化学通式 $A^{2+}B_2^{3+}O_4$。其中,A 是任何二价金属阳离子(如 Ca^{2+}、Mn^{2+}、Mg^{2+}、Cu^{2+}、Co^{2+} 等),B 是三价金属阳离子(如 Fe^{3+})[242]。锰铁尖晶石($MnFe_2O_4$)是尖晶石铁氧体的一种,其每个晶胞由两个 Mn^{2+} 占据的四方体空隙和四个 Fe^{3+} 离子占据的八方体空隙组成[243]。研究表明,因为二价阳离子 Mn^{2+} 的取代,使得 $MnFe_2O_4$ 具有比单金属氧化物(50 m^2/g)更大的表面积(180 m^2/g)[244]。此外,因为三价 Fe^{3+} 的取代,使得 $MnFe_2O_4$ 具有比单金属氧化物更稳定的晶体结构,如 Fe_3O_4 组成中 Fe^{2+} 的存在使其在自然环境中容易发生相变并改变其性能。有鉴于其在比表面积和晶体结构稳定性方面的显著优势,$MnFe_2O_4$ 表现出很好的重金属离子吸附性能[245-249],已经被用来与氧化石墨烯、生物炭、壳聚糖、膨润土等基质材料复合制备成新型的重金属吸附剂[250-254]。

埃洛石黏土纳米管具有纵横比高、比表面积大和分散性强的特点,这有利于其与修饰物的充分接触。此外,埃洛石纳米管还具有几乎可与碳纳米管相媲美的机械强度和耐高温特性[45-46]。所以,近年来埃洛石纳米管常被用作支撑体,在其表面锚定小尺寸金属和金属氧化物纳米颗粒[如 Cu、MnO_2、Fe_3O_4、$La_2O_2CO_3$、α-$Ni(OH)_2$ 等],来制备成结构性能优异的金属-黏土纳米杂化材料[54-55,58,62,122]。关于将金属氧化物改性埃洛石纳米管用作重金属吸附剂,已开展一些相关研究,主要涉及将单金属氧化物 Fe^0、Fe_3O_4 或 MnO_2 锚定到埃洛石纳米管上,由此所制备杂化物 Fe^0@HNTs、Fe_3O_4@HNTs 和 MnO_2@HNTs,

对 Cd(Ⅱ)、Pb(Ⅱ)和 Ag(Ⅰ)等重金属离子的吸附性能明显高于埃洛石纳米管[79,144-146]。然而令人遗憾的是，尚未用双金属氧化物(如 $MnFe_2O_4$)来开展这方面的研究工作。

常使用水浴共沉淀法来制备 $MnFe_2O_4$[255]。以二价锰盐和三价铁盐按摩尔比配置成的金属盐溶液为原料，用氢氧化钠作为沉淀剂，在热水浴中老化可快速生成 $MnFe_2O_4$。研究表明，水浴温度、老化时长、pH 值、反应物混合方式(金属盐溶液滴加到碱液中，或碱液滴加到金属盐溶液中)等因素，都会对所制备 $MnFe_2O_4$ 晶体的结构性质产生影响[248,256-258]。例如，反应物混合方式(金属盐溶液滴加到碱液中，或碱液滴加到金属盐溶液中)，直接控制了 $MnFe_2O_4$ 晶体成核瞬间的 Fe^{3+}、Mn^{2+} 和 OH^- 等物料供应量，进而可对所合成 $MnFe_2O_4$ 晶体的结构、粒径大小、表面积和表面羟基等产生重要影响。

本章研究利用埃洛石纳米管表面负电荷对 Fe^{3+} 和 Mn^{2+} 的静电吸附作用以及 Fe^{3+}、Mn^{2+} 和 OH^- 的共沉淀反应，在碱性水热条件(95 ℃，pH=12 和老化2 h)下，通过改变反应物混合方式(金属盐溶液滴加到碱液中，或碱液滴加到金属盐溶液中)来制备不同的铁锰双金属氧化物改性埃洛石纳米管 $MnFe_2O_4$@HNTs(图 6-1)。用 XRD、TEM、FTIR、XPS、TEM 和 BET 等表征手段对所制备 $MnFe_2O_4$@HNTs 的物相组成、形貌结构、表面官能团和表面性质等进行分析。然后，研究了所制备 $MnFe_2O_4$@HNTs 对 Cd(Ⅱ)、Zn(Ⅱ)和 Pb(Ⅱ)等重金属离子的吸附性能，提出了制备 $MnFe_2O_4$@HNTs 的最佳合成途径。结合表征结果，讨论了所制备吸附剂 $MnFe_2O_4$@HNTs 的形成机理和重金属吸附机理。对 $MnFe_2O_4$@HNTs 用作重金属离子吸附剂的潜力和价值做出了评价。

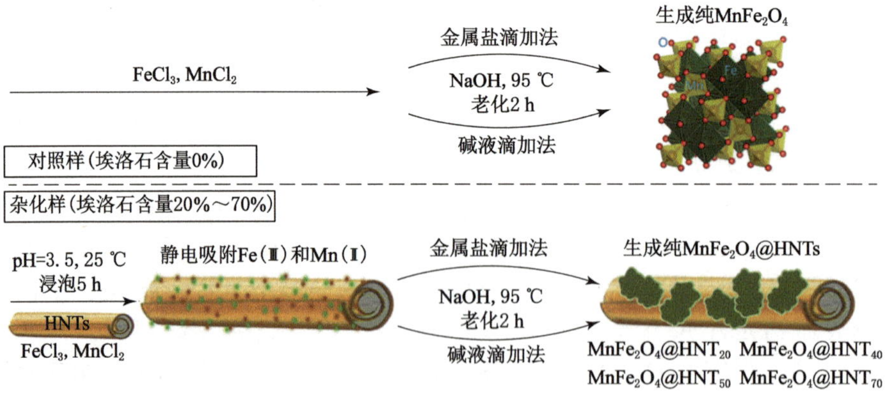

图 6-1 铁酸锰/埃洛石杂化材料 $MnFe_2O_4$@HNTs 的制备流程

6.2　材料与方法

6.2.1　试验材料和仪器

本研究中使用的埃洛石黏土纳米管[$Al_2Si_2O_5(OH)_4 \cdot 2H_2O$]购自广州润沃纳米科技公司，在 80 ℃下干燥过夜，并在干燥器中储存后使用。硝酸(HNO_3，98%)、盐酸(HCl，98%)、氢氧化钠(NaOH，≥99.0%)、氯化铁($FeCl_3 \cdot 6H_2O$，≥99.0%)和氯化锰($MnCl_2 \cdot 4H_2O$，≥99.0%)均购于上海阿拉丁生化科技股份有限公司。硝酸钠($NaNO_3$，≥99.0%)、硝酸镉[$Cd(NO_3)_2 \cdot 4H_2O$，≥99.0%]、硝酸锌[$Zn(NO_3)_2$，≥99.0%]、硝酸铅[$Pb(NO_3)_2$，≥99.0%]均购于国药集团化学试剂有限公司。这项工作中使用的化学品是分析级的，没有经过任何纯化。所有试剂均用超纯水制备。试验所使用的玻璃容器均在10% HNO_3中浸泡 24 h，并在使用前用超纯水洗涤 3 次。本试验所用仪器设备见表 2-1。

6.2.2　样品制备

在 $MnFe_2O_4$的碱性水热共沉淀制备方法[194]基础上，略加改动来制备铁锰双金属氧化物改性埃洛石纳米管 $MnFe_2O_4$@HNTs。碱性水热共沉淀反应条件设置为 98 ℃、pH＝12 和老化 2 h，采用两种方式来对反应溶液进行混合：一种是将碱液滴加到金属盐溶液中发生共沉淀(简称碱液滴加法)，另一种是将金属盐溶液滴加到碱液中发生共沉淀(简称金属盐滴加法)。具体步骤详述如下。

作为碱液滴加法，在预装有 100 mL 纯水的三角烧瓶中，依次加入 2.0 g $FeCl_3 \cdot 6H_2O$和 0.732 g $MnCl_2 \cdot 4H_2O$(摩尔比 Fe∶Mn＝2∶1)，以及埃洛石(0 g、0.5 g、1.0 g、2.0 g、4.0 g 分别对应于埃洛石含量为 0%、20%、40%、50% 和 70% 的产物 $MnFe_2O_4$、$MnFe_2O_4$@HNT_{20}、$MnFe_2O_4$@HNT_{40}、$MnFe_2O_4$@HNT_{50}和 $MnFe_2O_4$@HNT_{70})，充分混匀。用少量 NaOH 或 HCl 溶液(0.1 mol/L)将溶液调节至 pH ≈ 3.5，以最大限度地减少 Fe^{3+} 和 Mn^{2+} 的过早水解。超声处理 30 min 后，在磁力搅拌条件下浸泡 5 h，以使 Fc^{3+} 和 Mn^{2+} 通过静电吸附作用附着到埃洛石纳米管表面。浸泡完成后，将三角烧瓶置于磁力搅拌恒温水浴锅中升温至 95 ℃，在 500 r/min 搅拌下缓慢滴加 25 mL NaOH 溶液(12 mol/L)，继续在 95 ℃水浴中缓慢搅拌老化 2 h。老化处理结束后，从水浴中取出，转入冰浴中快速冷却。然后离心，并用超纯水和乙醇交替洗涤 3 次。将离心浓缩后的浆液在 105 ℃烘箱中干燥 6 h。再将得到的干燥块体研磨成粉，并在使用前将其一直储存在干燥器中。

作为金属盐滴加法，在 25 mL 纯水中，依次加入 2.0 g $FeCl_3 \cdot 6H_2O$ 和 0.732 g $MnCl_2 \cdot 4H_2O$（摩尔比 Fe∶Mn＝2∶1），以及埃洛石（0 g、0.5 g、1.0 g、2.0 g、4.0 g，分别对应于埃洛石含量为 0%、20%、40%、50%和 70%的产物 $MnFe_2O_4$、$MnFe_2O_4$@HNT_{20}、$MnFe_2O_4$@HNT_{40}、$MnFe_2O_4$@HNT_{50} 和 $MnFe_2O_4$@HNT_{70}），充分混匀。用少量 NaOH 或 HCl 溶液（0.1 mol/L）将溶液调节至 pH ≈ 3.5，以最大限度地减少 Fe^{3+} 和 Mn^{2+} 的过早水解。超声处理 30 min 后，在磁力搅拌条件下浸泡 5 h，以使 Fe^{3+} 和 Mn^{2+} 通过静电吸附作用附着到埃洛石纳米管表面。将制备好的埃洛石浆液，在 500 r/min 搅拌下缓慢滴加到 100 mL NaOH 溶液（3 mol/L，95 ℃）中。继续在 95 ℃水浴中缓慢搅拌老化 2 h。老化处理结束后，从水浴中取出，转入冰浴中快速冷却。然后离心，并用超纯水和乙醇交替洗涤 3 次。将离心浓缩后的浆液在 105 ℃烘箱中干燥 6 h。再将得到的干燥块体研磨成粉，并在使用前将其一直储存在干燥器中。

6.2.3 样品表征

使用 X 射线衍射仪（XRD；SmartLab SE，日本）和透射电子显微镜（TEM；JEM-2100plus，日本）研究材料的晶相组成和形态结构。使用傅里叶变换红外光谱（FTIR；Nicolet iS20，美国）和 X 射线光电子能谱仪（XPS；Thermo ScienceK-Alpha，美国）检查样品的表面官能团和元素/化学状态。样品的比表面积、孔径和粒径分布由全自动物理吸附脱附仪（BET；Micromeritics ASAP 2460，美国）测定，并使用 Brunauer-Emmett-Teller（BET）解析氮气吸附-脱附数据。使用电感耦合等离子体发射光谱法（ICP-OES；Agilent TCP5100VDV，美国）测量水溶液中的金属离子浓度，样品在测量之前用2% HNO_3 酸化稳定。

使用纳米颗粒粒度电位仪（Malvern Zetasizer Nano，英国）测定材料的 Zeta（ζ）电势和零电荷点（pH_{pzc}），操作流程如下[10]：在 10 mL 离心管中依次添加 8 mL $NaNO_3$ 溶液（0.01 mol/L）和 0.01 g 材料，混匀后得到材料分散液。用少量 NaOH 或 HNO_3 溶液（0.1 mol/L）调节材料分散液的 pH 值间隔（从 2 到 11）。将这些装有材料分散液的离心管放置到水浴恒温振荡器中，在 25 ℃和 150 r/min 设置条件下平衡 48 h。平衡期间，分别在 10 h、24 h 和 48 h 测定和调节材料分散液的 pH 值，以保持 pH 值恒定。平衡结束后，用移液枪吸取 1 mL 材料分散液，测定其 Zeta 电位。

6.2.4　吸附试验

为研究 pH 值对吸附的影响试验，先用 pH＝3.0 和离子强度为 0.001 mol/L $NaNO_3$ 的溶液溶解一定质量的重金属盐，分别制备 50 mg/L 的 Cd(Ⅱ)、Zn(Ⅱ)和 Pb(Ⅱ)重金属离子工作液。然后，逐渐提高重金属离子工作液的 pH 值，分别在 pH＝3、4、5、6、7、8、9、10 时移取 20 mL 等分液至 50 mL Nalgene 螺旋盖玻璃瓶中，每个瓶中预装有 5 mg 吸附剂。随后，将吸附剂置于恒温往复振动筛中，在 25 ℃和 150 r/min 的转速下平衡 24 h。同时，为揭示重金属离子沉淀形成的 pH 值边界，在相同条件下进行了不含吸附剂的空白试验。试验结束后，用注射过滤器(0.22 μm)过滤悬浮液，测量滤液重金属离子浓度。由于重复样很难达到完全相同的 pH 值，因此采用细分 pH 值间隔进行吸附试验，而不是在固定 pH 值下进行重复试验。

为研究接触时间对吸附的影响，分别将 280 mL 50 mg/L 的 Cd(Ⅱ)、Zn(Ⅱ)和 Pb(Ⅱ)重金属盐溶液(pH＝5.5，背景离子强度为 0.001 mol/L $NaNO_3$)加入 500 mL 带塞锥形烧瓶中，该烧瓶含有 70 mg 吸附剂，使得吸附剂用量为 0.25 g/L。将吸附剂置于恒温往复式振荡器中，并在 30 ℃和 150 r/min 的设置下平衡 24 h。分别在 0 min、2 min、5 min、10 min、20 min、30 min、40 min、50 min、60 min、120 min、180 min、360 min、720 min、1 440 min 时刻，用注射过滤器(0.22 μm)过滤悬浮液，测量滤液重金属离子浓度。

为研究重金属离子初始浓度和温度对吸附的影响，通过用 pH＝5.5 和背景离子强度为 0.001 mol/L $NaNO_3$ 的溶液溶解一定质量的重金属盐，分别制备一系列初始浓度为 5～150 mg/L 的 Cd(Ⅱ)、Zn(Ⅱ)和 Pb(Ⅱ)重金属离子工作液。然后，将 20 mL 重金属离子工作液加入 50 mL Nalgene 螺旋盖玻璃瓶中，该玻璃瓶含有 5 mg 吸附剂。将吸附剂在 25 ℃和 150 r/min 的往复式振动筛中平衡 24 h。试验结束之后，用注射过滤器(0.22 μm)过滤悬浮液，测量滤液中重金属离子的终止浓度。此外，将温度分别提高到 35 ℃和 45 ℃，再重复如上试验步骤，以进一步研究温度对吸附的影响。

上述所有试验均重复 3 次。在上述所有吸附试验过程中，每隔一段时间测量 pH 至少 3 次，并通过滴加 NaOH 或 HNO_3 溶液(0.1 mol/L)保持 pH＝5.5 恒定。因为 pH 值调节液滴加体积非常小，所以对溶液初始体积的影响忽略不计。在吸附过程中，注意到溶液 pH 值的显著变化。所以，溶液 pH 值必须保持恒定，因为溶液 pH 值对吸附平衡具有决定性影响。

6.3 结果与讨论

6.3.1 材料物相形貌分析

(1) XRD 物相分析

所制备材料的实体照片及相应 XRD 图谱如图 6-2 所示。

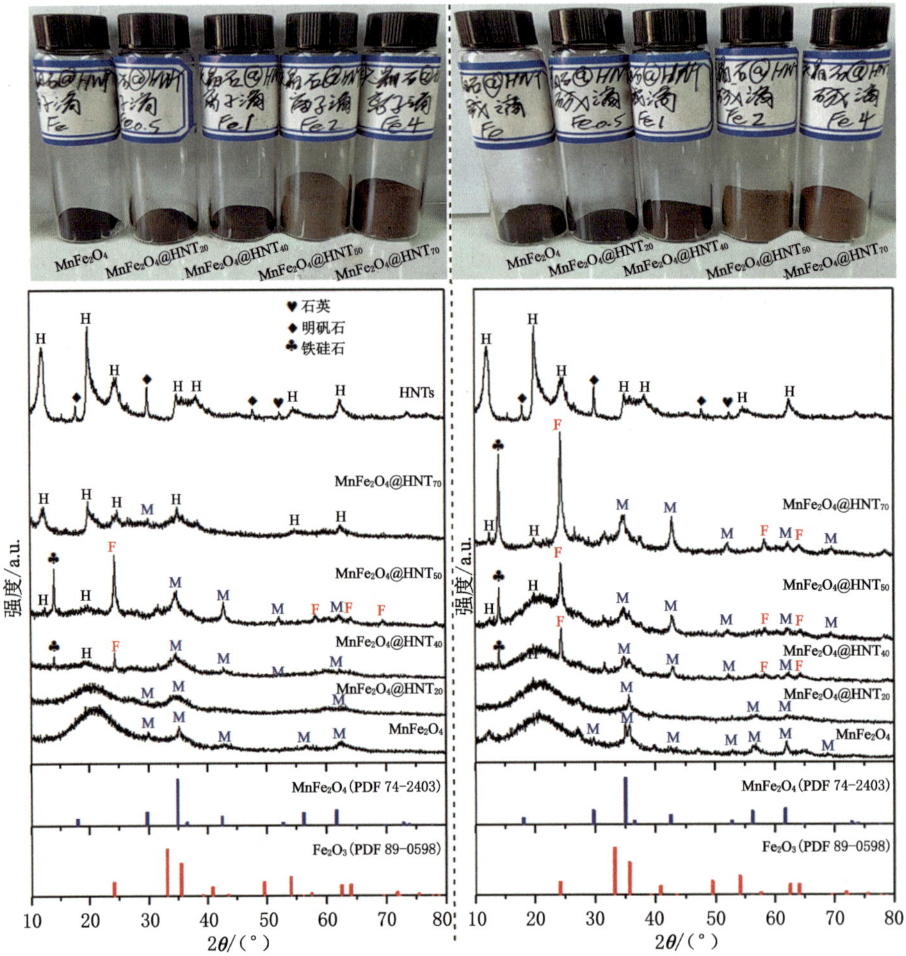

(a) 金属盐滴加法　　(b) 碱液滴加法

H—埃洛石；M—$MnFe_2O_4$；F—Fe_2O_3。

图 6-2　金属盐滴加法和碱液滴加法制备铁酸锰/埃洛石杂化材料 $MnFe_2O_4$@HNTs 的 XRD 表征

在图 6-2 中，就对照样（埃洛石含量 0%）而言，其 XRD 衍射峰都可被索引到 $MnFe_2O_4$ 的标准图谱（JCPDS No.74-2403），在 $2\theta=30°$、34°、43°、52°、57°和 62°处衍射峰，分别代表 $MnFe_2O_4$ 的(220)、(311)、(400)、(422)、(511)和(533)晶面[259]。这表明，用金属盐滴加法和碱液滴加法两种方式均可合成 $MnFe_2O_4$ 晶体。

就杂化物（埃洛石含量 20%～70%）而言，在其 XRD 图谱中可同时观察到分别属于 $MnFe_2O_4$ 和埃洛石的特征衍射峰；随埃洛石含量增加，$MnFe_2O_4$ 特征衍射峰强度不断减弱，而埃洛石特征衍射峰[在 $2\theta=12°$、20°、24.5°、35°、38°、55°和 62.5°处分别对应于埃洛石的(001)、(100)、(002)、(110)、(003)、(210)和(300)晶面[162]]强度则不断增强。此外，在杂化物 XRD 图谱中，零星伴有极少量赤铁矿 α-Fe_2O_3 的特征衍射峰（JCPDS No.89-0598），而且在碱液滴加法所制备杂化材料中，赤铁矿 α-Fe_2O_3 特征衍射峰的强度更为显著[图 6-2(b)]。这表明，纯 $MnFe_2O_4$ 以及不同埃洛石含量的 $MnFe_2O_4$@HNTs 已被成功制备。

(2) TEM 形貌分析

用金属盐滴加法和碱液滴加法两种方式所制备材料的 TEM 图谱形貌如图 6-3 所示。

在图 6-3 中，就对照样（埃洛石含量 0%）$MnFe_2O_4$ 的形貌而言，由金属盐滴加法所制备的 $MnFe_2O_4$ 晶体呈现为小粒径（5 nm）且形成团聚体[图 6-3(a)]，而由碱液滴加法所制备的 $MnFe_2O_4$ 晶体呈现为大尺寸的橄榄球状晶体，单晶长度约 100 nm[图 6-3(b)]，前人也有过类似报道[248,255]。

就所合成杂化物（以 $MnFe_2O_4$@HNT_{20} 和 $MnFe_2O_4$@HNT_{50} 为例）的形貌而言，在低埃洛石含量的 $MnFe_2O_4$@HNT_{20} 中，可观察到小尺寸的 $MnFe_2O_4$ 纳米颗粒[图 6-3(a)]或大尺寸的榄球状晶体颗粒[图 6-3(b)]，但埃洛石纳米管难以分辨出，可能与因为埃洛石掺杂比例较少有关。在中等埃洛石含量的 $MnFe_2O_4$@HNT_{50} 中，可以观察到 $MnFe_2O_4$ 晶体颗粒被负载到埃洛石纳米管的外壁或内腔中。

(3) FTIR 官能团分析

用金属盐滴加法和碱液滴加法两种方式所制备材料的 FTIR 光谱如图 6-4 所示。对照样（埃洛石含量 0%）$MnFe_2O_4$ 的 FTIR 特征吸收峰，与文献报道非常一致[248]，出现在 447 cm^{-1}（Fe—O 振动）、578 cm^{-1}（Mn—O 振动）以及 3 430 cm^{-1} 和 925 cm^{-1}（—OH 拉伸）。只是，相较于碱液滴加法，金属盐滴加法所制备 $MnFe_2O_4$ 具有更强的特征吸收峰，包括 447 cm^{-1}（Fe—O 振动）、578 cm^{-1}（Mn—O 振动）以及 3 430 cm^{-1} 和 925 cm^{-1}（—OH 拉伸）[图 6-4(a)]。

就杂化物（$MnFe_2O_4$@HNT_{20}、$MnFe_2O_4$@HNT_{40}、$MnFe_2O_4$@HNT_{50} 和

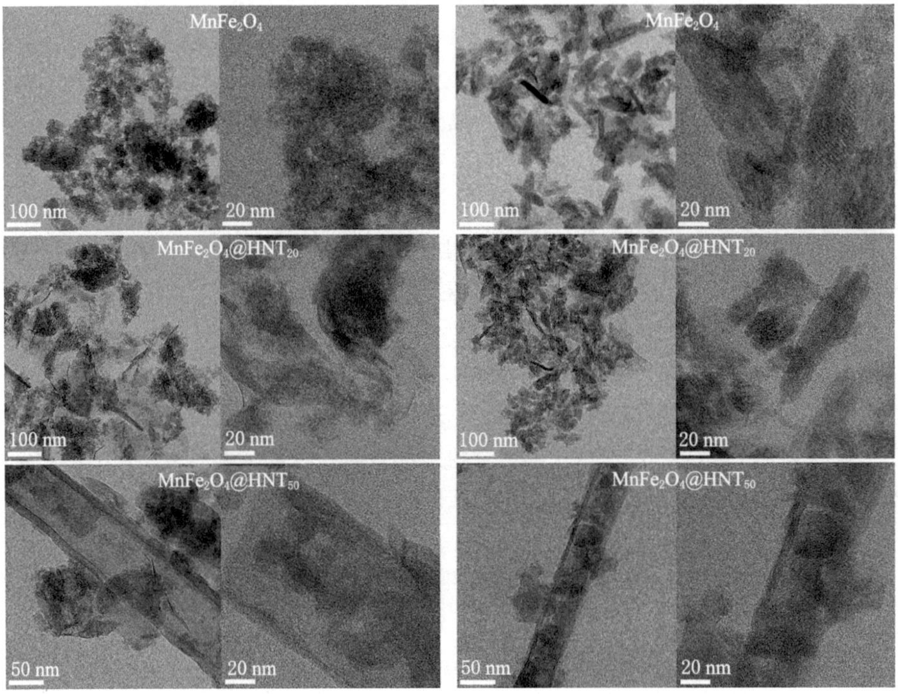

图 6-3 金属盐滴加法和碱液滴加法制备 $MnFe_2O_4$、$MnFe_2O_4$@HNT_{20}和 $MnFe_2O_4$@HNT_{50}的 TEM 表征

$MnFe_2O_4$@HNT_{70})的 FTIR 图谱而言,既可观察到属于 $MnFe_2O_4$的特征吸收峰,也可观察到属于埃洛石的特征吸收峰(754 cm^{-1}处的 Si—O—Al 伸缩振动,796 cm^{-1}处的 Si—O—Si 伸缩振动,1 031 cm^{-1}和 1 114 cm^{-1}处的 Si—O 伸缩振动,913 cm^{-1}、3 621 cm^{-1}和 3 698 cm^{-1}处的 Al—OH 伸缩振动[163-165])。而且,位于 3 430 cm^{-1}和 925 cm^{-1}位置(指示 $MnFe_2O_4$的—OH 拉伸)的吸附峰强度,随着杂化物埃洛石含量增加而呈现出先增加后降低的趋势,并以中等埃洛石含量的 $MnFe_2O_4$@HNT_{50}获得最大峰强度。

综合以上 XRD、TEM 和 FTIR 表征分析和相互印证,可在材料物相方面得出的结果是:与碱液滴加法相比而言,金属盐滴加法所制备 $MnFe_2O_4$晶体具有更细的粒径(5 nm)和相对更为丰富的—OH 群;在所有杂化物 $MnFe_2O_4$@HNTs 中,中等埃洛石含量的 $MnFe_2O_4$@HNT_{50}具有相对更为丰富的—OH 群。

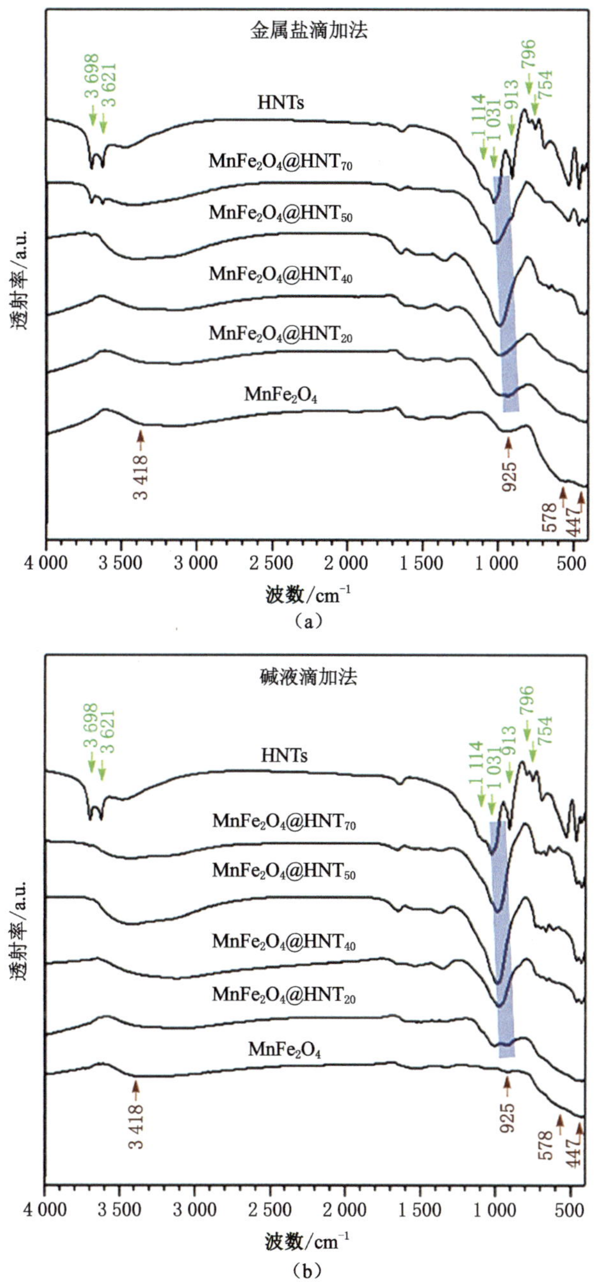

图 6-4　金属盐滴加法和碱液滴加法制备 $MnFe_2O_4$@HNTs 的 FTIR 表征

6.3.2 材料元素结合态分析

(1) XPS 全谱元素分析

用金属盐滴加法和碱液滴加法两种方式所制备材料的 XPS 全谱如图 6-5 所示。从中可以看出,对照组(埃洛石含量 0%)所制备的 $MnFe_2O_4$仅含 O(533 eV)、Fe(713 eV)和 Mn(650 eV)共三种元素。所有杂化样($MnFe_2O_4$@HNT_{20}、$MnFe_2O_4$@HNT_{40}、$MnFe_2O_4$@HNT_{50} 和 $MnFe_2O_4$@HNT_{70})则含有 Fe、O、Mn、Si(104 eV)和 Al(76 eV)等五种元素。其中,Si 和 Al 元素与黏土矿物的铝硅酸盐酸成分非常符合。

(2) XPS 的 Fe 2p 区高分辨能谱分析

用金属盐滴加法所制备材料的 Fe 2p 区高分辨能谱如图 6-6(a)所示。本方法所制备 $MnFe_2O_4$的 Fe $2p_{3/2}$和 Fe $2p_{1/2}$能谱峰值分别位于 711.0 eV 和 724.6 eV 结合能位置,这是 Fe 元素的常规结合能值[195]。所有杂化物 $MnFe_2O_4$@HNTs 的 Fe $2p_{3/2}$和 Fe $2p_{1/2}$能谱峰值发生了位移,其结合能随埃洛石含量增加呈现出先升后降的位移特征。结果,中等埃洛石含量的 $MnFe_2O_4$@HNT_{40}形成最大的位移,Fe $2p_{3/2}$能谱峰值从 711.0 eV 升至 711.9 eV,Fe $2p_{1/2}$能谱峰值从 724.6 eV 升至 725.1 eV。这种 Fe 2p 能谱峰值偏移现象可以用 Si 元素掺杂来解释。碱蚀刻埃洛石释放 Si^{4+},Si^{4+}掺杂到 $MnFe_2O_4$晶体中,导致 Fe—O—Si 对的出现。Si 的电负性($\chi_{Si}=1.90$)高于 Fe 的电负性($\chi_{Fe}=1.83$)。与 Fe—O—Fe 对相比,Fe—O—Si 对中 Fe 周围的电子密度下降。这导致 Si—O 对具有更多的共价键特征,而 Fe—O 对具有更多的离子键特征[203,205,207]。所以,最终导致碱性老化产物的 Fe 2p 能谱峰值向高能态偏移。实际上,Fe—O—Si 对在 FTIR 光谱中也可以找到证据,其中的 925~1 050 cm^{-1}(蓝色区域)[图 6-4(a)]可归于 Fe—O—Si 振动[206]。

用碱液滴加法所制备材料的 Fe 2p 区高分辨能谱如图 6-6(b)所示。本方法所制备 $MnFe_2O_4$的 Fe $2p_{3/2}$和 Fe $2p_{1/2}$能谱峰值也位于常规的 711.0 eV 和 724.6 eV 结合能位置。所有杂化物 $MnFe_2O_4$@HNTs 的 Fe $2p_{3/2}$和 Fe $2p_{1/2}$能谱峰值也发生了明显位移,其结合能随埃洛石含量增加而升高。结果,最高埃洛石含量的 $MnFe_2O_4$@HNT_{70}形成最大的位移,Fe $2p_{3/2}$能谱峰值从 711.0 eV 升至 712.0 eV,Fe $2p_{1/2}$能谱峰值从 724.6 eV 升至 725.8 eV。这种 Fe 2p 能谱峰值偏移现象同样也可以用 Si 元素掺杂来解释。类似的,FTIR 光谱的 925~1 050 cm^{-1}(蓝色区域)[图 6-4(b)]可归于 Fe—O—Si 振动[206]。

(3) XPS 的 Mn 2p 区高分辨能谱分析

Mn 2p 谱的结合能位置也发生了类似于与 Fe 2p 谱的位移现象(图 6-7)。

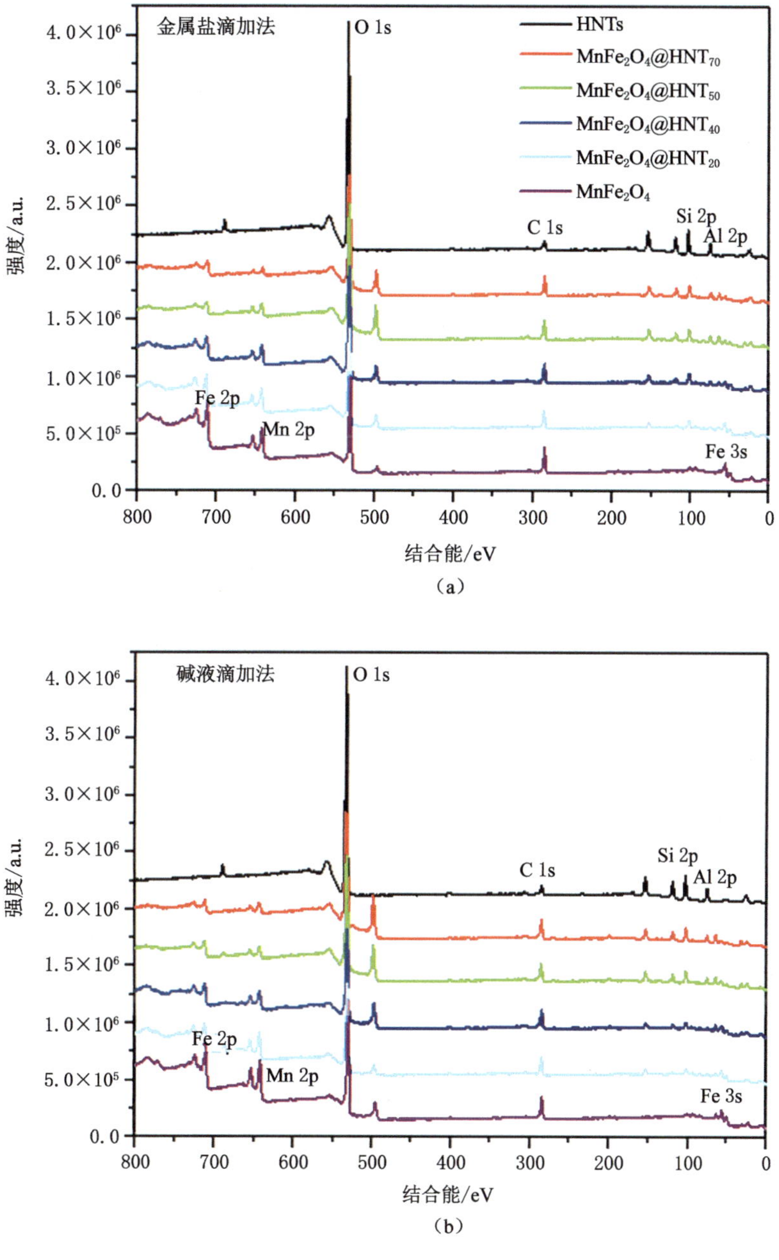

图 6-5　金属盐滴加法和碱液滴加法制备 $MnFe_2O_4$@HNTs 的 XPS 表征

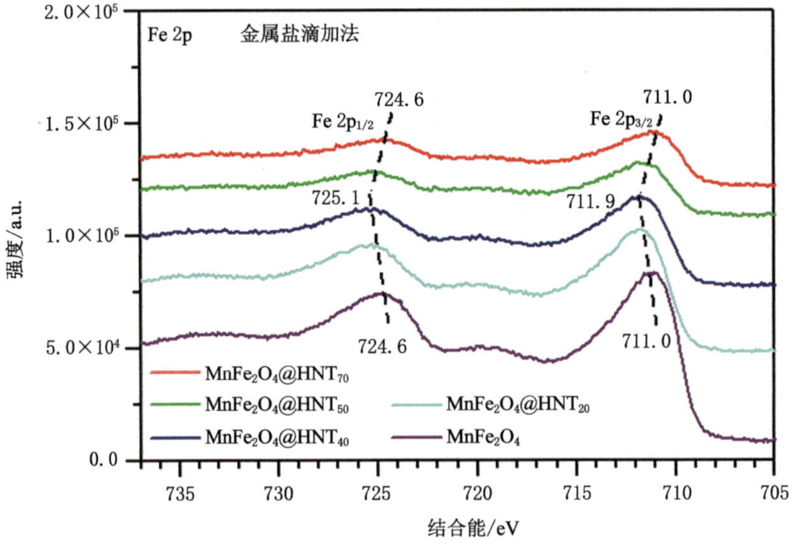

(a)

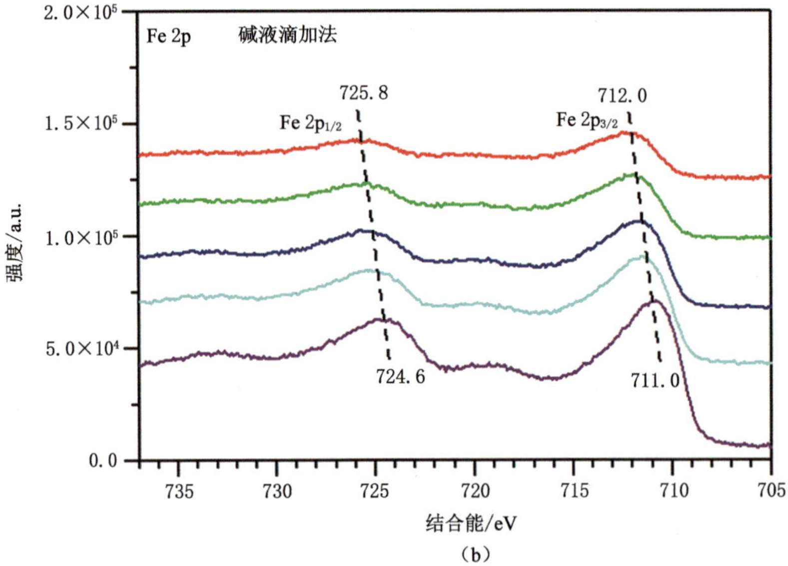

(b)

图 6-6 金属盐滴加法和碱液滴加法制备 $MnFe_2O_4$@HNTs 的 Fe 2p 区能谱

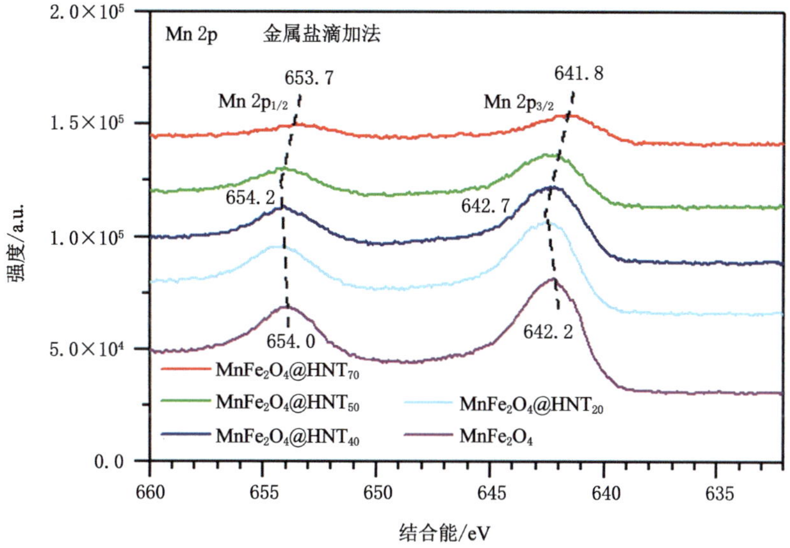

(a)

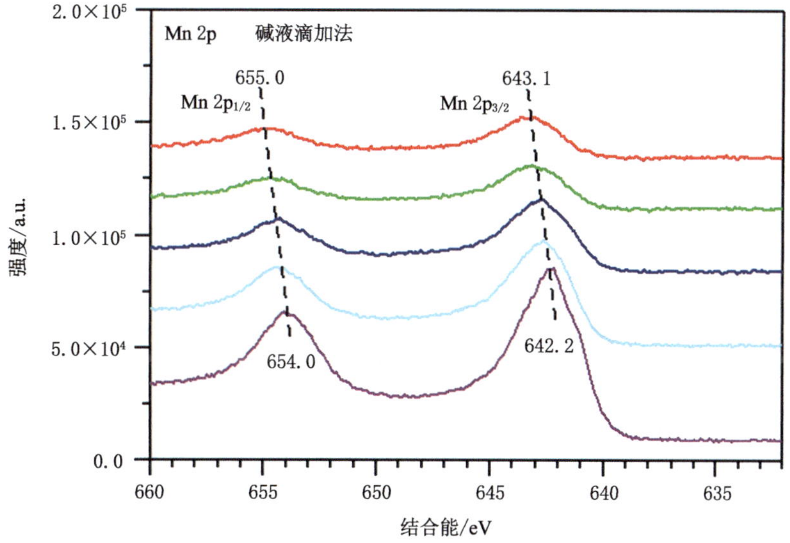

(b)

图 6-7　金属盐滴加法和碱液滴加法制备 $MnFe_2O_4$@HNTs 的 Mn 2p 区能谱

在用金属盐滴加法所制备的 $MnFe_2O_4$@HNTs 中，中等埃洛石含量的 $MnFe_2O_4$@HNT_{40}形成最大的位移，Mn $2p_{3/2}$能谱峰值从 642.2 eV 升至 642.7 eV，Mn $2p_{1/2}$能谱峰值从 654.0 eV 升至 654.2 eV。在用碱液滴加法所制备的 $MnFe_2O_4$@HNTs 中，最高埃洛石含量的 $MnFe_2O_4$@HNT_{70}形成最大的位移，Mn $2p_{3/2}$能谱峰值从 642.2 eV 升至 643.1 eV，Mn $2p_{1/2}$能谱峰值从 654.0 eV 升至 655.0 eV。

这种 Mn 2p 能谱峰值偏移现象也可以用 Si 元素掺杂来解释。碱蚀刻埃洛石释放 Si^{4+}，Si^{4+}掺杂到 $MnFe_2O_4$晶体中，导致 Mn—O—Si 对的出现。Si 的电负性（$\chi_{Si}=1.90$）高于 Mn 的电负性（$\chi_{Mn}=1.55$）。与 Fe—O—Fe 对相比，Mn—O—Si 对中 Mn 周围的电子密度下降。这导致 Si—O 对具有更多的共价键特征，而 Mn—O 对具有更多的离子键特征[223]。所以，最终导致碱性老化产物的 Mn 2p 能谱峰值向高能态偏移。

(4) XPS 的 O 1s 区高分辨能谱分析

用金属盐滴加法所制备产物的 O 1s 区高分辨能谱如图 6-8(a)所示。

从 O 1s 区高分辨能谱[图 6-8(a)]中可以看出，纯 $MnFe_2O_4$的 O 1s 区域由位于 532.5 eV、531.6 eV 和 530.6 eV 结合能位置的三个叠置峰组成，这些能谱峰可分别指定给吸附 H_2O、与金属原子的表面羟基键合 M—OH 和晶格氧M—O[245]。纯埃洛石的 O 1s 能谱可分为 Si—O—Si(533.5 eV)、Si—OH (533.0 eV) 和 Al—OH (531.5 eV) 等三个叠置峰[206,208-209]。杂化物 $MnFe_2O_4$@HNTs的 O 1s 区能谱峰值呈现为 $MnFe_2O_4$和纯埃洛石之间的过渡，且随埃洛石含量增加而向高能态转移的态势。金属羟基 M—OH 在整个 O 1s 峰中的比例呈现出随埃洛石含量增加而先增后降的变化趋势。结果，在所有 $MnFe_2O_4$@HNTs 中，$MnFe_2O_4$@HNT_{50}具有最高的 M—OH 密度，占整个 O 1s 峰的 54.7%。

用碱液滴加法所制备产物的 O 1s 区高分辨能谱如图 6-8(b)所示。从中可以看出，杂化物 $MnFe_2O_4$@HNTs 的 O 1s 区能谱峰值同样与呈现为 $MnFe_2O_4$和纯埃洛石之间的过渡，且随埃洛石含量增加而向高能态转移的态势；金属羟基 M—OH 在整个 O 1s 峰中的比例同样也呈现出随埃洛石含量增加而先增后降的变化趋势，并且中等埃洛石含量的 $MnFe_2O_4$@HNT_{50}具有最高的 M—OH 密度。然而与金属盐滴加法不同的是，碱液滴加法所制备 $MnFe_2O_4$@HNT_{50} 中金属羟基 M—OH 在整个 O 1s 峰中的比例降低至 49.1%。

综合以上 XPS 全谱以及 Fe 2p 区、Mn 2p 区和 O 1s 区高分辨能谱表征分析和相互印证，可从元素组成和元素结合态方面得出的结果是：在杂化物 $MnFe_2O_4$@HNTs 中，仅含有 Fe、Mn、O、Si 和 Al 等五种元素；$MnFe_2O_4$与源自埃

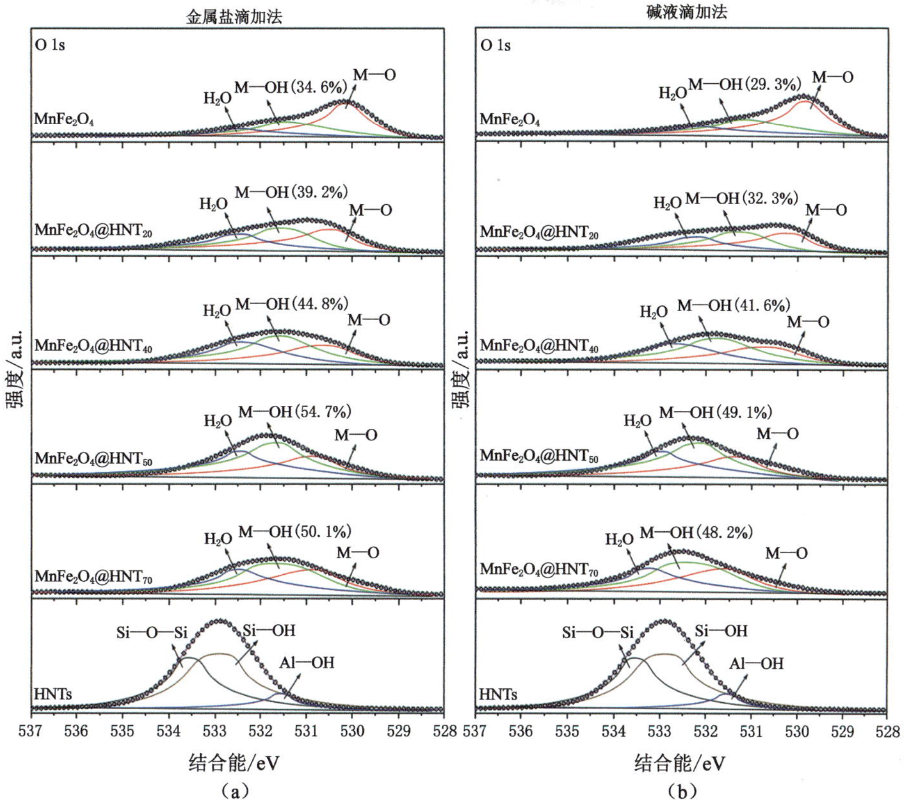

图 6-8　金属盐滴加法和碱液滴加法制备 $MnFe_2O_4$@HNTs 的 O 1s 区能谱

洛石黏土的 Si 元素发生了掺杂性键合。

6.3.3　材料表面特性分析

（1）N_2 吸附-脱附分析

用金属盐滴加法和碱液滴加法两种方式所制备材料的 N_2 吸附-脱附分析结果如图 6-9 所示。从中可以看出，纯 $MnFe_2O_4$ 和杂化物 $MnFe_2O_4$@HNTs 的 N_2 吸附-脱附曲线均具有介孔滞回线的Ⅳ型等温线(IUPAC 分类)。

（2）孔径、孔容和比表面积的 BET 计算

用 BET 公式对 N_2 吸附-脱附曲线进行计算处理，得出所有 $MnFe_2O_4$ 以及 $MnFe_2O_4$@HNTs 的孔径、孔容和比表面积数据，汇总于图 6-10 和表 6-1，并详细阐述如下。

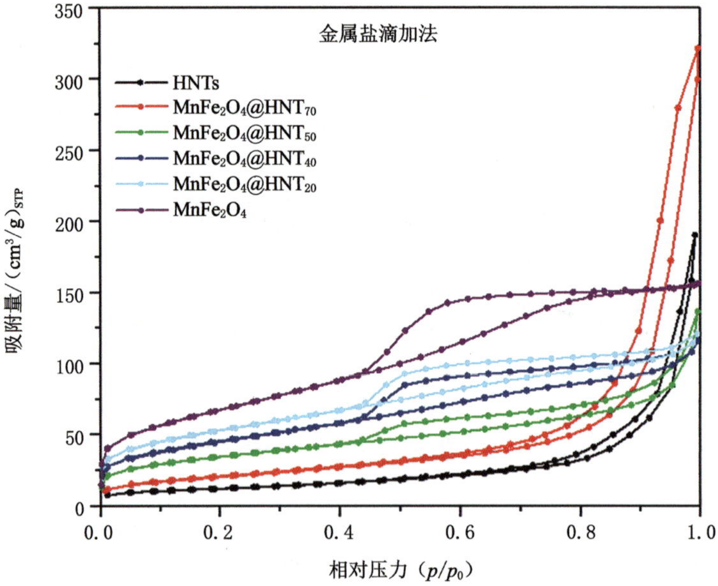

(a)

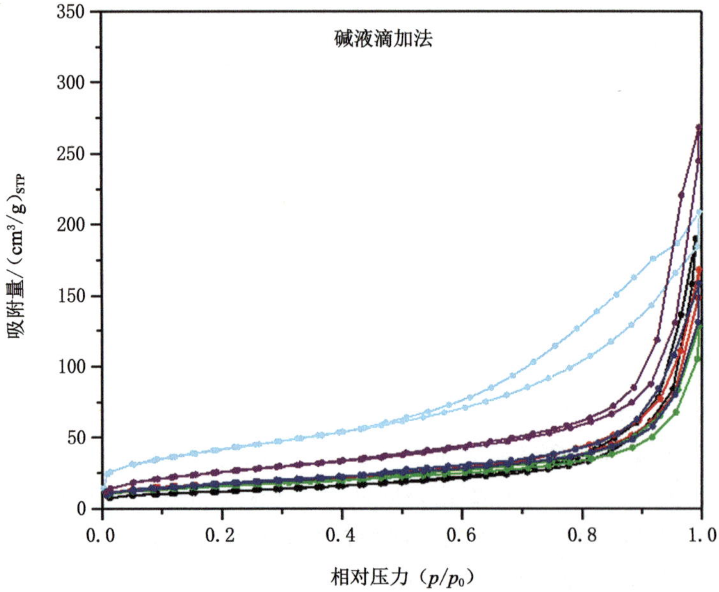

(b)

图 6-9　金属盐滴加法和碱液滴加法制备 $MnFe_2O_4$@HNTs 的 N_2 吸附-脱附等温线

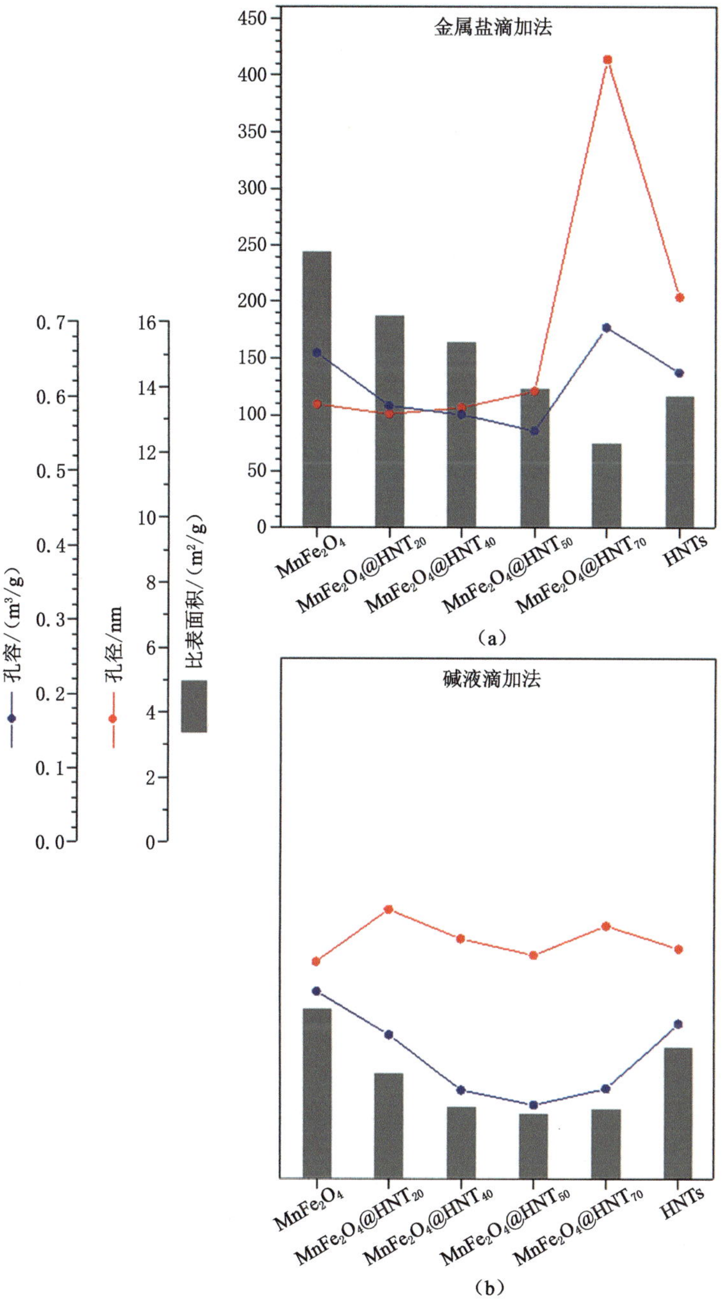

图 6-10　金属盐滴加法和碱液滴加法制备 $MnFe_2O_4$@HNTs 的孔径、孔容和比表面积

表 6-1　金属盐滴加和碱液滴加制备 $MnFe_2O_4$@HNTs 的孔径、孔容和比表面积

制备方法	埃洛石含量	对应产物	平均孔径 /nm	孔隙总体积 /(cm^3/g)	BET 表面积 /(m^2/g)
金属盐滴加法	0%	$MnFe_2O_4$	3.8	0.235	243.6
	20%	$MnFe_2O_4$@HNT_{20}	3.5	0.164	187.6
	40%	$MnFe_2O_4$@HNT_{40}	3.7	0.152	163.9
	60%	$MnFe_2O_4$@HNT_{50}	4.2	0.130	123.4
	80%	$MnFe_2O_4$@HNT_{70}	14.4	0.269	74.5
碱液滴加法	0%	$MnFe_2O_4$	6.7	0.252	149.9
	20%	$MnFe_2O_4$@HNT_{20}	8.3	0.194	93.1
	40%	$MnFe_2O_4$@HNT_{40}	7.4	0.120	64.1
	60%	$MnFe_2O_4$@HNT_{50}	6.9	0.100	57.8
	80%	$MnFe_2O_4$@HNT_{70}	7.8	0.122	62.3

首先分析孔径数据。金属滴加法所制备 $MnFe_2O_4$ 的孔径很低，仅为 3.8 nm，这与其超细颗粒形态有关；然而，碱液滴加法所制备 $MnFe_2O_4$ 的孔径高达 6.7 nm，这与其晶体大颗粒形貌有关。就杂化物 $MnFe_2O_4$@HNTs 而言，碱液滴加法所制备产物的孔径普遍高达 7.4～8.3 nm；然而，金属滴加法所制备产物的孔径大致上随埃洛石含量增加而增加，从 $MnFe_2O_4$@HNT_{20} 的 3.5 nm 增加到 $MnFe_2O_4$@HNT_{50} 和 $MnFe_2O_4$@HNT_{70} 的 14.4 nm 和 4.2 nm。

其次分析孔容数据。无论是金属盐滴加法还是碱液滴加法，由其所制备的产物 $MnFe_2O_4$@HNTs(埃洛石含量 0%、20%、40%、60%、80%)的孔容均呈现出随埃洛石含量增加先降后升的趋势，中等埃洛石含量的 $MnFe_2O_4$@HNT_{50} 获得最低孔容值：0.130 cm^3/g(金属盐滴加法)和 0.100 cm^3/g(碱液滴加法)。

最后分析比表面积(SSA_{BET})数据。金属盐滴加法所制备纯 $MnFe_2O_4$ 和 $MnFe_2O_4$@HNTs 的 SSA_{BET} 值分别为 243.6 cm^3/g 和 74.5～187.6 cm^3/g。相比较而言，碱液滴加法所制备纯 $MnFe_2O_4$ 和 $MnFe_2O_4$@HNTs 的 SSA_{BET} 值更低，分别低至 149.9 cm^3/g 和 57.8～93.1 cm^3/g。从埃洛石掺杂角度来分析，$MnFe_2O_4$@HNTs 的 SSA_{BET} 值呈现出随埃洛石含量增加而降低的趋势。

(3) Zeta 表面电位

金属盐滴加法所制备产物在 pH＝3～9 范围内的 Zeta 电位及零电荷点 pH_{PZC} 如图 6-11(a)所示。从中可以看出，$MnFe_2O_4$ 的 pH_{PZC} 位于 pH＝4.7，这与前人观察到的值几乎完全一致[260]。埃洛石杂化降低了 $MnFe_2O_4$ 的 pH_{PZC}，埃

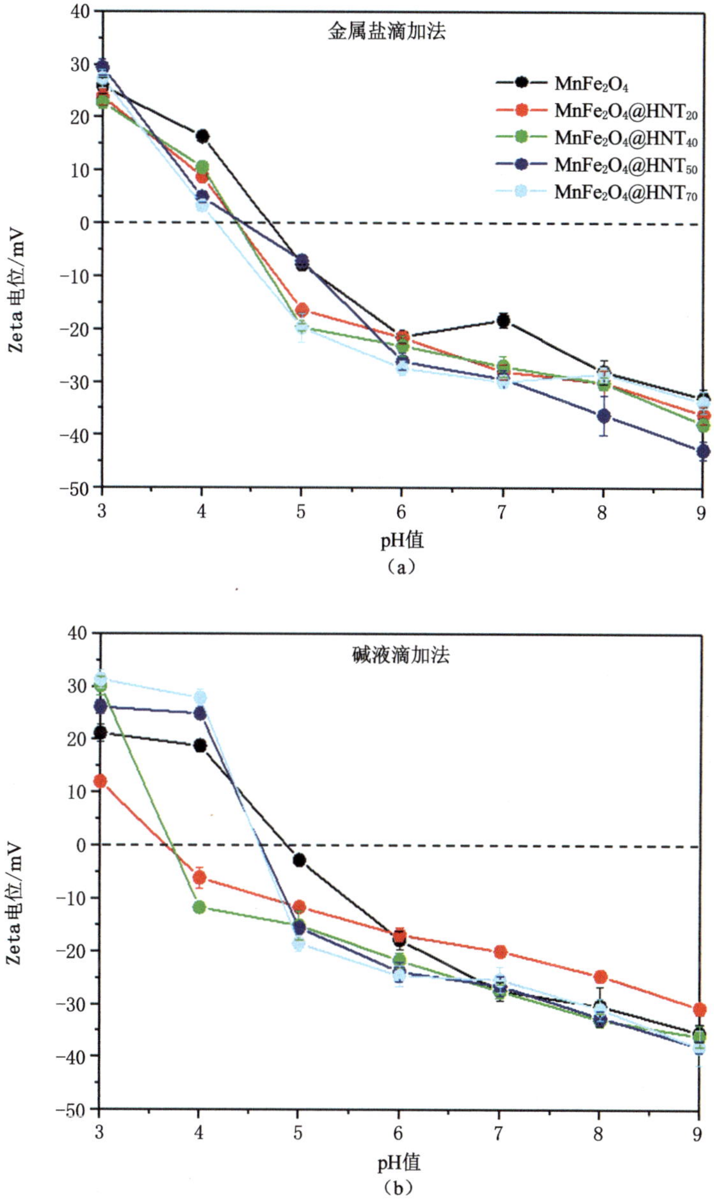

图 6-11　金属盐滴加法和碱液滴加法制备 $MnFe_2O_4$@HNTs 的 Zeta 电位

洛石含量最高的 $MnFe_2O_4$@HNT_{70} 获得最低值 $pH_{PZC}=4.2$。相对较高的 pH_{PZC} 值导致所有 $MnFe_2O_4$@HNTs 均表现出显著的可变电荷特性：在 pH 值低于零电荷点（$pH_{PZC}=4.2\sim4.7$）时捕获质子而引入正电荷，而在 pH 值较高时解离质子而引入负电荷。

碱液滴加法所制备产物的零电荷点 pH_{PZC} 如图 6-11(b)所示。这种方法所制备 $MnFe_2O_4$ 的 pH_{PZC} 位于 pH=4.9，与金属盐滴加法相差不大。埃洛石掺杂产物 $MnFe_2O_4$@HNTs 的 pH_{PZC} 值同样也低于 $MnFe_2O_4$，只是其与埃洛石掺杂比例之间的关系无显著规律。

综合以上 BET 分析和 Zeta 测试结果，所合成产物的表面性质可概括为：所制备的纯 $MnFe_2O_4$ 和杂化物 $MnFe_2O_4$@HNTs 均具有介孔结构；相较于碱液滴加法，金属盐滴加法可以制备出 SSA_{BET} 值更高的产物，纯 $MnFe_2O_4$ 和 $MnFe_2O_4$@HNTs的 SSA_{BET} 值分别达到 243.6 cm^3/g 和 74.5～187.6 cm^3/g。

6.3.4 材料吸附性能分析

(1) 所有产物的重金属吸附容量对比

金属盐滴加法所制备产物的重金属吸附容量 q_e 如图 6-12(a)所示。从中可以看出，纯 $MnFe_2O_4$ 对 Cd(Ⅱ)、Zn(Ⅱ)和 Pb(Ⅱ)的 q_e 值分别为 35.1 mg/g、17.5 mg/g 和 128.9 mg/g，明显高于纯埃洛石的相应 q_e 值(10.1 mg/g、3.2 mg/g 和 30.6 mg/g)。杂化物 $MnFe_2O_4$@HNTs 对 Cd(Ⅱ)、Zn(Ⅱ)和 Pb(Ⅱ)的吸附性能普遍高于纯 $MnFe_2O_4$ 的，且吸附性能大致呈现出随埃洛石含量增加而先升后降的趋势。结果，在中等埃洛石含量的 $MnFe_2O_4$@HNT_{50} 上获得最佳重金属吸附性能，对 Cd(Ⅱ)、Zn(Ⅱ)和 Pb(Ⅱ)的 q_e 值分别为 143.7 mg/g、99.4 mg/g 和 210.2 mg/g。

碱液滴加法所制备产物的重金属吸附容量 q_e 如图 6-12(b)所示。从中可以看出，这种方法所制备产物的重金属吸附容量普遍略低于金属盐滴加法。纯 $MnFe_2O_4$ 对 Cd(Ⅱ)、Zn(Ⅱ)和 Pb(Ⅱ)的 q_e 值分别降低到了 25.9 mg/g、11.4 mg/g 和 100.4 mg/g。中等埃洛石含量的 $MnFe_2O_4$@HNT_{50} 同样也获得最佳的重金属吸附性能，对 Cd(Ⅱ)、Zn(Ⅱ)和 Pb(Ⅱ)的 q_e 值分别为 105.2 mg/g、84.3 mg/g 和 186.5 mg/g，这略微低于金属盐滴加法所制备产物 $MnFe_2O_4$@HNTs 的重金属吸附性能。

所以，在本研究所制备材料中，重金属吸附性能最佳的吸附剂是金属盐滴加法所制备产物 $MnFe_2O_4$@HNT_{50}。下面进一步对其开展吸附动力学、平衡学和热力学研究。没有特别指出的话，下文所指 $MnFe_2O_4$@HNT_{50} 均由金属盐滴加法所制备。

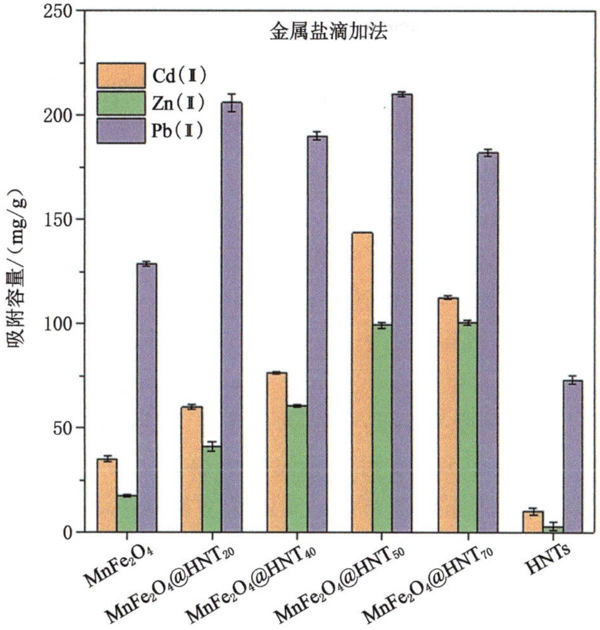

(a)

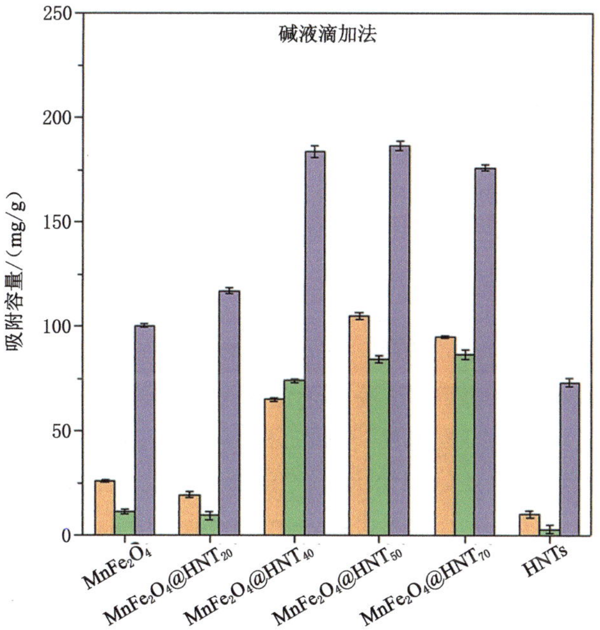

(b)

图 6-12　金属盐滴加法和碱液滴加法制备 $MnFe_2O_4$@HNTs 的重金属吸附量

(pH=5.5，T=25 ℃，初始重金属离子浓度 50 mg/L，离子强度 0.001 mol/L，吸附剂用量 0.25 g/L)

(2) 最佳吸附剂 $MnFe_2O_4$@HNT_{50}的 pH 值依赖性吸附行为

在 pH=3～10 范围内,$MnFe_2O_4$@HNT_{50}对 Cd(Ⅱ)、Zn(Ⅱ)和 Pb(Ⅱ)等不同重金属离子的吸附去除率,以及空白对照组(不添加吸附剂 $MnFe_2O_4$@HNT_{50})溶液中的 Cd(Ⅱ)、Zn(Ⅱ)和 Pb(Ⅱ)浓度的变化趋势如图 6-13(a)所示。从中可以看出,Cd(Ⅱ)去除率在 pH=3～8 范围内稳步增加,随后迅速攀升,直至在 pH=10 时几乎完全从溶液中去除;Zn(Ⅱ)去除率在 pH=3～7 范围内稳步增加,随后迅速攀升,直至在 pH=8 时几乎完全从溶液中去除;Pb(Ⅱ)去除率在 pH=3～6.5 范围内稳步增加,随后迅速攀升,直至在 pH=8 时几乎完全从溶液中去除。另外,空白对照组试验结果表明,Cd(Ⅱ)、Zn(Ⅱ)和 Pb(Ⅱ)分别在 pH>8、pH>7 和 pH>6.5 时发生沉淀,这与用 Visual MINTEQ 软件计算的 Cd(Ⅱ)、Zn(Ⅱ)和 Pb(Ⅱ)水化学平衡结果基本一致。这说明,$MnFe_2O_4$@HNT_{50}对 Cd(Ⅱ)、Zn(Ⅱ)和 Pb(Ⅱ)的吸附去除效应主要分别发生在 pH<8、pH<7 和 pH<6.5 范围内,超出此 pH 值范围的溶液重金属离子去除归因于 $Cd(OH)_2$ 的沉淀析出。

图 6-13(b)进一步展示了 $MnFe_2O_4$@HNT_{50}在吸附有效 pH 值范围内的重金属离子吸附容量 q_e。结果表明,$MnFe_2O_4$@HNT_{50}对 Cd(Ⅱ)、Zn(Ⅱ)、Pb(Ⅱ)的吸附容量 q_e 分别在 pH=8、pH=7 和 pH=6.5 时达到最大值 192.6 mg/g、161.4 mg/g 和 241.8 mg/g。从方便与相关文献进行对比的角度出发,后续分别选定 pH=5.5 作为恒定背景值,来开展 $MnFe_2O_4$@HNT_{50}对 Cd(Ⅱ)、Zn(Ⅱ)和 Pb(Ⅱ)等不同重金属离子的吸附动力学、吸附等温线研究。

(3) 最佳吸附剂 $MnFe_2O_4$@HNT_{50}的重金属离子吸附动力学

$MnFe_2O_4$@HNT_{50}对 Cd(Ⅱ)、Zn(Ⅱ)、Pb(Ⅱ)的 24 h 吸附数据及吸附动力学拟合曲线如图 6-14(a)所示,相关拟合参数列于表 6-2。从中可以看出,$MnFe_2O_4$@HNT_{50}对 Cd(Ⅱ)、Zn(Ⅱ)、Pb(Ⅱ)等重金属离子的吸附速度很快,在 30 min 内就几乎完成了 $MnFe_2O_4$@HNT_{50}对 Cd(Ⅱ)、Zn(Ⅱ)、Pb(Ⅱ)平衡吸附容量的约 99%;随后,吸附容量的增长速度有所放缓。拟二阶模型对 Cd(Ⅱ)、Zn(Ⅱ)、Pb(Ⅱ)吸附反应的拟合效果最好,其相关系数(R^2)值均高于 0.980。这意味着 $MnFe_2O_4$@HNT_{50}具有丰富的活性位点,即丰富的金属—OH。Cd(Ⅱ)、Zn(Ⅱ)、Pb(Ⅱ)三者相比较,$MnFe_2O_4$@HNT_{50}对 Pb(Ⅱ)的吸附速率最快,其次为 Cd(Ⅱ),然后是 Zn(Ⅱ),这从平衡速率常数 k_1 和 k_2 值上得以体现(表 6-2)。

进一步用粒内扩散模型研究 Cd(Ⅱ)、Zn(Ⅱ)、Pb(Ⅱ)在 $MnFe_2O_4$@HNT_{50}上的吸附传质机理,如图 6-14(b)所示。从中可以看出,Cd(Ⅱ)、Zn(Ⅱ)、Pb(Ⅱ)在 $MnFe_2O_4$@HNT_{50}上的传质动力学均是一个三步过程:第一步是重金属离子

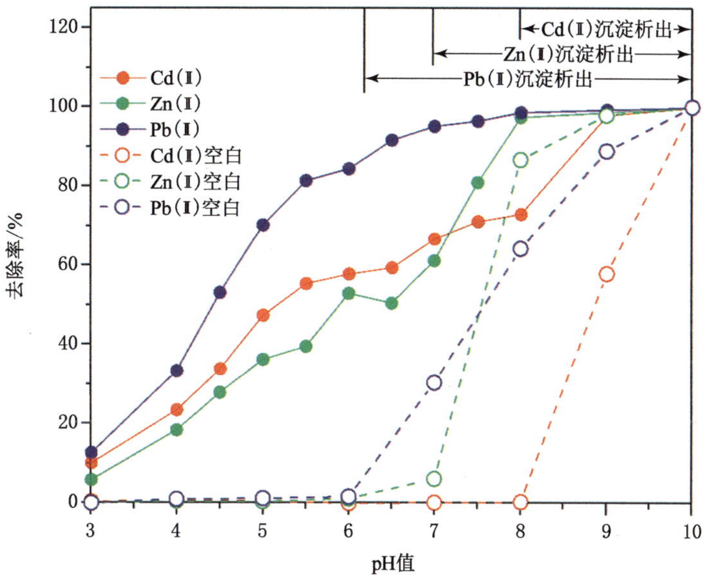

(a)

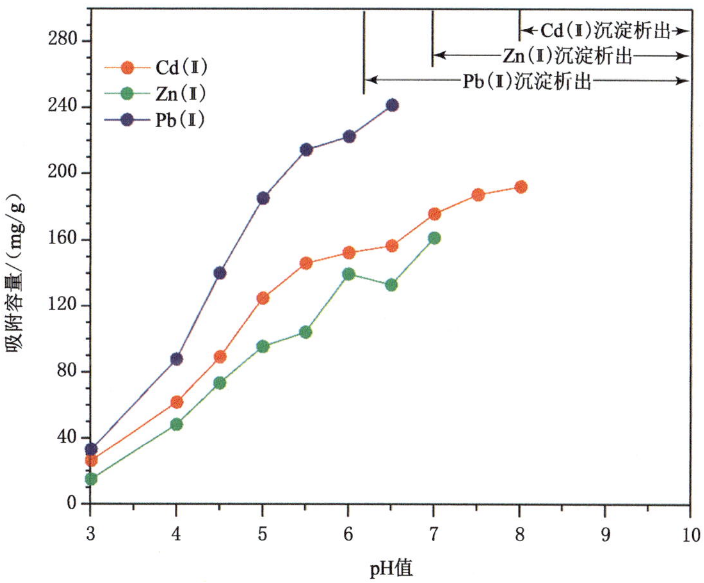

(b)

图 6-13　溶液 pH 值对 $MnFe_2O_4$@HNT_{50} 重金属去除率和吸附容量的影响
(T=25 ℃,重金属初始浓度 50 mg/L,离子强度 0.001 mol/L,吸附剂用量 0.25 g/L)

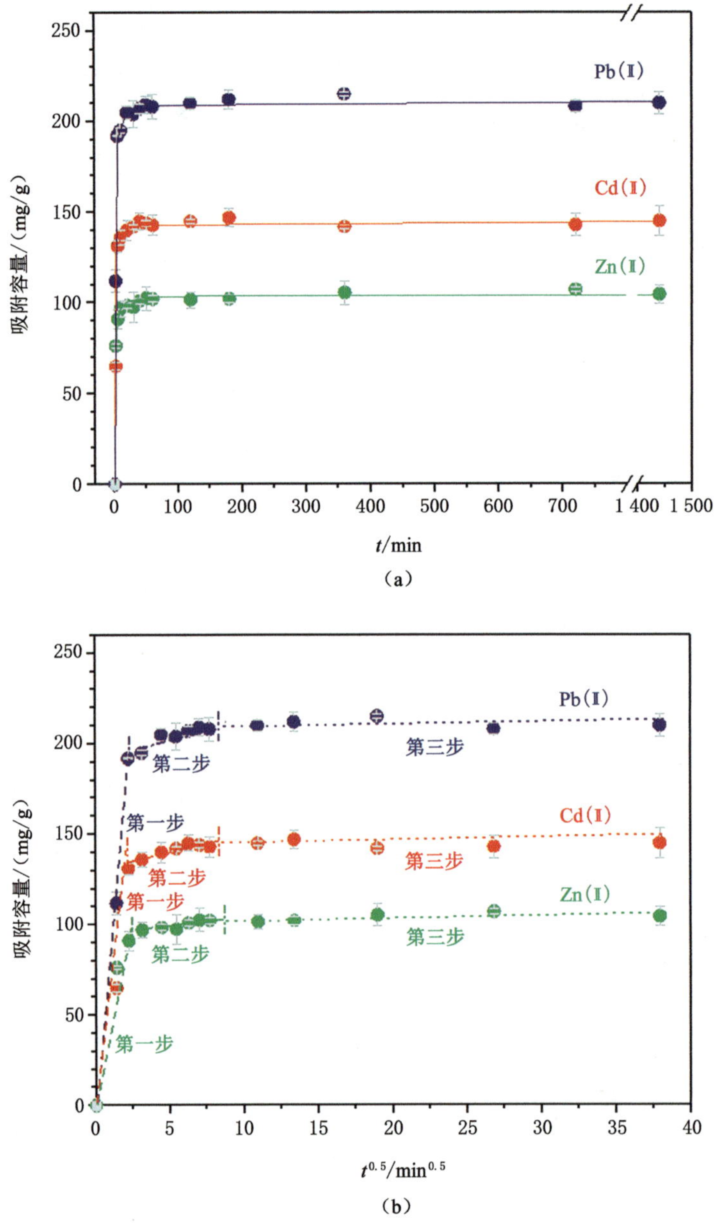

图 6-14　Cd(Ⅱ)、Zn(Ⅱ)、Pb(Ⅱ)在 $MnFe_2O_4$@HNT_{50} 上的吸附动力学和吸附扩散过程($pH=5.5$，$T=25$ ℃，初始 Cd 浓度 50 mg/L，离子强度 0.001 mol/L，吸附剂用量 0.25 g/L)

在 $MnFe_2O_4$@HNT_{50} 周围液膜中的外部扩散；第二步是重金属离子在 $MnFe_2O_4$@HNT_{50} 介孔中的内部扩散；第三步是重金属离子在 $MnFe_2O_4$@HNT_{50} 活性位点上的吸附。此外，当颗粒内扩散是吸附的唯一限速步骤时，q_t 与 $t^{0.5}$ 的关系图是一条穿过原点的直线。在本研究中，第一步的拟合线穿过原点，这表明在 $MnFe_2O_4$@HNT_{50} 对 Cd(Ⅱ)、Zn(Ⅱ)、Pb(Ⅱ)的吸附初始阶段，颗粒内扩散作为限速因素参与其中[图 6-14(b)]。然而，第二步和第三步的拟合线并没有穿过原点，表明在这些情况下颗粒内扩散并不是唯一决定速率的步骤，还可能涉及化学吸附机制。

表 6-2　Cd(Ⅱ)、Zn(Ⅱ)、Pb(Ⅱ)在 $MnFe_2O_4$@HNT_{50} 上的吸附动力学模型计算参数

重金属离子	拟一阶动力学模型			拟二阶动力学模型		
	k_1/min^{-1}	q_e/(mg/g)	R^2	k_2/[mg/(g·min)]	q_e/(mg/g)	R^2
Cd(Ⅱ)	0.259	140.3	0.956	0.023	142.1	0.991
Zn(Ⅱ)	0.215	94.2	0.945	0.018	98.9	0.985
Pb(Ⅱ)	0.396	202.8	0.922	0.035	209.4	0.988

(4) 最佳吸附剂 $MnFe_2O_4$@HNT_{50} 的重金属离子吸附平衡

Cd(Ⅱ)、Zn(Ⅱ)、Pb(Ⅱ)初始浓度(C_e)对其在 $MnFe_2O_4$@HNT_{50} 上吸附性能的影响如图 6-15 所示。

从图 6-15 中可以看出，随着重金属初始浓度的增加，$MnFe_2O_4$@HNT_{50} 对重金属离子的吸附容量(q_e)逐渐增加[图 6-15(a)]，但其相对应的吸附去除率却逐渐降低[图 6-15(b)]。当重金属离子初始浓度低于 20 mg/L 时，$MnFe_2O_4$@HNT_{50} 表面吸附位点的可用性高，从而可实现对重金属离子的近乎完全吸附去除。然而，随着重金属初始浓度从 20 mg/L 增加到 180 mg/L，$MnFe_2O_4$@HNT_{50} 对重金属离子的吸附容量 q_e 逐渐达到平衡，$MnFe_2O_4$@HNT_{50} 表面吸附位点也逐渐被完全占用，从而导致 $MnFe_2O_4$@HNT_{50} 对重金属离子的吸附去除率逐渐下降。

在图 6-15(a)中，用 Langmuir 吸附等温线模型和 Freundlich 吸附等温线模型进行数据拟合，以了解在特定温度下 $MnFe_2O_4$@HNT_{50} 对 Cd(Ⅱ)、Zn(Ⅱ)、Pb(Ⅱ)等重金属离子的吸附平衡性能。拟合计算的相关常数见表 6-3。从中可以看出，SiFh@HNT_{40} 对 Cd(Ⅱ)、Zn(Ⅱ)、Pb(Ⅱ)的吸附反应，均可用 Langmuir 模型获得很好的拟合效果(R^2=0.893～0.991)，也均可用 Freundlich 模型获得很好的拟合效果(R^2=0.885～0.998)。常数 $1/n$ 总是大于零($0<1/n<1$)，表明吸附是有利的。K_L 和 K_f 值均随温度升高而增大，表明温度升高有利于

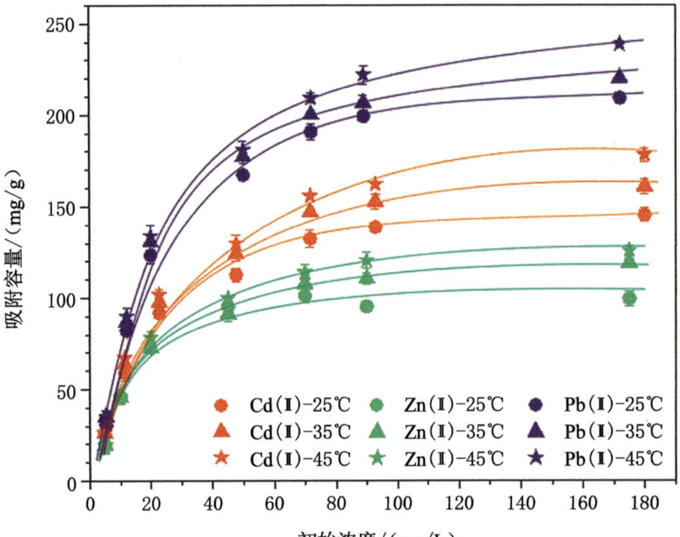

(a)

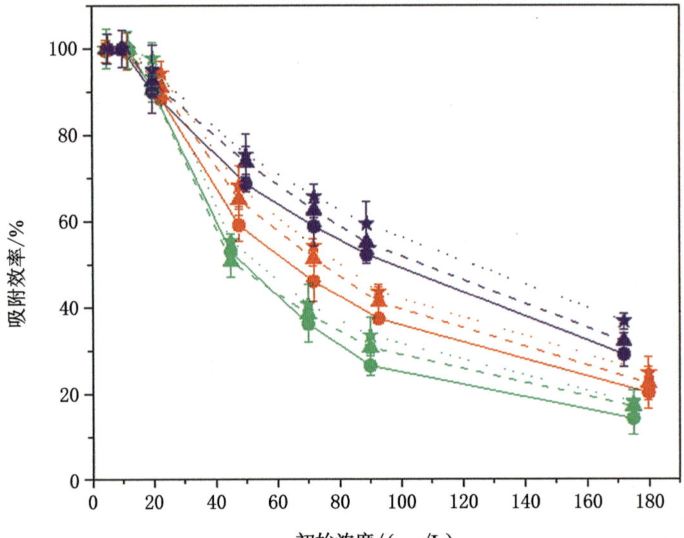

(b)

图 6-15 Cd(Ⅱ)、Zn(Ⅱ)、Pb(Ⅱ)初始浓度对其在 $MnFe_2O_4$@HNT_{50} 上吸附容量和吸附效率的影响

(pH=5.5,离子强度 0.001 mol/L,吸附剂用量 0.25 g/L)

$MnFe_2O_4$@HNT_{50}对 Cd(Ⅱ)、Zn(Ⅱ)、Pb(Ⅱ)的吸附。用 Langmuir 模型拟合所得的最大理论吸附容量(q_{max})随温度升高而增加；就常温 25 ℃而言，$MnFe_2O_4$@HNT_{50}对 Cd(Ⅱ)、Zn(Ⅱ)、Pb(Ⅱ)的最大理论吸附容量(q_{max})分别为 146.3 mg/g、101.3 mg/g 和 212.1 mg/g。

表 6-3　Cd(Ⅱ)、Zn(Ⅱ)、Pb(Ⅱ)在 $MnFe_2O_4$@HNT_{50}上的吸附平衡模型计算参数

重金属离子	温度	Langmuir 等温模型			Freundlich 等温模型		
		K_L/(L/mg)	q_{max}/(mg/g)	R^2	n	K_f/[mg/(g·mg$^{1/n}$)]	R^2
Cd(Ⅱ)	25 ℃	0.11	146.3	0.991	5.5	10.3	0.958
	35 ℃	0.14	160.8	0.900	4.9	12.2	0.993
	45 ℃	0.16	178.1	0.984	4.2	13.7	0.989
Zn(Ⅱ)	25 ℃	0.19	101.3	0.893	8.1	7.1	0.885
	35 ℃	0.23	118.9	0.917	7.4	8.0	0.964
	45 ℃	0.25	125.8	0.918	6.5	9.6	0.994
Pb(Ⅱ)	25 ℃	0.05	212.1	0.911	2.5	21.4	0.998
	35 ℃	0.06	220.1	0.924	2.4	22.7	0.973
	45 ℃	0.08	238.6	0.987	2.2	25.9	0.965

(5) 最佳吸附剂 $MnFe_2O_4$@HNT_{50}的重金属离子吸附热力学

从吸附等温线(图 6-15)选取计算参数，用于计算等量吸附热，即在 $MnFe_2O_4$@HNT_{50} 的 Cd(Ⅱ)吸附容量为 105 mg/g 时，温度 T_1(318.15 K)和 T_2(298.15 K)所对应的 Cd(Ⅱ)浓度分别为 C_{e1}(52.4 mg/L)和 C_{e2}(179.8 mg/L)。由此得出，$MnFe_2O_4$@HNT_{50}吸附 Cd(Ⅱ)的等量吸附热(ΔH_{ads})$_q$为 48.6 kJ/mol，高于化学反应的最小活化能(40 kJ/mol)。这表明 Cd(Ⅱ)在 $MnFe_2O_4$@HNT_{50}上的吸附属于典型的吸热反应和化学吸附。用同样方法可以计算出 $MnFe_2O_4$@HNT_{50}吸附 Zn(Ⅱ)和 Pb(Ⅱ)的等量吸附热(ΔH_{ads})$_q$分别为 43.5 kJ/mol 和 51.8 kJ/mol，从而也表明了 Zn(Ⅱ)和 Pb(Ⅱ)在 $MnFe_2O_4$@HNT_{50}上的吸附属于典型的吸热反应和化学吸附。

对以上批量吸附试验结果概括如下：在所有产物中，金属盐滴加法所制备的产物 $MnFe_2O_4$@HNT_{50}的重金属吸附性能最佳，其在 25 ℃和 pH=5.5 条件下，对 Cd(Ⅱ)、Zn(Ⅱ)、Pb(Ⅱ)的最大理论吸附容量(q_{max})分别为 146.3 mg/g、101.3 mg/g和 212.1 mg/g。吸附动力学、平衡学和热力学研究表明，Cd(Ⅱ)、Zn(Ⅱ)、Pb(Ⅱ)在 $MnFe_2O_4$@HNT_{50}上的吸附属于典型的化学吸附，其表面金属羟基为吸附位点。

6.3.5 机理讨论

(1) 纯 $MnFe_2O_4$的合成及吸附机理

前人研究表明，用三价铁盐、二价锰盐和氢氧化钠通过水浴共沉淀生成 $MnFe_2O_4$晶体涉及一系列的复杂反应过程[248,257-258]。首先是 Fe^{3+} 和 Mn^{2+} 水解生成 δ-FeOOH 和 $Mn(OH)_2$；其次，Fe^{3+}、Mn^{2+} 和 O^{2-} 在溶液中过剩 OH^- 的作用下经过重新堆积排列而形成络合物$[(Mn^{2+})(Fe^{3+})_2(OH^-)_4(O^{2-})_2]$；最后，络合物$[(Mn^{2+})(Fe^{3+})_2(OH^-)_4(O^{2-})_2]$通过老化，进一步脱水生成 $MnFe_2O_4$晶体。

本研究在恒定反应条件(98 ℃，pH=12 和老化 2 h)下，通过改变反应溶液混合方式来制备了不同的 $MnFe_2O_4$晶体。结果表明，虽然两种滴加方式(金属盐滴加法和碱液滴加法)均可成功合成 $MnFe_2O_4$晶体，但是二者产物在结构和表面性质上存在明显差异。金属盐滴加法所合成的 $MnFe_2O_4$具有结晶度较差、晶粒尺寸小(5 nm)、晶粒表面—OH 密度高、表面积 SSA_{BET}大的特点，而碱液滴加法所合成的 $MnFe_2O_4$则具有结晶度好、晶粒尺寸大(100 nm)、晶粒表面—OH 密度相对较低、表面积 SSA_{BET}相对较小的特点。推测这种现象形成的机理可能是：在采用金属盐滴加法时，每次滴加的 Fe^{3+} 和 Mn^{2+} 都被大量 OH^- 包围，可迅速且均匀地生成前驱体络合物$[(Mn^{2+})(Fe^{3+})_2(OH^-)_4(O^{2-})_2]$，从而经老化可生成成精细的 $MnFe_2O_4$晶体颗粒。相比较而言，在采用碱液滴定法时，每次滴加的 OH^- 周围都被大量 Fe^{3+} 和 Mn^{2+} 所包围，短暂的 OH^- 缺乏导致前驱体络合物$[(Mn^{2+})(Fe^{3+})_2(OH^-)_4(O^{2-})_2]$形成速度慢，从而有利于生长成大尺寸的 $MnFe_2O_4$晶体。至于金属盐滴加法所合成的 $MnFe_2O_4$具有更高的—OH 密度和 SSA_{BET}值，这种现象应该与其相对更小的晶粒尺寸(5 nm)有关。最后，金属盐滴加法所合成 $MnFe_2O_4$对 Cd(Ⅱ)、Zn(Ⅱ)和 Pb(Ⅱ)的吸附容量 q_e 分别为 35.1 mg/g、17.5 mg/g 和 128.9 mg/g，明显高于碱液滴加法所制备纯 $MnFe_2O_4$的相应 q_e 值(25.9 mg/g、11.4 mg/g 和 100.4 mg/g)。这种现象应该与金属盐滴加法所合成 $MnFe_2O_4$具有更高的—OH 密度有密切关系。

(2) 杂化物 $MnFe_2O_4$@HNTs 的合成及吸附机理

本研究成功合成了杂化物 $MnFe_2O_4$@HNTs，其结构表现为 $MnFe_2O_4$晶体颗粒被负载到埃洛石纳米管的外壁或内腔中。FTIR 和 XPS 表征表明，本研究所合成杂化物 $MnFe_2O_4$@HNTs 的表面—OH 随着 $MnFe_2O_4$@HNTs 中埃洛石含量增加呈现出先增加后降低的趋势，最终在中等埃洛石含量的 $MnFe_2O_4$@HNT_{50}中具有最高的—OH 密度。推测这种现象形成的机理可能与 Si 掺杂有关系。碱蚀刻埃洛石释放 Si^{4+}，Si^{4+} 掺杂到 $MnFe_2O_4$晶体中，最终导致 Fe—O—Si 和 Mn—O—Si 的出现[206]。Fe—O—Si 和 Mn—O—Si 的生成必然会消耗

$MnFe_2O_4$晶体表面的—OH，从而高埃洛石含量杂化物（如 $MnFe_2O_4$@HNT_{70}）中的—OH 密度并不高。至于低埃洛石含量杂化物（如 $MnFe_2O_4$@HNT_{20}、$MnFe_2O_4$@HNT_{40}）中的—OH 密度也不高，其形成机理可能与 $MnFe_2O_4$ 的团聚有关系，因为低的埃洛石含量对应着 $MnFe_2O_4$ 的相对高含量，而 $MnFe_2O_4$ 易团聚会降低表面—OH 的暴露程度。

本研究所合成杂化物 $MnFe_2O_4$@HNTs 有着比较优异的重金属离子吸附性能。以性能最优的 $MnFe_2O_4$@HNT_{50} 为例，其对 Cd(Ⅱ)、Zn(Ⅱ)和 Pb(Ⅱ)的吸附容量 q_e 值分别可达 143.7 mg/g、99.4 mg/g 和 210.2 mg/g，比纯 $MnFe_2O_4$ 的 Cd(Ⅱ)、Zn(Ⅱ)和 Pb(Ⅱ)吸附容量分别高出约 4 倍、4 倍和 1 倍，也优于已报道的部分类似吸附剂（表 6-4）。

表 6-4　$MnFe_2O_4$@HNT_{50} 与相关吸附剂的重金属吸附容量（q_{max}）对比

吸附质	吸附剂	吸附容量 q_{max} /(mg/g)	试验参数	参考文献
Cd(Ⅱ)	Fh@biochar	174.4	T=25 ℃，pH=5.0	[216]
	Fe_3O_4@graphene oxide	104.6	T=25 ℃，pH=5.0	[219]
	Fe_3O_4@LDH@graphene oxide	45.1	T=25 ℃，pH=5.0	[220]
	SiFh@HNT_{40}	115.6	T=25 ℃，pH=5.5	本研究
	$MnFe_2O_4$@HNT_{50}	146.3	T=25 ℃，pH=5.5	本研究
Zn(Ⅱ)	g-C_3N_4@Fe_3O_4	42.0	T=25 ℃，pH=5.0	[226]
	Fe_3O_4@biochar	65.9	T=25 ℃，pH=6.0	[227]
	SiFh@HNT_{40}	71.2	T=25 ℃，pH=5.5	本研究
	$MnFe_2O_4$@HNT_{50}	101.3	T=25 ℃，pH=5.5	本研究
Pb(Ⅱ)	Fh@biochar	546.5	T=25 ℃，pH=5.0	[216]
	Fe_3O_4@graphene oxide	188.2	T=25 ℃，pH=5.0	[219]
	Fe_3O_4@LDH@graphene oxide	192.3	T=25 ℃，pH=5.0	[220]
	SiFh@HNT_{40}	201.3	T=25 ℃，pH=5.5	本研究
	$MnFe_2O_4$@HNT_{50}	212.1	T=25 ℃，pH=5.5	本研究

就 $MnFe_2O_4$@HNT_{50} 对重金属离子的吸附机理而言，推测应该与其表面丰富的 Fe—OH 和 Mn—OH 有密切关系，因为其吸附性能与其表面 Zeta 电位有良好的相关性（R^2=0.897～0.912）[图 6-16(a)]。这表明，$MnFe_2O_4$@HNT_{50} 的重金属离子吸附性能与其表面可变电荷有密切关系[图 6-16(b)]。$MnFe_2O_4$@HNT_{50} 的零电荷点为 pH_{PZC}=4.5。在 pH<4.5 的低 pH 值区域，$MnFe_2O_4$@HNT_{50} 表面

Fe—OH 和 Mn—OH 因质子化而带净正电荷，对 Cd(Ⅱ)、Zn(Ⅱ)和 Pb(Ⅱ)等重金属离子形成静电斥力，并与 H^+ 竞争 $MnFe_2O_4@HNT_{50}$ 表面的吸附活性位点，从而不利于 $MnFe_2O_4@HNT_{50}$ 吸附重金属离子。在 pH>4.5 的高 pH 值区域，$MnFe_2O_4@HNT_{50}$ 表面 Fe—OH 和 Mn—OH 因去质子化而具有净负电荷，对 Cd(Ⅱ)、Zn(Ⅱ)和 Pb(Ⅱ)等重金属离子形成静电吸引，并通过内层络合反应吸附重金属离子，从而对重金属离子表现出更高的吸附性能。对 $MnFe_2O_4@HNT_{50}$ 在 pH=5.5 条件下吸附重金属离子的吸附动力学、平衡学和热力学研究结果，也的确表明其吸附类型属于典型的化学吸附，这个结果也支持重金属离子与 Fe—OH 和 Mn—OH 之间的内层络合反应。

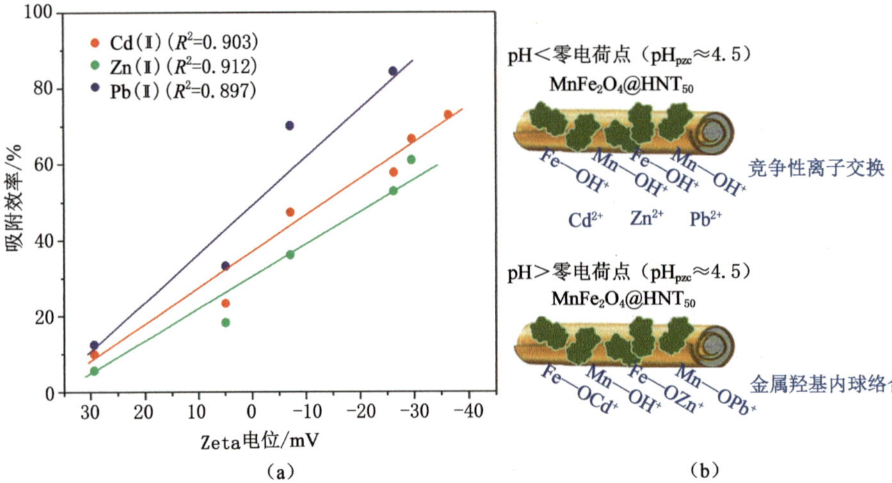

图 6-16　$MnFe_2O_4@HNT_{50}$ 的重金属去除性能与其表面 Zeta 电位的关系及其吸附机理概念图

(Zeta 电位数据源于图 6-11，吸附容量数据源于图 6-13)

6.4　本章小结

关于金属氧化物改性埃洛石纳米管用作重金属吸附剂，现有研究更多是集中于用单金属氧化物(如 Fe_xO_y)对埃洛石纳米管进行修饰改性，至今尚缺乏用双金属氧化物来开展相关工作。本章研究利用埃洛石纳米管表面负电荷对 Fe^{3+} 和 Mn^{2+} 的静电吸附作用以及 Fe^{3+}、Mn^{2+} 和 OH^- 的水热共沉淀反应，通过改变反应物混合方式制备了不同的铁锰双金属氧化物改性埃洛石纳米管 $MnFe_2O_4@HNTs$。物相和表面特性表征表明：相较于碱液滴加法，用金属盐滴加

法所制备的 $MnFe_2O_4$@HNTs 具有相对更细的 $MnFe_2O_4$ 粒径(5 nm)、更高的比表面积 SSA_{BET} 值和更丰富的 Fe—OH 群。批量吸附试验结果表明,采用金属盐滴加法所制备且埃洛石含量为 50%的 $MnFe_2O_4$@HNT_{50} 具有最佳的重金属吸附性能。$MnFe_2O_4$@HNT_{50} 的 Cd(Ⅱ)、Zn(Ⅱ)和 Pb(Ⅱ)吸附容量分别为 146.3 mg/g、101.3 mg/g 和 212.1 mg/g,比埃洛石纳米管(10.2 mg/g、3.2 mg/g 和 30.6 mg/g)高出了约 14 倍、30 倍和 6 倍,也比本书所制备单金属氧化物改性埃洛石纳米管 SiFh@HNT_{40}(115.6 mg/g、71.2 mg/g 和 201.3 mg/g)高出了约 27%、42%和 5%。通过对元素结合态孔容和表面羟基的综合讨论,认为碱溶出 Si^{4+} 掺杂到 $MnFe_2O_4$ 晶体中,是埃洛石含量为 50%的 $MnFe_2O_4$@HNT_{50} 具有最高—OH 密度的形成机理。结合 $MnFe_2O_4$@HNT_{50} 表面丰富金属羟基特性和吸附热力学研究结果,认为 $MnFe_2O_4$@HNT_{50} 表面 Fe—OH 和 Mn—OH 是主要吸附位点,—OH 脱质子生成 Fe—O^- 和 Mn-O^-,然后与 Cd(Ⅱ)、Zn(Ⅱ)和 Pb(Ⅱ)等以内层络合方式直接键合,是其高效吸附重金属离子的主要机理。所以,本研究所制备的铁锰双金属氧化物改性埃洛石纳米管 $MnFe_2O_4$@HNTs(尤其是采用金属离子滴加法制备且埃洛石含量为 50%的 $MnFe_2O_4$@HNT_{50}),可作为一种吸附去除水体重金属离子的高效、廉价、绿色吸附剂,同时,也可为开发其他双金属氧化物改性纳米黏土吸附剂提供新思路。

第7章 结论、创新点与展望

7.1 结论

人类活动所排放的Cd(Ⅱ)、Zn(Ⅱ)和Pb(Ⅱ)等有毒重金属离子对生态环境系统和人类健康构成严重威胁。从兼具吸附性能强、成本效益优和生态兼容性好来考虑,将天然或改性纳米黏土用作重金属吸附剂长期以来备受关注。埃洛石黏土纳米管的比表面积大、类质同象取代现象显著、机械强度高、耐高温、易分散,具有可观的表面活性和良好的支撑功能,在吸附重金属离子和制备纳米杂化吸附剂方面有巨大潜力。将埃洛石纳米管原矿、活化产物或改性产物用作重金属吸附剂已开展一些有益探索,并暴露出一些问题,如埃洛石纳米管原矿、热活化埃洛石纳米管的重金属吸附性能尚不明确或尚存争议,无机改性埃洛石纳米管重金属吸附剂的研究尚不深入等。针对这些问题,本书开展了一系列相关研究。最终,明确了埃洛石纳米管原矿和活化埃洛石纳米管的重金属离子吸附性能和应用价值,并通过对埃洛石纳米管的单金属氧化物改性和双金属氧化物改性,制备了两种吸附性能优异、经济廉价且具绿色低毒潜力的重金属吸附剂。这些吸附剂的构效关系及重金属吸附性能归纳于表7-1。

表7-1 本研究埃洛石纳米管基重金属吸附剂的吸附容量(q_{max})对比

埃洛石处理	吸附剂	吸附容量 q_{max}/(mg/g)			主要构效关系
		Cd(Ⅱ)	Zn(Ⅱ)	Pb(Ⅱ)	
原矿	云南埃洛石	10.1	3.2	30.6	Si—OH、Al—OH
活化处理	热活化埃洛石	7.8	2.6	25.5	脱羟基
	酸活化埃洛石	12.1	3.8	36.7	SSA略增
	热/酸联合活化埃洛石	20.1	6.1	59.1	SSA激增、新Si—OH

表 7-1(续)

埃洛石处理	吸附剂	吸附容量 q_{max}/(mg/g)			主要构效关系
		Cd(Ⅱ)	Zn(Ⅱ)	Pb(Ⅱ)	
单金属氧化物改性	SiFh@HNT_{40}	115.6	71.2	201.3	Fe—OH
双金属氧化物改性	$MnFe_2O_4$@HNT_{50}	146.3	101.3	212.1	Fe—OH 和 Mn—OH

本书所得出的主要结论如下：

① 对来自美国龙矿、中国云南和中国河南等三个不同产地的埃洛石样品，开展表征分析和同批次重金属离子吸附试验。这三个埃洛石样品均具有纳米管状形貌，也具有比较接近的比表面积(42.9～48.2 m^2/g)。相较于美国和河南埃洛石，云南埃洛石具有更均匀的管长、更大的纵横比和更高的 Al—OH 密度。这三个埃洛石样品在重金属吸附性能上略有差异，而且相较于美国和河南埃洛石，云南埃洛石具有更高的重金属吸附性能，对 Cd(Ⅱ)、Zn(Ⅱ)和 Pb(Ⅱ)的吸附容量 q_e 分别为 10.1 mg/g、3.2 mg/g 和 30.6 mg/g，这与其表面更高的 Al—OH 密度有关。最终，认为埃洛石纳米管原矿具有一定的重金属吸附性能，可直接作为一种经济廉价且绿色低毒吸附剂来吸附去除水体重金属离子污染物。

② 对不同方式活化埃洛石纳米管开展表征分析和同批次重金属离子吸附试验。600～800 ℃热活化处理降低了埃洛石纳米管的重金属吸附性能，与煅烧脱羟基作用有关。酸活化处理略微提升了埃洛石纳米管的重金属吸附性能，与酸活化导致纳米管表面 Al—OH 密度降低和比表面积明显抬升(达到 145 cm^2/g)有关。热/酸联合活化可明显将埃洛石纳米管的 Cd(Ⅱ)、Zn(Ⅱ)和 Pb(Ⅱ)吸附性能提升约 1 倍，分别达到 20.1～21.3 mg/g、6.1～6.4 mg/g 和 59.1～61.2 mg/g，这与热/酸联合活化导致纳米管比表面积大幅抬升(达到 370 cm^2/g)并新增 Si—OH 有关。最终，本研究认为热/酸联合活化是提升埃洛石纳米管原矿重金属吸附性能的最佳活化方式，由此所制备活化埃洛石可作为一种经济廉价且绿色低毒的吸附剂来吸附去除水体重金属离子污染物。

③ 分别在酸、中和碱性介质中对水铁矿/埃洛石杂化物 Fh/HNTs 进行老化处理，利用埃洛石纳米管表面负电荷对 Fe^{3+} 的静电吸附以及水铁矿的易相变特性，获得了铝质赤铁矿改性埃洛石(AlHe@HNTs)、水铁矿改性埃洛石(Fh@HNTs)和硅质水铁矿改性埃洛石(SiFh@HNTs)等共计三种 Fe_xO_y 改性埃洛石纳米管。其中，SiFh@HNTs 的 Cd(Ⅱ)吸附性能明显更优，尤其是黏土含量为 40%的 SiFh@HNT_{40}的 Cd(Ⅱ)吸附容量高达 120.1 mg/g，比埃洛石纳米管原矿高出了约 11 倍。SiFh@HNTs 的形成机理是，埃洛石碱性脱硅释放 SiO_4^{4-} 掺杂到水铁矿中，抑制水铁矿向针铁矿的相变并形成 SiFh NPs；同时，

SiFh NPs 被锚定在埃洛石纳米管上，增强了其分散性和 Fe—OH 基团暴露密度。SiFh@HNTs 吸附 Cd(Ⅱ)的主要吸附机理是 Cd(Ⅱ)与 Fe—OH 的内层络合。最终，认为硅质水铁矿改性埃洛石 SiFh@HNT$_{40}$可作为一种吸附去除水体重金属离子的高效、廉价、绿色吸附剂，同时，也可为开发其他 Fe_xO_y 改性纳米黏土吸附剂提供新思路。

④ 对新型吸附剂 SiFh@HNT$_{40}$的镉吸附行为开展环境因素影响研究。SiFh@HNT$_{40}$是一种吸附速度快、可多次循环使用且对 Cd(Ⅱ)、Zn(Ⅱ)和 Pb(Ⅱ)等多种重金属离子均有良好吸附效果的新型吸附剂，尽管在混合重金属体系中会发生明显的竞争吸附。温度和 pH 值的升高、无机阴离子 SO_4^{2-} 和 CO_3^{2-} 的存在、四环素类有机物的共存，均有利于提升 SiFh@HNT$_{40}$的 Cd(Ⅱ)吸附性能。然而，背景离子强度的升高、无机阴离子 Cl^- 和 NO_3^- 的存在，则会相反地削弱 SiFh@HNT$_{40}$的 Cd(Ⅱ)吸附性能。由此认为，硅质水铁矿改性埃洛石 SiFh@HNT$_{40}$在治理具有较高浓度 SO_4^{2-} 和 CO_3^{2-} 的含 Cd(Ⅱ)废水(如矿山污水)，以及治理抗生素和重金属离子混合污染废水(如集约化畜禽养殖业废水)方面有应用潜力。

⑤ 利用埃洛石纳米管表面负电荷对 Fe^{3+} 和 Mn^{2+} 的静电吸附作用，采用水热共沉淀反应，通过改变反应物混合方式制备了不同的铁锰双金属氧化物改性埃洛石纳米管 $MnFe_2O_4$@HNTs。相较于碱液滴加法，用金属盐滴加法所制备的 $MnFe_2O_4$@HNTs 具有相对更细的 $MnFe_2O_4$粒径、更高的比表面积、更丰富的 Fe—OH 群和更好的重金属吸附性能。尤其是埃洛石含量为 50% 的 $MnFe_2O_4$@HNT$_{50}$对 Cd(Ⅱ)、Zn(Ⅱ)和 Pb(Ⅱ)的吸附容量分别可达 146.3 mg/g、101.3 mg/g 和 212.1 mg/g，比埃洛石纳米管原矿分别高出了约 14 倍、30 倍和 6 倍，也比本书所制备单金属氧化物改性埃洛石纳米管 SiFh@HNT$_{40}$分别高出了约 27%、42%和 5%。碱溶出 Si^{4+} 掺入 $MnFe_2O_4$晶体是 $MnFe_2O_4$@HNT$_{50}$具有最高—OH 密度的形成机理。$MnFe_2O_4$@HNT$_{50}$的主要吸附机理是重金属离子与 Fe—OH 和 Mn—OH 的内层络合。由此认为，铁锰双金属氧化物改性埃洛石纳米管 $MnFe_2O_4$@HNT$_{50}$，可作为一种吸附去除水体重金属离子的高效、廉价、绿色吸附剂，同时，也可为开发其他双金属氧化物改性纳米黏土吸附剂提供新思路。

7.2 创新点

本研究围绕埃洛石纳米管的原矿、活化产物和无机改性产物，从材料的制备、表征及重金属离子吸附性能和机理方面开展研究工作，主要的特色和创新之处体现在以下几方面：

① 针对埃洛石纳米管原矿的重金属吸附性能尚存争议的问题，明确了埃洛石纳米管的重金属吸附容量，揭示了不同产地埃洛石样品在重金属吸附性能方面差异形成的原因。

② 针对活化埃洛石纳米管的重金属吸附性能尚存争议的问题，明确了热/酸联合活化可将埃洛石纳米管的重金属吸附性能提升约 1 倍，由此所制备的活化埃洛石可作为一种经济廉价且绿色低毒的重金属吸附剂。

③ 针对 Fe_xO_y 无机改性埃洛石纳米管吸附剂研究尚不深入的问题，制备了一种新型的 Fe_xO_y 改性埃洛石纳米管——硅质水铁矿改性埃洛石 SiFh@HNT_{40}，其 Cd(Ⅱ)吸附容量比埃洛石纳米管原矿高出了约 11 倍。揭示了黏土(埃洛石)释放 Al 和 Si 掺杂到 Fe_xO_y 晶体结构中，对 Fe_xO_y-黏土杂化产物类型、结构和性状的重要影响弥补了对 Fe_xO_y 改性埃洛石研究不深入的缺点，为开发其他 Fe_xO_y 改性杂化吸附剂提供了新思路。

④ 制备了一种新型的双金属氧化物改性埃洛石纳米管重金属吸附剂——$MnFe_2O_4$@HNT_{50}，其对 Cd(Ⅱ)、Zn(Ⅱ)和 Pb(Ⅱ)等重金属离子的吸附容量明显高于单金属氧化物改性埃洛石纳米管 SiFh@HNT_{40}。揭示了 Fe—OH 和 Mn—OH 共存是 $MnFe_2O_4$@HNT_{50}具有比 SiFh@HNT_{40}更高重金属吸附性能的内在机理。弥补了双金属氧化物改性埃洛石纳米管重金属吸附剂的研究空白。

7.3 展望

本研究明确了埃洛石纳米管原矿和活化埃洛石纳米管的重金属离子吸附性能和应用价值，并通过对埃洛石纳米管的单金属氧化物改性和双金属氧化物改性，制备了 SiFh@HNT_{40}和 $MnFe_2O_4$@HNT_{50}等两种吸附性能优异、经济廉价且具绿色低毒潜力的重金属吸附剂。在后续研究中，建议的研究重点如下：

① 本书发现埃洛石纳米管的表面性质(如表面羟基密度)因其产地不同而有所差异，导致其重金属吸附性能也存在有优劣之分。因此，建议后续可采集尽可能多产地的埃洛石原矿，从中筛选出重金属吸附性能更好的原矿，以便于为重金属离子污染治理工程提供经济廉价的天然吸附剂。

② 本书在用单金属氧化物和双金属氧化物对埃洛石纳米管进行无机改性时，因制备流程涉及碱性反应条件而观察到：黏土(埃洛石)碱性脱硅所释放出的 SiO_4^{4-} 会掺杂到金属氧化物晶体结构中，进而对金属氧化物的相变(如抑制水铁矿相变)和表面羟基(如 SiO_4^{4-} 与 M—OH 反应生成 M—O—Si 来消耗羟基)等

产生复杂的影响。埃洛石纳米管对金属氧化物纳米颗粒的支撑分散作用，又可大幅度增加金属羟基的暴露密度。从而可以认为，在制备金属-埃洛石纳米管杂化吸附剂时，应存在一个最佳的埃洛石纳米管掺和比，以使吸附剂拥有最高的羟基密度。因为过低的埃洛石占比不利于金属氧化物纳米颗粒的高度分散和羟基暴露，过高的埃洛石占比又会释放过多 SiO_4^{4-} 并加剧金属羟基的消耗。这种现象为无机改性纳米黏土重金属吸附剂的制备思路提供了新启迪。今后可继续加深这方面研究，以期制备出吸附性能更为优异的纳米黏土杂化吸附剂。

参考文献

[1] VAREDA J P, VALENTE A J M, DURÃES L. Assessment of heavy metal pollution from anthropogenic activities and remediation strategies: a review [J]. Journal of environmental management, 2019, 246: 101-118.

[2] AOSHIMA K. Itai-itai disease: renal tubular osteomalacia induced by environmental exposure to cadmium: historical review and perspectives[J]. Soil science and plant nutrition, 2016, 62(4): 319-326.

[3] ARAIN M B, KAZI T G, BAIG J A, et al. Co-exposure of arsenic and cadmium through drinking water and tobacco smoking: risk assessment on kidney dysfunction[J]. Environmental science and pollution research, 2015, 22(1): 350-357.

[4] SALL M L, DIAW A K D, GNINGUE-SALL D, et al. Toxic heavy metals impact on the environment and human health, and treatment with conducting organic polymers: a review[J]. Environmental science and pollution research, 2020, 27(24): 29927-29942.

[5] FU F L, WANG Q. Removal of heavy metal ions from wastewaters: a review[J]. Journal of environmental management, 2011, 92(3): 407-418.

[6] GUMPU M B, SETHURAMAN S, KRISHNAN U M, et al. A review on detection of heavy metal ions in water: an electrochemical approach[J]. Sensors and actuators B: chemical, 2015, 213: 515-533.

[7] ALI I. New generation adsorbents for water treatment[J]. Chemical reviews, 2012, 112(10): 5073-5091.

[8] WANG J L, GUO X. Adsorption kinetic models: physical meanings, applications, and solving methods[J]. Journal of hazardous materials, 2020, 390: 122156.

[9] AL-GHOUTI M A, DA'ANA D A. Guidelines for the use and interpretation of

adsorption isotherm models: a review[J]. Journal of hazardous materials, 2020, 393: 122383.

[10] ORTIZ-RAMOS U, LEYVA-RAMOS R, MENDOZA-MENDOZA E, et al. Removal of tetracycline from aqueous solutions by adsorption on raw Ca-bentonite. Effect of operating conditions and adsorption mechanism [J]. Chemical engineering journal, 2022, 432: 134428.

[11] LOGANATHAN P, VIGNESWARAN S, KANDASAMY J, et al. Cadmium sorption and desorption in soils: a review[J]. Critical reviews in environmental science and technology, 2012, 42(5): 489-533.

[12] UCARLI O, YAYINTAS O T, ENGIN M S, et al. Investigation of competitive and noncompetitive adsorption of somc hcavy mctals ions on Leucodon sciuroides (hedw.) schwägr [J]. Langmuir, 2020, 36 (28): 8265-8271.

[13] KUBIER A, WILKIN R T, PICHLER T. Cadmium in soils and groundwater: a review[J]. Applied geochemistry, 2019, 108: 104388.

[14] YAN Y P, WAN B, MANSOR M, et al. Co-sorption of metal ions and inorganic anions/organic ligands on environmental minerals: a review[J]. The science of the total environment, 2022, 803: 149918.

[15] SWEDLUND P J, WEBSTER J G, MISKELLY G M. The effect of SO_4 on the ferrihydrite adsorption of Co, Pb and Cd: ternary complexes and site heterogeneity[J]. Applied geochemistry, 2003, 18(11): 1671-1689.

[16] KHURANA P, PULICHARLA R, KAUR BRAR S. Antibiotic-metal complexes in wastewaters: fate and treatment trajectory[J]. Environment international, 2021, 157: 106863.

[17] BISWAS B, WARR L N, HILDER E F, et al. Biocompatible functionalisation of nanoclays for improved environmental remediation[J]. Chemical society reviews, 2019, 48(14): 3740-3770.

[18] DEL MAR ORTA M, MARTIN J, SANTOS J L, et al. Biopolymer-clay nanocomposites as novel and ecofriendly adsorbents for environmental remediation[J]. Applied clay science, 2020, 198: 105838.

[19] PHUEKPHONG A F, IMWISET K J, OGAWA M. Designing nanoarchitecture for environmental remediation based on the clay minerals as building block[J]. Journal of hazardous materials, 2020, 399: 122888.

[20] UDDIN M K. A review on the adsorption of heavy metals by clay miner-

als, with special focus on the past decade[J]. Chemical engineering journal,2017,308:438-462.

[21] ZHANG T T,WANG W,ZHAO Y L,et al.Removal of heavy metals and dyes by clay-based adsorbents: from natural clays to 1D and 2D nanocomposites[J].Chemical engineering journal,2021,420:127574.

[22] ZHU R L,CHEN Q Z,ZHOU Q,et al.Adsorbents based on montmorillonite for contaminant removal from water:a review[J].Applied clay science,2016,123:239-258.

[23] 高翔.黏土矿物学[M].北京:化学工业出版社,2017.

[24] 赵珊茸.结晶学及矿物学[M].2 版.北京:高等教育出版社,2011.

[25] CECILIA J A,VILARRASA-GARCÍA E,CAVALCANTE C L Jr,et al.Evaluation of two fibrous clay minerals (sepiolite and palygorskite) for CO_2 capture [J].Journal of environmental chemical engineering,2018,6(4):4573-4587.

[26] PEIXOTO D,PEREIRA I,PEREIRA-SILVA M,et al.Emerging role of nanoclays in cancer research, diagnosis, and therapy [J]. Coordination chemistry reviews,2021,440:213956.

[27] SUÁREZ M,GARCÍA-RIVAS J,MORALES J,et al.Review and new data on the surface properties of palygorskite:a comparative study[J].Applied clay science,2022,216:106311.

[28] WANG W B,WANG A Q.Nanoscale clay minerals for functional ecomaterials:fabrication,applications,and future trends[M] //MARTÍNEZ L, KHARISSOVA O, KHARISOV B. Handbook of Ecomaterials. Cham: Springer,2019:2409-2490.

[29] JOUSSEIN E, PETIT S, CHURCHMAN J, et al. Halloysite clay minerals:a review[J].Clay minerals,2005,40(4):383-426.

[30] TUNEGA D,ZAOUI A.Mechanical and bonding behaviors behind the bending mechanism of kaolinite clay layers[J].The journal of physical chemistry C,nanomaterials and interfaces,2020,124(13):7432-7440.

[31] NAIDU R,KOOKANA R S,SUMNER M E,et al.Cadmium sorption and transport in variable charge soils: a review[J].Journal of environmental quality,1997,26(3):602-617.

[32] TOURNASSAT C,BOURG I C,STEEFEL C I,et al.Surface properties of clay minerals[M]//Developments in Clay Science.Amsterdam:Elsevier,2015:5-31.

[33] YANG H,ZHANG Y,OUYANG J.Physicochemical properties of hal-

loysite[M]//Developments in Clay Science. Amsterdam: Elsevier, 2016: 67-91.

[34] JOUSSEIN E, PETIT S, FIALIPS C I, et al. Differences in the dehydration-rehydration behavior of halloysites: new evidence and interpretations[J]. Clays and clay minerals, 2006, 54(4): 473-484.

[35] 吴平霄，黄柱坚，阮博，等.功能化黏土矿物与污染控制[M].北京：科学出版社，2018.

[36] BERGAYA F, LAGALY G, VAYER M. Chapter 12.10 cation and anion exchange[M]//Developments in Clay Science. Amsterdam: Elsevier, 2006: 979-1001.

[37] SUÁREZ M, GARCÍA-ROMERO E. Variability of the surface properties of sepiolite[J]. Applied clay science, 2012, 67: 72-82.

[38] BAEYENS B, MARQUES FERNANDES M. Adsorption of heavy metals including radionuclides[M]//Developments in Clay Science. Amsterdam: Elsevier, 2018: 125-172.

[39] GUAN X, YUAN X Z, ZHAO Y L, et al. Adsorption behaviors and mechanisms of Fe/Mg layered double hydroxide loaded on bentonite on Cd(Ⅱ) and Pb(Ⅱ) removal[J]. Journal of colloid and interface science, 2022, 612: 572-583.

[40] XIE Y Y, YUAN X Z, WU Z B, et al. Adsorption behavior and mechanism of Mg/Fe layered double hydroxide with Fe_3O_4-carbon spheres on the removal of Pb(Ⅱ) and Cu(Ⅱ)[J]. Journal of colloid and interface science, 2019, 536: 440-455.

[41] YUAN G D, THENG B K G, CHURCHMAN G J, et al. Clays and clay minerals for pollution control[M]//Developments in Clay Science. Amsterdam: Elsevier, 2013: 587-644.

[42] BERGAYA F, LAGALY G, VAYER M. Cation and anion exchange[M]//Developments in Clay Science. Amsterdam: Elsevier, 2013: 333-359.

[43] BORISOVER M, DAVIS J A. Adsorption of inorganic and Organic solutes by clay minerals[M]//Developments in Clay Science. Amsterdam: Elsevier, 2015: 33-70.

[44] WILSON I R. Kaolin and halloysite deposits of China[J]. Clay minerals, 2004, 39(1): 1-15.

[45] LOURENÇO M P, DE OLIVEIRA C, OLIVEIRA A F, et al. Structural, elec-

tronic, and mechanical properties of single-walled chrysotile nanotube models [J]. The journal of physical chemistry C, 2012, 116(17): 9405-9411.

[46] OUYANG J, ZHOU Z, ZHANG Y, et al. High morphological stability and structural transition of halloysite (Hunan, China) in heat treatment[J]. Applied clay science, 2014, 101: 16-22.

[47] HU T T, GUI Z X, GONG J C, et al. INOS-mediated acute stomach injury and recovery in mice after oral exposure to halloysite nanotubes[J]. Environmental pollution, 2020, 258: 113758.

[48] KOIVISTO A J, BLUHME A B, KLING K I, et al. Occupational exposure during handling and loading of halloysite nanotubes: a case study of counting nanofibers[J]. NanoImpact, 2018, 10: 153-160.

[49] LONG Z R, WU Y P, GAO H Y, et al. In vitro and in vivo toxicity evaluation of halloysite nanotubes[J]. Journal of materials chemistry B, 2018, 6(44): 7204-7216.

[50] WU B H, JIANG M D, LIU X W, et al. Evaluation of toxicity of halloysite nanotubes and multi-walled carbon nanotubes to endothelial cells in vitro and blood vessels in vivo[J]. Nanotoxicology, 2020, 14(8): 1017-1038.

[51] ZHAO X J, WAN Q L, FU X D, et al. Toxicity evaluation of one-dimensional nanoparticles using Caenorhabditis elegans: a comparative study of halloysite nanotubes and chitin nanocrystals[J]. ACS sustainable chemistry and engineering, 2019, 7(23): 18965-18975.

[52] LI Y, YUAN X Z, JIANG L B, et al. Manipulation of the halloysite clay nanotube lumen for environmental remediation: a review[J]. Environmental science: nano, 2022, 9(3): 841-866.

[53] LVOV Y, WANG W C, ZHANG L Q, et al. Halloysite clay nanotubes for loading and sustained release of functional compounds[J]. Advanced materials, 2016, 28(6): 1227-1250.

[54] CARRILLO A M, CARRIAZO J G. Cu and Co oxides supported on halloysite for the total oxidation of toluene[J]. Applied catalysis B: environmental, 2015, 164: 443-452.

[55] DEB A K, BISWAS B, GOSWAMI N, et al. Synthesis of environmentally benign ultra-small copper nanoclusters-halloysite composites and their catalytic performance on contrasting azo dyes[J]. Applied surface science, 2021, 546: 149122.

[56] FARROKHI-RAD M, MOHAMMADALIPOUR M, SHAHRABI T. Electrophoretically deposited halloysite nanotubes coating as the adsorbent for the removal of methylene blue from aqueous solution[J]. Journal of the European ceramic society, 2018, 38(10): 3650-3659.

[57] GŁADYSZ-PŁASKA A, MAJDAN M, TARASIUK B, et al. The use of halloysite functionalized with isothiouronium salts as an organic/inorganic hybrid adsorbent for uranium(Ⅵ) ions removal[J]. Journal of hazardous materials, 2018, 354: 133-144.

[58] GLOTOV A, VUTOLKINA A, PIMERZIN A, et al. Clay nanotube-metal core/shell catalysts for hydroprocesses[J]. Chemical society reviews, 2021, 50(16): 9240-9277.

[59] JEAMJUMNUNJA K, CHEYCHAROEN O, PHONGZITTHIGANNA N, et al. Surface-modified halloysite nanotubes as electrochemical CO_2 sensors[J]. ACS applied nano materials, 2021, 4(4): 3686-3695.

[60] KADAM A A, JANG J, JEE S C, et al. Chitosan-functionalized supermagnetic halloysite nanotubes for covalent laccase immobilization[J]. Carbohydrate polymers, 2018, 194: 208-216.

[61] KANG L, HAN L P, HE J B, et al. Improved NO_x reduction in the presence of SO_2 by using Fe_2O_3-promoted halloysite-supported CeO_2-WO_3 catalysts[J]. Environmental science and technology, 2019, 53(2): 938-945.

[62] LI Y G, QUAN X J, HU C Y, et al. Effective catalytic reduction of 4-nitrophenol to 4-aminophenol over etched halloysite nanotubes@α-$Ni(OH)_2$[J]. ACS applied energy materials, 2020, 3(5): 4756-4766.

[63] LIU W, FIZIR M, HU F, et al. Mixed hemimicelle solid-phase extraction based on magnetic halloysite nanotubes and ionic liquids for the determination and extraction of azo dyes in environmental water samples[J]. Journal of chromatography A, 2018, 1551: 10-20.

[64] LIU Y S, TANG Y Y, WANG P L, et al. Carbonaceous halloysite nanotubes for the stabilization of Co, Ni, Cu and Zn in river sediments[J]. Environmental science: nano, 2019, 6(8): 2420-2428.

[65] ZHANG M, SU X T, MA L D, et al. Promotion effects of halloysite nanotubes on catalytic activity of Co_3O_4 nanoparticles toward reduction of 4-nitrophenol and organic dyes[J]. Journal of hazardous materials, 2021, 403: 123870.

[66] ZHOU T Z,LI C P,JIN H L,et al.Effective adsorption/reduction of Cr(Ⅵ) oxyanion by Halloysite @ Polyaniline hybrid nanotubes [J]. ACS applied materials and interfaces,2017,9(7):6030-6043.

[67] LVOV Y,WANG W C,ZHANG L Q,et al.Halloysite clay nanotubes for loading and sustained release of functional compounds[J].Advanced materials,2016,28(6):1227-1250.

[68] LVOV Y, ABDULLAYEV E.Functional polymer-clay nanotube composites with sustained release of chemical agents[J].Progress in polymer science, 2013,38(10/11):1690-1719.

[69] 曾明果,付育勇,杨大雄.贵州埃洛石的成矿模式及炼油催化特性研究[J].贵州地质,1996(3):255-264.

[70] 贾子豪.不同产地埃洛石纳米管表面硅烷化改性效率与机理研究[D].呼和浩特:内蒙古大学,2019.

[71] PASBAKHSH P,CHURCHMAN G J,KEELING J L.Characterisation of properties of various halloysites relevant to their use as nanotubes and microfibre fillers[J].Applied clay science,2013,74:47-57.

[72] DENG L L,YUAN P,LIU D,et al.Effects of microstructure of clay minerals, montmorillonite, kaolinite and halloysite, on their benzene adsorption behaviors[J].Applied clay science,2017,143:184-191.

[73] LIU X D,LU X C,SPRIK M,et al.Acidity of edge surface sites of montmorillonite and kaolinite[J].Geochimica et cosmochimica acta,2013,117:180-190.

[74] RUYTER-HOOLEY M,JOHNSON B B,MORTON D W,et al.The adsorption of myo-inositol hexaphosphate onto kaolinite and its effect on cadmium retention[J].Applied clay science,2017,135:405-413.

[75] STRUIJK M,ROCHA F,DETELLIER C.Novel thio-kaolinite nanohybrid materials and their application as heavy metal adsorbents in wastewater [J].Applied clay science,2017,150:192-201.

[76] WON J,WIRTH X,BURNS S E.An experimental study of cotransport of heavy metals with kaolinite colloids[J].Journal of hazardous materials, 2019,373:476-482.

[77] MATUSIK J,WSCISLO A.Enhanced heavy metal adsorption on functionalized nanotubular halloysite interlayer grafted with aminoalcohols[J].Applied clay science,2014,100:50-59.

[78] MAZIARZ P,MATUSIK J.The effect of acid activation and calcination of halloysite on the efficiency and selectivity of Pb(Ⅱ),Cd(Ⅱ),Zn(Ⅱ) and As(Ⅴ) uptake[J].Clay minerals,2016,51(3):385-394.

[79] MAZIARZ P,MATUSIK J.Halloysite composites with Fe_3O_4 Particles: the effect of impregnation on the removal of aqueous Cd(Ⅳ) and Pb(Ⅳ)[J].Mineralogia,2017,48(1/2/3/4):107-126.

[80] DONG Y H,LIU Z J,CHEN L.Removal of Zn(Ⅱ) from aqueous solution by natural halloysite nanotubes[J].Journal of radioanalytical and nuclear chemistry,2012,292(1):435-443.

[81] CATALDO S,LAZZARA G,MASSARO M,et al.Functionalized halloysite nanotubes for enhanced removal of lead(Ⅱ) ions from aqueous solutions[J].Applied clay science,2018,156:87-95.

[82] CHIEW C S C,YEOH H K,PASBAKHSH P,et al.Halloysite/alginate nanocomposite beads: kinetics, equilibrium and mechanism for lead adsorption[J].Applied clay science,2016,119:301-310.

[83] KADI S,LELLOU S,MAROUF-KHELIFA K,et al.Preparation,characterisation and application of thermally treated Algerian halloysite[J].Microporous and mesoporous materials,2012,158:47-54.

[84] WANG P L,TANG Y Y,LIU Y S,et al.Halloysite nanotube@carbon with rich carboxyl groups as a multifunctional adsorbent for the efficient removal of cationic Pb(Ⅱ),anionic Cr(Ⅵ) and methylene blue (MB)[J].Environmental science:nano,2018,5(10):2257-2268.

[85] MELLOUK S,BELHAKEM A,MAROUF-KHELIFA K,et al.Cu(Ⅱ) adsorption by halloysites intercalated with sodium acetate[J].Journal of colloid and interface science,2011,360(2):716-724.

[86] MELLOUK S,CHERIFI S,SASSI M,et al.Intercalation of halloysite from Djebel Debagh (Algeria) and adsorption of copper ions[J].Applied clay science,2009,44(3/4):230-236.

[87] KIANI G.High removal capacity of silver ions from aqueous solution onto Halloysite nanotubes[J].Applied clay science,2014,90:159-164.

[88] JANACEK D,KVITEK L,KARLIKOVA M,et al.Removal of silver nanoparticles with native and magnetically modified halloysite[J].Applied clay science,2018,162:10-14.

[89] CATALDO S,CREA F,MASSARO M,et al.Functionalized halloysite

nanotubes for enhanced removal of Hg^{2+} ions from aqueous solutions[J]. Clays and clay minerals,2021,69(1):117-127.

[90] LI J,WEN F,PAN L S,et al.Removal of radiocobalt ions from aqueous solutions by natural halloysite nanotubes[J].Journal of radioanalytical and nuclear chemistry,2013,295(1):431-438.

[91] HELLER-KALLAI L.Thermally modified clay minerals[M]//Developments in Clay Science.Amsterdam:Elsevier,2013:411-433.

[92] KOMADEL P,MADEJOVÁ J.Acid activation of clay minerals[M]//Developments in Clay Science.Amsterdam:Elsevier,2013:385-409.

[93] BESSAHA F,MAROUF-KHELIFA K,BATONNEAU-GENER I,et al.Characterization and application of heat-treated and acid-leached halloysites in the removal of malachite green:adsorption,desorption,and regeneration studies[J]. Desalination and water treatment,2016,57(31):14609-14621.

[94] DENG L L,YUAN P,LIU D,et al.Effects of calcination and acid treatment on improving benzene adsorption performance of halloysite[J].Applied clay science,2019,181:105240.

[95] FU L J,YANG H M,TANG A D,et al.Engineering a tubular mesoporous silica nanocontainer with well-preserved clay shell from natural halloysite [J].Nano research,2017,10(8):2782-2799.

[96] SHU Z,CHEN Y,ZHOU J,et al.Nanoporous-walled silica and alumina nanotubes derived from halloysite:controllable preparation and their dye adsorption applications[J].Applied clay science,2015,112/113:17-24.

[97] YUAN P,TAN D Y,ANNABI-BERGAYA F,et al.Changes in structure, morphology,porosity,and surface activity of mesoporous halloysite nanotubes under heating[J].Clays and clay minerals,2012,60(6):561-573.

[98] ZHENG Y,WANG L F,ZHONG F L,et al.Site-oriented design of high-performance halloysite-supported palladium catalysts for methane combustion[J].Industrial and engineering chemistry research,2020,59(13): 5636-5647.

[99] ABDULLAYEV E,JOSHI A,WEI W B,et al.Enlargement of halloysite clay nanotube lumen by selective etching of aluminum oxide[J]. ACS nano,2012,6(8):7216-7226.

[100] FU L J,YANG H M,TANG A D,et al.Engineering a tubular mesoporous silica nanocontainer with well-preserved clay shell from natural

halloysite[J].Nano research,2017,10(8):2782-2799.

[101] GARCIA-GARCIA D,FERRI J M,RIPOLL L,et al.Characterization of selectively etched halloysite nanotubes by acid treatment[J]. Applied surface science,2017,422:616-625.

[102] JIN X B,ZHANG R,SU M L,et al.Functionalization of halloysite nanotubes by enlargement and layer-by-layer assembly for controlled release of the fungicide iodopropynyl butylcarbamate[J].RSC advances,2019,9(72):42062-42070.

[103] ZHANG A B,PAN L,ZHANG H Y,et al.Effects of acid treatment on the physico-chemical and pore characteristics of halloysite[J].Colloids and surfaces A: physicochemical and engineering aspects, 2012, 396: 182-188.

[104] BELKASSA K,BESSAHA F,MAROUF-KHELIFA K,et al.Physico-chemical and adsorptive properties of a heat-treated and acid-leached Algerian halloysite[J].Colloids and surfaces A:physicochemical and engineering aspects,2013,421:26-33.

[105] OUYANG J,GUO B B,FU L J,et al.Radical guided selective loading of silver nanoparticles at interior lumen and out surface of halloysite nanotubes[J].Materials and design,2016,110:169-178.

[106] SZCZEPANIK B,SŁOMKIEWICZ P,GARNUSZEK M,et al.Adsorption of chloroanilines from aqueous solutions on the modified halloysite[J].Applied clay science,2014,101:260-264.

[107] WHITE R D,BAVYKIN D V,WALSH F C.The stability of halloysite nanotubes in acidic and alkaline aqueous suspensions[J].Nanotechnology,2012,23(6):065705.

[108] ZHANG Y,FU L J,YANG H M.Insights into the physicochemical aspects from natural halloysite to silica nanotubes[J].Colloids and surfaces A:physicochemical and engineering aspects,2012,414:115-119.

[109] MADEJOVÁ J,JANKOVIC L,SLANY M,et al.Conformation heterogeneity of alkylammonium surfactants self-assembled on montmorillonite: effect of head-group structure and temperature[J].Applied surface science,2020,503:144125.

[110] LI J,CAI J,ZHONG L,et al.Adsorption of reactive red 136 onto chitosan/montmorillonite intercalated composite from aqueous solution[J].

Applied clay science,2019,167:9-22.

[111] SALATA R,MELO V F,BATISTA L F A,et al.Atrazine adsorption and desorption on functionalized montmorillonite: aluminum-pillared and lithium saturated[J].Journal of environmental science and health Part B, pesticides, food contaminants, and agricultural wastes, 2022, 57(12):980-988.

[112] XU J F,WANG X H,CHEN J,et al.Inhibition mechanism of cationic polyacrylamide on montmorillonite surface hydration: a molecular dynamics simulation study[J].Chemical physics,2023,567:111792.

[113] ZHOU F,YAN C J,ZHANG Y,et al.Purification and defibering of a Chinese sepiolite[J].Applied clay science,2016,124/125:119-126.

[114] LI Z F,ZHUANG T T,DONG J,et al.Sonochemical fabrication of inorganic nanoparticles for applications in catalysis[J]. Ultrasonics sonochemistry,2021,71:105384.

[115] WANG W B,WANG F F,KANG Y R,et al.Nanoscale dispersion crystal bundles of palygorskite by associated modification with phytic acid and high-pressure homogenization for enhanced colloidal properties[J].Powder technology,2015,269:85-92.

[116] CAVALLARO G,LAZZARA G,MILIOTO S,et al.Halloysite nanotubes for cleaning,consolidation and protection[J].Chemical record,2018,18(7/8): 940-949.

[117] MASSARO M,LAZZARA G,MILIOTO S,et al.Covalently modified halloysite clay nanotubes:synthesis,properties,biological and medical applications[J].Journal of materials chemistry B,2017,5(16):2867-2882.

[118] MASSARO M,NOTO R,RIELA S.Past,present and future perspectives on halloysite clay minerals[J].Molecules,2020,25(20):4863.

[119] ZHANG Y,TANG A D,YANG H M,et al.Applications and interfaces of halloysite nanocomposites[J].Applied clay science,2016,119:8-17.

[120] HUANG D L,LI Z H,ZENG G M,et al.Megamerger in photocatalytic field:2D g-C_3N_4 nanosheets serve as support of 0D nanomaterials for improving photocatalytic performance[J].Applied catalysis B:environmental,2019,240:153-173.

[121] MASSARO M,COLLETTI C G,LAZZARA G,et al.Halloysite nanotubes as support for metal-based catalysts[J].Journal of materials chem-

istry A,2017,5(26):13276-13293.

[122] ALEKSEEVA O V,SMIRNOVA D N,NOSKOV A V,et al.Mesoporous halloysite/magnetite composite:synthesis,characterization and in vitro evaluation of the effect on the bacteria viability[J].Materials today communications,2022,32:103877.

[123] BOUMHIDI B,KATIR N,EL HASKOURI J,et al.Phosphorylation triggered growth of metal phosphate on halloysite and sepiolite nanoparticles:preparation, entrapment in chitosan hydrogels and application as recyclable scavengers[J].New journal of chemistry,2020,44(33):14136-14144.

[124] DEDZO G K,NGNIE G,DETELLIER C.PdNP decoration of halloysite lumen via selective grafting of ionic liquid onto the aluminol surfaces and catalytic application[J].ACS applied materials and interfaces,2016,8(7):4862-4869.

[125] GONZÁLEZ R J,SPEPI A,FERRARI C,et al.Structural,textural and thermal characterization of a confined nanoreactor with phosphorylated catalytic sites grafted onto a halloysite nanotube lumen[J].Applied clay science,2020,196:105752.

[126] LIU F,BAI L B,ZHANG H L,et al.Smart H_2O_2-responsive drug delivery system made by halloysite nanotubes and carbohydrate polymers[J].ACS applied materials and interfaces,2017,9(37):31626-31633.

[127] LIU X,HE S J,SONG G,et al.Proton conductivity improvement of sulfonated poly(ether ether ketone) nanocomposite membranes with sulfonated halloysite nanotubes prepared via dopamine-initiated atom transfer radical polymerization[J].Journal of membrane science,2016,504:206-219.

[128] PEIXOTO A F,FERNANDES A C,PEREIRA C,et al.Physicochemical characterization of organosilylated halloysite clay nanotubes[J].Microporous and mesoporous materials,2016,219:145-154.

[129] SANTANA A M,FREIRE T M,DA SILVA F L F,et al.Organophosphorus halloysite nanotubes as adsorbent for lead preconcentration in wine and grape juice[J].Applied clay science,2021,200:105912.

[130] TARONI T,MERONI D,FIDECKA K,et al.Halloysite nanotubes functionalization with phosphonic acids:role of surface charge on molecule localization and reversibility[J]. Applied surface science, 2019, 486:

466-473.

[131] YAH W O, TAKAHARA A, LVOV Y M. Selective modification of halloysite lumen with octadecylphosphonic acid: new inorganic tubular micelle [J]. Journal of the American chemical society, 2012, 134(3): 1853-1859.

[132] YAH W O, XU H, SOEJIMA H, et al. Biomimetic dopamine derivative for selective polymer modification of halloysite nanotube lumen [J]. Journal of the American chemical society, 2012, 134(29): 12134-12137.

[133] YUAN P, SOUTHON P D, LIU Z W, et al. Functionalization of halloysite clay nanotubes by grafting with γ-aminopropyltriethoxysilane [J]. The journal of physical chemistry C, 2008, 112(40): 15742-15751.

[134] ZHANG H L, REN T F, JI Y J, et al. Selective modification of halloysite nanotubes with 1-pyrenylboronic acid: a novel fluorescence probe with highly selective and sensitive response to hyperoxide [J]. ACS applied materials and interfaces, 2015, 7(42): 23805-23811.

[135] BERTOLINO V, CAVALLARO G, LAZZARA G, et al. Effect of the biopolymer charge and the nanoclay morphology on nanocomposite materials [J]. Industrial and engineering chemistry research, 2016, 55(27): 7373-7380.

[136] BERTOLINO V, CAVALLARO G, LAZZARA G, et al. Biopolymer-targeted adsorption onto halloysite nanotubes in aqueous media [J]. Langmuir: the ACS journal of surfaces and colloids, 2017, 33(13): 3317-3323.

[137] CAVALLARO G, GRILLO I, GRADZIELSKI M, et al. Structure of hybrid materials based on halloysite nanotubes filled with anionic surfactants [J]. The journal of physical chemistry C, 2016, 120(25): 13492-13502.

[138] CAVALLARO G, LAZZARA G, MILIOTO S. Exploiting the colloidal stability and solubilization ability of clay nanotubes/ionic surfactant hybrid nanomaterials [J]. The journal of physical chemistry C, 2012, 116(41): 21932-21938.

[139] CAVALLARO G, LAZZARA G, MILIOTO S, et al. Halloysite nanotube with fluorinated lumen: non-foaming nanocontainer for storage and controlled release of oxygen in aqueous media [J]. Journal of colloid and interface science, 2014, 417: 66-71.

[140] CAVALLARO G, LAZZARA G, MILIOTO S, et al. Modified halloysite nanotubes: nanoarchitectures for enhancing the capture of oils from vapor

and liquid phases[J]. ACS applied materials and interfaces, 2014, 6(1): 606-612.

[141] DAS S, JANA S. A tubular nanoreactor directing the formation of in situ iron oxide nanorods with superior photocatalytic activity[J]. Environmental science: nano, 2017, 4(3): 596-603.

[142] WANG Y H, ZHANG X R, LI J P, et al. Enhancing the CO_2 separation performance of SPEEK membranes by incorporation of polyaniline-decorated halloysite nanotubes[J]. Journal of membrane science, 2019, 573: 602-611.

[143] ZHAO Y F, CAVALLARO G, LVOV Y. Orientation of charged clay nanotubes in evaporating droplet meniscus[J]. Journal of colloid and interface science, 2015, 440: 68-77.

[144] MAZIARZ P, MATUSIK J, RADZISZEWSKA A. Halloysite-zero-valent iron nanocomposites for removal of Pb(Ⅱ)/Cd(Ⅱ) and As(Ⅴ)/Cr(Ⅵ): competitive effects, regeneration possibilities and mechanisms [J]. Journal of environmental chemical engineering, 2019, 7(6): 103507.

[145] AMJADI M, SAMADI A, MANZOORI J L. A composite prepared from halloysite nanotubes and magnetite (Fe_3O_4) as a new magnetic sorbent for the preconcentration of cadmium(Ⅱ) prior to its determination by flame atomic absorption spectrometry[J]. Microchimica acta, 2015, 182(9): 1627-1633.

[146] MOHAMED T K, MUBARAK M F, KESHAWY M, et al. Ecofriendly maghemite/halloysite-like nanotubes nanocomposite for highly efficient removal of Cd(Ⅱ) from industrial wastewater[J]. Arabian journal for science and engineering, 2023, 48(6): 7781-7795.

[147] AFZALI D, FAYAZI M. Deposition of MnO_2 nanoparticles on the magnetic halloysite nanotubes by hydrothermal method for lead (Ⅱ) removal from aqueous solutions[J]. Journal of the Taiwan institute of chemical engineers, 2016, 63: 421-429.

[148] SU Z Y, ZHANG H L, GAO Y, et al. Coumarin-anchored halloysite nanotubes for highly selective detection and removal of Zn(Ⅱ)[J]. Chemical engineering journal, 2020, 393: 124695.

[149] HE Q, YANG D, DENG X L, et al. Preparation, characterization and application of N-2-Pyridylsuccinamic acid-functionalized halloysite nano-

tubes for solid-phase extraction of Pb(Ⅱ)[J].Water research,2013,47(12):3976-3983.

[150] CHENG D K,DAI X H,CHEN L,et al.Thiolyne click synthesis of polyamide-amine dendritic magnetic halloysite nanotubes for the efficient removal of Pb(Ⅱ)[J].ACS sustainable chemistry and engineering,2020,8(2):771-781.

[151] ZARE PIRHAJI J,MOEINPOUR F,MIRHOSEINI DEHABADI A,et al.Synthesis and characterization of halloysite/graphene quantum dots magnetic nanocomposite as a new adsorbent for Pb(Ⅱ) removal from water[J].Journal of molecular liquids,2020,300:112345.

[152] WANG S W,XIAO D,ZHENG X Y,et al.Halloysite and coconut shell biochar magnetic composites for the sorption of Pb(Ⅱ) in wastewater:synthesis,characterization and mechanism investigation[J].Journal of environmental chemical engineering,2021,9(6):106865.

[153] JANA S,DAS S.Development of novel inorganic-organic hybrid nanocomposites as a recyclable adsorbent and catalyst[J].RSC advances,2014,4(65):34435-34442.

[154] DAS S,SAMANTA A,GANGOPADHYAY G,et al.Clay-based nanocomposites as recyclable adsorbent toward Hg(Ⅱ) capture:experimental and theoretical understanding[J].ACS omega,2018,3(6):6283-6292.

[155] WANG Y Y,ZHANG X,WANG Q R,et al.Continuous fixed bed adsorption of Cu(Ⅱ) by halloysite nanotube-alginate hybrid beads:an experimental and modelling study[J].Water science and technology:a journal of the international association on water pollution research,2014,70(2):192-199.

[156] 杨雅秀,张乃娴.中国黏土矿物[M].北京:地质出版社,1991.

[157] FARINMADE A,OJO O F,TROUT J,et al.Targeted and stimulus-responsive delivery of surfactant to the oil-water interface for applications in oil spill remediation[J].ACS applied materials and interfaces,2020,12(1):1840-1849.

[158] JOO Y,SIM J H,JEON Y,et al.Opening and blocking the inner-pores of halloysite[J].Chemical communications,2013,49(40):4519-4521.

[159] LI B Y,WEI D N,ZHOU Y M,et al.Mechanisms of arsenate and cadmium co-immobilized on ferrihydrite inferred from ternary surface configu-

ration[J].Chemical engineering journal,2021,424:130410.

[160] SHI Q L,ZHANG H,SHAHAB A,et al.Efficient performance of magnesium oxide loaded biochar for the significant removal of Pb^{2+} and Cd^{2+} from aqueous solution[J].Ecotoxicology and environmental safety,2021,221:112426.

[161] KEELING J L,SELF P G,RAVEN M D.Halloysite in Cenozoic sediments along the Eucla Basin margin[J].MESA journal,2010,59:25-28.

[162] RAMANAYAKA S,SARKAR B,COORAY A T,et al.Halloysite nanoclay supported adsorptive removal of oxytetracycline antibiotic from aqueous media[J].Journal of hazardous materials,2020,384:121301.

[163] CHAUDHARI S,BAEK M,KWON Y,et al.Surface modified halloysite nanotube-embedded polyvinyl alcohol/polyvinyl amine blended membranes for pervaporation dehydration of water/isopropanol mixtures[J].Applied surface science,2019,493:193-201.

[164] YILMAZ R B,BAYRAM G,YILMAZER U.Effect of halloysite nanotubes on multifunctional properties of coaxially electrospun poly(ethylene glycol)/polyamide-6 nanofibrous thermal energy storage materials[J].Thermochimica acta,2020,690:178673.

[165] YU J Y,NIEDENTHAL W,SMARSLY B M,et al.Au nanoparticles supported on piranha etched halloysite nanotubes for highly efficient heterogeneous catalysis[J].Applied surface science,2021,546:149100.

[166] DAWODU F A,AKPOMIE K G.Simultaneous adsorption of Ni(Ⅱ) and Mn(Ⅱ) ions from aqueous solution unto a Nigerian kaolinite clay[J].Journal of materials research and technology,2014,3(2):129-141.

[167] JOUSSEIN E.Geology and mineralogy of nanosized tubular halloysite[M]//Developments in Clay Science.Amsterdam:Elsevier,2016:12-48.

[168] SARI A,TUZEN M.Cd(Ⅱ) adsorption from aqueous solution by raw and modified kaolinite[J].Applied clay science,2014,88/89:63-72.

[169] SHABAN M,SAYED M I,SHAHIEN M G,et al.Adsorption behavior of inorganic- and organic-modified kaolinite for Congo red dye from water,kinetic modeling,and equilibrium studies[J].Journal of sol-gel science and technology,2018,87(2):427-441.

[170] QIN C C,YUAN X Z,XIONG T,et al.Physicochemical properties,metal availability and bacterial community structure in heavy metal-polluted soil re-

mediated by montmorillonite-based amendments[J]. Chemosphere, 2020, 261:128010.

[171] YAN L X,CHEN Q Z,YANG Y X,et al.The significant role of montmorillonite on the formation of hematite nanoparticles from ferrihydrite under heat treatment[J].Applied clay science,2021,202:105962.

[172] MEI D D, ZHANG B, LIU R C, et al. Preparation of capric acid/halloysite nanotube composite as form-stable phase change material for thermal energy storage[J].Solar energy materials and solar cells,2011, 95(10):2772-2777.

[173] THOMMES M,KANEKO K,NEIMARK A V,et al.Physisorption of gases,with special reference to the evaluation of surface area and pore size distribution (IUPAC Technical Report)[J].Pure and applied chemistry,2015,87(9/10):1051-1069.

[174] XIANG H X,ZHOU J L,ZHANG Y K,et al.Polyethylene glycol infused acid-etched halloysite nanotubes for melt-spun polyamide-based composite phase change fibers[J].Applied clay science,2019,182:105249.

[175] WANG X M,CHENG H J,CHAI P C,et al.Pore characterization of different clay minerals and its impact on methane adsorption capacity[J]. Energy and fuels,2020,34(10):12204-12214.

[176] HONG C Y,DONG Z Q,ZHANG J C,et al.Effectiveness and mechanism for the simultaneous adsorption of Pb(Ⅱ),Cd(Ⅱ) and As(Ⅲ) by animal-derived biochar/ferrihydrite composite[J].Chemosphere,2022,293:133583.

[177] ROUT K,MOHAPATRA M,ANAND S.2-line ferrihydrite:synthesis, characterization and its adsorption behaviour for removal of Pb(Ⅱ), Cd(Ⅱ),Cu(Ⅱ) and Zn(Ⅱ) from aqueous solutions[J].Dalton transactions,2012,41(11):3302-3312.

[178] YUAN P,TAN D Y,ANNABI-BERGAYA F.Properties and applications of halloysite nanotubes: recent research advances and future prospects[J]. Applied clay science,2015,112:75-93.

[179] YU J Y,BOUDJELIDA S,GALIANO F,et al.Porous polymeric membranes doped with halloysite nanotubes and oxygenic polyoxometalates [J].Advanced materials interfaces,2022,9(11):2102152.

[180] ASGAR H,JIN J Q,MILLER J, et al. Contrasting thermally-induced structural and microstructural evolution of alumino-silicates with

tubular and planar arrangements: case study of halloysite and kaolinite [J]. Colloids and surfaces A: physicochemical and engineering aspects, 2021, 613: 126106.

[181] JIA S Y, FAN M D. Silanization of heat-treated halloysite nanotubes using γ-aminopropyltriethoxysilane[J]. Applied clay science, 2019, 180: 105204.

[182] TAN D Y, YUAN P, ANNABI-BERGAYA F, et al. Natural halloysite nanotubes as mesoporous carriers for the loading of ibuprofen[J]. Microporous and mesoporous materials, 2013, 179: 89-98.

[183] AYTEKIN M T, HOŞGÜN H L. Characterization studies of heat-treated halloysite nanotubes[J]. Chemical papers, 2020, 74(12): 4547-4557.

[184] BISWAS B, ISLAM M R, DEB A K, et al. Understanding iron impurities in Australian Kaolin and their effect on acid and heat activation processes of clay[J]. ACS omega, 2023, 8(6): 5533-5544.

[185] KRASILIN A A, DANILOVICH D P, YUDINA E B, et al. Crystal violet adsorption by oppositely twisted heat-treated halloysite and pecoraite nanoscrolls[J]. Applied clay science, 2019, 173: 1-11.

[186] VARADWAJ G B B, PARIDA K, NYAMORI V O. Transforming inorganic layered montmorillonite into inorganic-organic hybrid materials for various applications: a brief overview[J]. Inorganic chemistry frontiers, 2016, 3(9): 1100-1111.

[187] JAMBOR J L, DUTRIZAC J E. Occurrence and constitution of natural and synthetic ferrihydrite, a widespread iron oxyhydroxide[J]. Chemical reviews, 1998, 98(7): 2549-2586.

[188] GUO H B, BARNARD A S. Naturally occurring iron oxide nanoparticles: morphology, surface chemistry and environmental stability[J]. Journal of materials chemistry A, 2013, 1(1): 27-42.

[189] SHI M Q, MIN X B, KE Y, et al. Recent progress in understanding the mechanism of heavy metals retention by iron (oxyhydr)oxides[J]. The science of the total environment, 2021, 752: 141930.

[190] AKHARAME M O, FAGBAYIGBO B O, PEREAO O, et al. Beta-FeOOH nanoparticles: a promising nano-based material for water treatment and remediation[J]. Journal of nanoparticle research, 2021, 23(1): 8.

[191] JOLIVET J P, CHANÉAC C, TRONC E. Iron oxide chemistry. From molecular clusters to extended solid networks[J]. Chem commun, 2004

(5):477-483.

[192] SCHWERTMANN U, FRIEDL J, STANJEK H. From Fe(Ⅲ) ions to ferrihydrite and then to hematite[J]. Journal of colloid and interface science, 1999, 209(1): 215-223.

[193] SCHWERTMANN U, FRIEDL J, STANJEK H. From Fe(Ⅲ) ions to ferrihydrite and then to hematite[J]. Journal of colloid and interface science, 1999, 209(1): 215-223.

[194] CUDENNEC Y, LECERF A. The transformation of ferrihydrite into goethite or hematite, revisited[J]. Journal of solid state chemistry, 2006, 179(3): 716-722.

[195] LIANG C W, FU F L, TANG B. Mn-incorporated ferrihydrite for Cr(Ⅵ) immobilization: adsorption behavior and the fate of Cr(Ⅵ) during aging [J]. Journal of hazardous materials, 2021, 417: 126073.

[196] DAS S, HENDRY M J, ESSILFIE-DUGHAN J. Transformation of two-line ferrihydrite to goethite and hematite as a function of pH and temperature[J]. Environmental science and technology, 2011, 45(1): 268-275.

[197] HAUSNER D B, BHANDARI N, PIERRE-LOUIS A M, et al. Ferrihydrite reactivity toward carbon dioxide[J]. Journal of colloid and interface science, 2009, 337(2): 492-500.

[198] SEEHRA M S, ROY P, RAMAN A, et al. Structural investigations of synthetic ferrihydrite nanoparticles doped with Si[J]. Solid state communications, 2004, 130(9): 597-601.

[199] YANG J Q, CHAI L Y, YUE M Q, et al. Complexation of arsenate with ferric ion in aqueous solutions [J]. RSC advances, 2015, 5 (126): 103936-103942.

[200] TADIC M, TRPKOV D, KOPANJA L, et al. Hydrothermal synthesis of hematite (α-Fe_2O_3) nanoparticle forms: synthesis conditions, structure, particle shape analysis, cytotoxicity and magnetic properties[J]. Journal of alloys and compounds, 2019, 792: 599-609.

[201] RAHIMI S, MOATTARI R M, RAJABI L, et al. Iron oxide/hydroxide (α, γ-FeOOH) nanoparticles as high potential adsorbents for lead removal from polluted aquatic media[J]. Journal of industrial and engineering chemistry, 2015, 23: 33-43.

[202] OLUSEGUN S J, MOHALLEM N D S, CIMINELLI V S T. Reducing

the negative impact of ceftriaxone and doxycycline in aqueous solutions using ferrihydrite/plant-based composites: mechanism pathway[J]. Environmental science and pollution research, 2022, 29(44): 66547-66561.

[203] JIANG S Q, YAN X R, PEACOCK C L, et al. Adsorption of Cr(Ⅵ) on Al-substituted hematites and its reduction and retention in the presence of Fe^{2+} under conditions similar to subsurface soil environments[J]. Journal of hazardous materials, 2020, 390: 122014.

[204] LIU Z L, SUGATA S, YUGE K, et al. Correlation between chemical shift of SiKα lines and the effective charge on the Si atom and its application in the Fe-Si binary system[J]. Physical review B, 2004, 69(3): 035106.

[205] SONG Y, CASALE S, MICHE A, et al. Converting silicon nanoparticles into nickel iron silicide nanocrystals within molten salts for water oxidation electrocatalysis[J]. Journal of materials chemistry A, 2022, 10(3): 1350-1358.

[206] YANG K L, ZHOU C C, LI C, et al. Efficient removal of Sb(Ⅴ) in textile wastewater through novel amorphous Si-doped Fe oxide composites: phase composition, stability and adsorption mechanism [J]. Chemical engineering journal, 2021, 407: 127217.

[207] LIU Z L, SUGATA S, YUGE K, et al. Correlation between chemical shift of SiKα lines and the effective charge on the Si atom and its application in the Fe-Si binary system[J]. Physical review B, 2004, 69(3): 035106.

[208] KHAN A, HASSANEIN A, HABIB S, et al. Hybrid halloysite nanotubes as smart carriers for corrosion protection[J]. ACS applied materials and interfaces, 2020, 12(33): 37571-37584.

[209] SUN X L, LIU Z, CHENG Z L. A flexible N-doped carbon-nanofiber film reinforced by halloysite nanotubes (HNTs) for adsorptive desulfurization[J]. Journal of hazardous materials, 2021, 403: 123815.

[210] ZHU L J, FU F L, TANG B. Three-dimensional transfer of Cr(Ⅵ) co-precipitated with ferrihydrite containing silicate and its redistribution and retention during aging[J]. The science of the total environment, 2019, 696: 133966.

[211] CHEN L, HAN Y, LI W, et al. Removal of Sb(Ⅴ) from wastewater via siliceous ferrihydrite: interactions among ferrihydrite, coprecipitated Si, and adsorbed Sb(Ⅴ)[J]. Chemosphere, 2022, 291(3): 133043.

[212] DYER L G, CHAPMAN K W, ENGLISH P, et al. Insights into the crystal and aggregate structure of Fe^{3+} oxide/silica co-precipitates[J]. American mineralogist, 2012, 97(1): 63-69.

[213] DYER L, FAWELL P D, NEWMAN O M G, et al. Synthesis and characterisation of ferrihydrite/silica co-precipitates[J]. Journal of colloid and interface science, 2010, 348(1): 65-70.

[214] POKROVSKI G S, SCHOTT J, FARGES F, et al. Iron (Ⅲ)-silica interactions in aqueous solution: insights from X-ray absorption fine structure spectroscopy[J]. Geochimica et cosmochimica acta, 2003, 67(19): 3559-3573.

[215] SWEDLUND P J, MISKELLY G M, MCQUILLAN A J. Silicic acid adsorption and oligomerization at the Ferrihydrite-Water interface: interpretation of ATR-IR spectra based on a model surface structure[J]. Langmuir, 2010, 26(5): 3394-3401.

[216] HONG C Y, DONG Z Q, ZHANG J C, et al. Effectiveness and mechanism for the simultaneous adsorption of Pb(Ⅱ), Cd(Ⅱ) and As(Ⅲ) by animal-derived biochar/ferrihydrite composite[J]. Chemosphere, 2022, 293: 133583.

[217] WU J Z, HUANG D, LIU X M, et al. Remediation of As(Ⅲ) and Cd(Ⅱ) co-contamination and its mechanism in aqueous systems by a novel calcium-based magnetic biochar[J]. Journal of hazardous materials, 2018, 348: 10-19.

[218] LI B, YANG L, WANG C Q, et al. Adsorption of Cd(Ⅱ) from aqueous solutions by rape straw biochar derived from different modification processes[J]. Chemosphere, 2017, 175: 332-340.

[219] BAO S Y, YANG W W, WANG Y J, et al. One-pot synthesis of magnetic graphene oxide composites as an efficient and recoverable adsorbent for Cd(Ⅱ) and Pb(Ⅱ) removal from aqueous solution[J]. Journal of hazardous materials, 2020, 381: 120914.

[220] HUANG Q Q, CHEN Y, YU H Q, et al. Magnetic graphene oxide/MgAl-layered double hydroxide nanocomposite: one-pot solvothermal synthesis, adsorption performance and mechanisms for Pb^{2+}, Cd^{2+}, and Cu^{2+}[J]. Chemical engineering journal, 2018, 341: 1-9.

[221] RANDALL S R, SHERMAN D M, RAGNARSDOTTIR K V, et al. The mechanism of cadmium surface complexation on iron oxyhydroxide minerals[J]. Geochimica et cosmochimica acta, 1999, 63(19/20): 2971-2987.

[222] SPADINI L,MANCEAU A,SCHINDLER P W,et al.Structure and stability of Cd^{2+} surface complexes on ferric oxides[J].Journal of colloid and interface science,1994,168(1):73-86.
[223] YANG K L,LI C,WANG X M,et al.Functional adjustment and cyclic application of Fe-Mn bimetal composite for Sb(Ⅴ) removal:transformation of iron oxides forms and a stable regeneration method[J].Journal of cleaner production,2020,266:122007.
[224] WU J T,ZHAO X P,LI Z P,et al.Thermodynamic and kinetic coupling model of Cd(Ⅱ) and Pb(Ⅱ) adsorption and desorption on goethite[J].The science of the total environment,2020,727:138730.
[225] ZHANG Y H,ZHU C Q,LIU F Q,et al.Effects of ionic strength on removal of toxic pollutants from aqueous media with multifarious adsorbents:a review[J].The science of the total environment,2019,646:265-279.
[226] GUO S Z,DUAN N,DAN Z G,et al.G-C_3N_4 modified magnetic Fe_3O_4 adsorbent:preparation,characterization,and performance of Zn(Ⅱ),Pb(Ⅱ) and Cd(Ⅱ) removal from aqueous solution[J].Journal of molecular liquids,2018,258:225-234.
[227] SAJJADI B,SHRESTHA R M,CHEN W Y,et al.Double-layer magnetized/functionalized biochar composite:role of microporous structure for heavy metal removals[J].Journal of water process engineering,2021,39:101677.
[228] LI R H,ZHANG Y C,DENG H X,et al.Removing tetracycline and Hg(Ⅱ) with ball-milled magnetic nanobiochar and its potential on polluted irrigation water reclamation[J].Journal of hazardous materials,2020,384:121095.
[229] PULICHARLA R,HEGDE K,BRAR S K,et al.Tetracyclines metal complexation:significance and fate of mutual existence in the environment[J].Environmental pollution,2017,221:1-14.
[230] WANG Y J,JIA D A,SUN R J,et al.Adsorption and cosorption of tetracycline and copper(Ⅱ) on montmorillonite as affected by solution pH[J].Environmental science and technology,2008,42(9):3254-3259.
[231] CHEN C,FENG X T,YAO S.Ionic liquid-multi walled carbon nanotubes composite tablet for continuous adsorption of tetracyclines and heavy metals[J].Journal of cleaner production,2021,286:124937.

[232] YANG S S,HUANG Z Y,LI C Q,et al.Individual and simultaneous adsorption of tetracycline and cadmium by dodecyl dimethyl betaine modified vermiculite[J].Colloids and surfaces A:physicochemical and engineering aspects,2020,602:125171.

[233] RIVERA-UTRILLA J,GÓMEZ-PACHECO C V,SÁNCHEZ-POLO M,et al.Tetracycline removal from water by adsorption/bioadsorption on activated carbons and sludge-derived adsorbents[J].Journal of environmental management,2013,131:16-24.

[234] GAO Y,LI Y,ZHANG L,et al.Adsorption and removal of tetracycline antibiotics from aqueous solution by graphene oxide[J].Journal of colloid and interface science,2012,368(1):540-546.

[235] ZHAO Y P,GU X Y,GAO S X,et al.Adsorption of tetracycline (TC) onto montmorillonite: cations and humic acid effects[J].Geoderma,2012,183/184:12-18.

[236] CHANG P H,JEAN J S,JIANG W T,et al.Mechanism of tetracycline sorption on rectorite[J].Colloids and surfaces A:physicochemical and engineering aspects,2009,339(1/2/3):94-99.

[237] JI L L,CHEN W,DUAN L,et al.Mechanisms for strong adsorption of tetracycline to carbon nanotubes: a comparative study using activated carbon and graphite as adsorbents[J].Environmental science and technology,2009,43(7):2322-2327.

[238] SOORI M M,GHAHRAMANI E,KAZEMIAN H,et al.Intercalation of tetracycline in nano sheet layered double hydroxide:an insight into UV/VIS spectra analysis[J].Journal of the Taiwan institute of chemical engineers,2016,63:271-285.

[239] CHANG P H,LI Z H,JEAN J S,et al.Adsorption of tetracycline on 2∶1 layered non-swelling clay mineral illite[J].Applied clay science,2012,67:158-163.

[240] WANG Z W,ZENG X F,YU X M,et al.Adsorption behaviors of Cd^{2+} on Fe_2O_3/MnO_2 and the effects of coexisting ions under alkaline conditions[J].Chinese journal of geochemistry,2010,29(2):197-203.

[241] OSTERGREN J D,TRAINOR T P,BARGAR J R,et al.Inorganic ligand effects on Pb(Ⅱ) sorption to goethite (α-FeOOH)[J].Journal of colloid and interface science,2000,225(2):466-482.

[242] RAFIQ M A, JAVED A, RASUL M N, et al. Understanding the structural, electronic, magnetic and optical properties of spinel MFe_2O_4 (M=Mn, Co, Ni) ferrites[J]. Ceramics international, 2020, 46(4): 4976-4983.
[243] REDDY D H K, YUN Y S. Spinel ferrite magnetic adsorbents: alternative future materials for water purification? [J]. Coordination chemistry reviews, 2016, 315: 90-111.
[244] ALI I. New generation adsorbents for water treatment[J]. Chemical reviews, 2012, 112(10): 5073-5091.
[245] DING W, ZHENG H L, SUN Y J, et al. Activation of $MnFe_2O_4$ by sulfite for fast and efficient removal of arsenic(Ⅲ) at circumneutral pH: involvement of Mn(Ⅲ)[J]. Journal of hazardous materials, 2021, 403: 123623.
[246] EYVAZI B, JAMSHIDI-ZANJANI A, DARBAN A K. Synthesis of nano-magnetic $MnFe_2O_4$ to remove Cr(Ⅲ) and Cr(Ⅵ) from aqueous solution: a comprehensive study[J]. Environmental pollution, 2020, 265(A): 113685.
[247] HOU J T, LUO J L, SONG S X, et al. The remarkable effect of the coexisting arsenite and arsenate species ratios on arsenic removal by manganese oxide[J]. Chemical engineering journal, 2017, 315: 159-166.
[248] HU Y Z, ZHAO C F, YIN L, et al. Combining batch technique with theoretical calculation studies to analyze the highly efficient enrichment of U(Ⅵ) and Eu(Ⅲ) on magnetic $MnFe_2O_4$ nanocubes[J]. Chemical engineering journal, 2018, 349: 347-357.
[249] YANG Y J, LIU J, ZHANG B K, et al. Mechanistic studies of mercury adsorption and oxidation by oxygen over spinel-type $MnFe_2O_4$ [J]. Journal of hazardous materials, 2017, 321: 154-161.
[250] AHMADI A, FOROUTAN R, ESMAEILI H, et al. The role of bentonite clay and bentonite clay@$MnFe_2O_4$ composite and their physico-chemical properties on the removal of Cr(Ⅲ) and Cr(Ⅵ) from aqueous media[J]. Environmental science and pollution research, 2020, 27(12): 14044-14057.
[251] CHEN Q, TANG Z Y, LI H, et al. An electron-scale comparative study on the adsorption of six divalent heavy metal cations on $MnFe_2O_4$@CAC hybrid: experimental and DFT investigations[J]. Chemical engineering journal, 2020, 381: 122656.
[252] DAI K, LIU G Y, XU W B, et al. Judicious fabrication of bifunctionalized graphene oxide/$MnFe_2O_4$ magnetic nanohybrids for enhanced removal

of Pb(Ⅱ) from water[J].Journal of colloid and interface science,2020,579:815-822.

[253] LI H X,JI H B,CUI X L,et al.Kinetics,thermodynamics,and equilibrium of As(Ⅲ),Cd(Ⅱ),Cu(Ⅱ) and Pb(Ⅱ) adsorption using porous chitosan bead-supported $MnFe_2O_4$ nanoparticles[J].International journal of mining science and technology,2021,31(6):1107-1115.

[254] XU W B,SONG Y,DAI K,et al.Novel ternary nanohybrids of tetraethylenepentamine and graphene oxide decorated with $MnFe_2O_4$ magnetic nanoparticles for the adsorption of Pb(Ⅱ)[J].Journal of hazardous materials,2018,358:337-345.

[255] LAMDAB U, WETCHAKUN K, KANGWANSUPAMONKON W, et al. Effect of a pH-controlled co-precipitation process on rhodamine B adsorption of $MnFe_2O_4$ nanoparticles[J]. RSC advances, 2018, 8(12): 6709-6718.

[256] AHALYA K, SURIYANARAYANAN N, SANGEETHA S. Effect of pH and annealing temperatures on structural, magnetic, electrical, dielectric and adsorption properties of manganese ferrite nano particles[J]. Materials science in semiconductor processing,2014,27:672-681.

[257] SUN W L,PAN W Y,WANG F,et al.Removal of Se(Ⅳ) and Se(Ⅵ) by $MnFe_2O_4$ nanoparticles from aqueous solution[J].Chemical engineering journal,2015,273:353-362.

[258] ZHANG S X,NIU H Y,CAI Y Q,et al.Arsenite and arsenate adsorption on coprecipitated bimetal oxide magnetic nanomaterials: $MnFe_2O_4$ and $CoFe_2O_4$[J].Chemical engineering journal,2010,158(3):599-607.

[259] WANG Y Q, CHENG R M, WEN Z, et al. Synthesis and characterization of single-crystalline $MnFe_2O_4$ ferrite nanocrystals and their possible application in water treatment[J]. European journal of inorganic chemistry, 2011,2011(19):2942-2947.

[260] ASADI R,ABDOLLAHI H,GHARABAGHI M,et al.Effective removal of Zn (Ⅱ) ions from aqueous solution by the magnetic $MnFe_2O_4$ and $CoFe_2O_4$ spinel ferrite nanoparticles with focuses on synthesis, characterization,adsorption,and desorption[J].Advanced powder technology, 2020,31(4):1480-1489